香不言，自远.

教育部人文社会科学重点研究基地
中央民族大学中国少数民族研究中心丛书

藏香社会生命史的人类学研究

乔小河 著

九州出版社 全国百佳图书出版单位
JIUZHOUPRESS

图书在版编目（CIP）数据

藏香社会生命史的人类学研究 / 乔小河著. -- 北京：
九州出版社，2019.6
　　ISBN 978-7-5108-8129-9

　Ⅰ．①藏… Ⅱ．①乔… Ⅲ．①香料－社会人类学－研
究－西藏 Ⅳ．①TQ65

中国版本图书馆CIP数据核字(2019)第118813号

藏香社会生命史的人类学研究

作　　者	乔小河　著	
出版发行	九州出版社	
地　　址	北京市西城区阜外大街甲 35 号（100037）	
发行电话	(010)68992190/3/5/6	
网　　址	www.jiuzhoupress.com	
电子信箱	jiuzhou@jiuzhoupress.com	
印　　刷	北京捷迅佳彩印刷有限公司	
开　　本	710 毫米 ×1000 毫米　16 开	
印　　张	15.75	
字　　数	310 千字	
版　　次	2019 年 11 月第 1 版	
印　　次	2025 年 6 月第 2 次印刷	
书　　号	ISBN 978-7-5108-8129-9	
定　　价	68.00 元	

序

田野之外：讲故事与讲道理

讲故事是一种古老的叙述方式。在《天真的人类学家》巴利博士的口中，多瓦悠人有着"不吃午饭，光喝小米啤酒都能烂醉不已"的可爱模样，有着"生活太过悠闲，所以对礼节格外较真"的严肃态度，也有着一切事情都可以用"它是好的"来绕圈圈解释的简单性格。他们相信轮回，对自己母语评价不高，认为鸡蛋恶心，没有视觉艺术的历史，甚至身份证上共用一个人的照片都无法被辨别。在巴利博士的故事里，多瓦悠人"天真"到善于玩"捉迷藏"，提供的信息也不时颠三倒四。他迁就、尊重多瓦悠人的"天真"，但也最终意识到，能够直接从原住民口中得到的信息实在太过有限且模糊，这些因素似乎共同塑造了人类学的迷人之处——不确定、又颇有几分天真。因此，好的故事以及好的"说书人"，似乎也可以让更多的人了解人类学甚至喜欢上这门学科。

对"物"的关注和研究是民族学和人类学的经典传统之一。无论是将"物"的演变与社会的"进化"并置，还是对"物"的社会化交换、流通与社会关系网络的研究，抑或是将"物"作为人类社会的遗留和遗存来研究文化形态与物质环境的种种关系，"物"的表现形态与意义内涵远远比其自然属性更为丰富、复杂与饱满。纵观青藏高原人类文明的发展史，藏香不仅有"礼物之灵"，而且也似流动的"桥梁"和"古道"，把青藏高原和周边的文明联结在一起。

《藏香社会生命史的人类学研究》讲述的是藏香的故事。在作者乔小河博士的眼中，藏香是有"生命"的，这种生命感，既来自生动的民间故事中有关藏香诞生时的神秘色彩，更来自藏香与藏民族生活的融合与嵌入。在一千三百多年历史演进时所发生的角色变化和空间流动中，藏香就像是藏族的朋友一样，在人生的诸多仪式、场合和礼俗中"如影随从"，也与人们保持着一种"君子之交淡如水"的默契和距离，总在那里，但不远不近。社会生命史的研究视角，构成了本书的写作基础，藏香的故事也因为其特别的生命感而慢慢铺陈开来。

但《藏香社会生命史的人类学研究》并不囿于藏香本身，而是以时间和空间为两个研究维度，作者既看到了藏香所经历的圣物、贡品和商品的角色变化，也看到了藏香空间流动中的"聚"与"散"。从故事中抽离出来，作者又以一种客观、理性的视角，分析了国家、市场、社会等多方力量的牵连与交织，及它们如何共同塑造了现如今的藏香文化，让藏香变成为藏民族重要的文化符号。其分析和阐述的过程，是一个循序渐进、抽丝剥茧"讲道理"的过程，作者在其中很自然地融合了"讲故事"与"讲道理"这两部分内容。

把故事讲好，要有扎实的田野工作。自 2009 年进入中央民族大学学习以来，作者多次到甘肃、青海、西藏等地调研，足迹遍及当地的农村、牧区、寺院和企业，而且还孤身一人远赴尼泊尔，做了大量、细致的访谈和问卷调查，也进行了长时间的参与观察。在这样的田野经历中，作者搜集到了许多有意思的故事。"听到好故事"自然也成为"讲好故事"的重要前提。把道理讲明白，要有充足的理论积累，还要有埃文斯 - 普里查德式"他者的眼光"，要在"走进去"和"走出来"的田野程式中，完成参与者和研究者角色的转变，实现感性认知与理性思维的切换。通过运用嵌合理论与宗教世俗化理论，解释藏香社会生命历程的变化，将藏香的变化置于历史渊源、时代背景和社会文化之中，力求呈现出一部有滋有味、有理有据的"物"的民族志。这本有关藏香的故事，从学术的视角出发，带领读者逐层揭开藏香文化和藏族社会的"面纱"。

在十年的学习和研究中，乔小河博士对藏族社会文化始终充满温情与敬意，她眼中的青藏高原日光倾城，她笔下的藏族文化精彩纷呈，她心中的学术乐园自由恬静。她很少描摹田野经历的曲折，也没有刻意渲染撰写文章的辛苦，但如果《藏香社会生命史的人类学研究》可以让读者嗅到一丝藏香的芬芳，从而闻"香"识西藏，探寻到藏族文化更深层的魅力，那么就可以说，作者是位合格的"说书人"了。

乔小河博士跟我学习民族学和藏学先后有十年的时间，她自己以及和同门前后到西藏进行田野调查大概有六次之多，《藏香社会生命史的人类学研究》就是在其博士论文基础上撰写而成。书稿付梓之前，她请我写个序言，我琢磨了很长时间，千言万语，竟不知从何说起，以致一拖再拖。对宇宙万物而言，十年时光就是弹指一挥间，但对短暂的人生来说，十年时光可谓宝贵至极。《藏香社会生命史的人类学研究》的出版也可说是乔小河博士对自己十年民大情结的一份献礼和一个总结。

苏发祥

2019 年 5 月 23 日

目 录

导　论

虽然研究对象的规模日趋缩小，但我们仍能感受到世界脉搏的跳动：全球化市场、现代科学、尖端科技、国家政府和盘根错节的相互依赖关系。

——[墨] 阿图洛·瓦尔曼 ①

第一节　研究缘起与意义

一、香氛世界：我的藏地体验

我们总是能在悠扬的歌声中感受到高原的辽阔和深邃。就像那句"哦，藏香，你给我多少美好的想象；哦，藏香，你打开了一扇天堂的小窗"的唱词一样，每当别人提起西藏，我的脑海中总会闪现出诸多难以忘怀的画面与场景，而这每一帧画面与场景中似乎都氤氲着一种独特的香气。在我最初的认识中，藏香就是藏地这独特味道的来源。

2010 年 7 月，因教育部科研项目的调研第一次来到西藏，那个时候我就发现，每每进入寺院，便有一种特殊的香气扑面而来，进入藏族家中也经常会被类似的味道萦绕，这种香味是其他地区人不熟悉的。在结束了两个月的调研回到安徽老家时，一进家门，我的家人就问道："你的身上是什么味道？"当下我有点懵，用力地在衣服上嗅了嗅，才发现这竟是藏香的气味。原来我已经慢慢习惯它成为空气的一部分而产生了"入芝兰之室，久而不觉其香"的感觉适应，但是藏香的味道却跟随我一起，从"遥远"的青藏高原来到了淮河岸边。对于藏族人来说更是如此，因

---

① [墨] 阿图洛·瓦尔曼：《玉米与资本主义》，谷晓静译，华东师范大学出版社，2005，第 4 页。

为藏传佛教仪轨和藏族生活中的燃香习俗，让藏香以一种"润物细无声"般的方式浸入藏族人的生活之中，它既常见又不会被刻意提起，藏地的每个人都非常熟悉、适应这种香味，也因此并不会觉得有什么不同。

2011 年 7 月，我来到了拉萨市堆龙德庆县 [①] 古荣乡那嘎村，在那里进行了近两个月的硕士毕业论文田野调研。在我所居住的阿佳顿珠家里，每天清晨晨光微露之时，便会有袅袅香气穿过门窗、扑面而来，我知道那是阿佳顿珠开始"煨桑"了。阿佳顿珠一般先将松柏枝或者其他一些香草点燃投进煨桑炉里，而后再投入青稞粒，最后念诵经文，这一系列活动的结束标志着新的一天的正式开始。我所居住的二楼客房离煨桑炉不过几米之遥，因而每天都"近水楼台"享受着植物和谷物的香气，被桑烟弥漫的香味唤醒之后，便会开始一天的调研工作。那个时候我只知道这种行为是藏族宗教信仰中的一种敬意表达，并没有思考过"桑"与"香"的区别，也不知道两种不同的焚香方式其实代表了藏族焚香观念的变化，但是"西藏是一个香氛世界"的想法却深深地印在了我的脑海里。

2015 年 9 月，我作为博士研究生开始了为期三年的学习生涯。因为有硕士研究生时期的研究基础，以及对西藏和藏族文化的热爱，我依然想进行藏族社会与文化的研究。在与导师苏发祥教授商量博士论文研究设计时，他给予我两个建议，一是从宗教人类学与女性人类学角度切入，研究四川色达的女性修行者——作为一名女性研究者，在田野调研时可能会更容易进入和适应，这当然是一个非常有意思的选题；但是当老师说到"也可以做'物'的研究，比如藏香"时，我则完全被吸引。我们生活在"物"的时代，人类的衣、食、住、行等无一不与"物"紧密相连，很多日常化事物在人类学家的眼中便是具有特殊意义的"物"，如糖、茶、槟榔、咖啡、盐、可口可乐、玉米、地毯、香等，它们不仅是一种物质形态，具有"物"的自然属性，还具有相应的文化属性，是人类行为、文化的载体。自然科学领域对"物"的研究多集中于"物"作为客观事物本身，即分析"物"的成分、材料、应用等，而社会科学则更关注"物"的文化意义探讨，如"物"与人的互动，"物"的权力关系表达，"物"作为象征物所承载的文化逻辑和意义。可以说，人类学对"物"的研究并非局限于"物"本身，而是透过"物"的物质表象，透视其背后的文化含义，进而试图回答两个问题："物"如何传达社会关系？如何经由"物"

---

① 堆龙德庆县，现已改为堆龙德庆区。

来理解文化或社会？^①

　　依照此思路，藏香研究实则为藏香文化研究、藏传佛教信仰研究或藏族社会研究。回想起在西藏的芬芳体验，我便更加坚定了藏香研究这一选题。可是究竟什么是藏香？它缘何成为具有神圣性的圣物，并且成为藏传佛教中重要的文化符号呢？藏香又是如何从寺院进入寻常百姓家中，从宗教圣物变成市场上可以自由买卖的商品呢？带着这些问题，我开始了进一步的文献阅读与梳理。

　　二、从香烟到香味：焚香观念变化

　　"桑"是藏语，一般称为"bsang"或"bsang gsol"，有"清洗、驱除"之意，煨桑，即焚燃神香桑烟，藏语称为"拉桑"，意为"供祭给神灵的香烟"。藏族远古先民们认为万事万物，包括山水、动物和人体的内外都有神灵的自然崇拜观念。《普慈注疏》中对于聂赤赞普来到人间的记载和描述中就已经有了焚香这一行为。其中父王道：

天神受命下凡界，

人间污浊多瘟疫，

雅阿开道走马前，

次米保驾在左方，

佐米护卫于右侧，

驱邪焚香有雅阿，

……^②

　　也就是说，最初迎请神灵时就已经有了煨桑、焚香祭祀神灵的习俗。史料记载，煨桑祭神的习俗至少在数万年到数千年前的原始巫教和雍仲本教时期就已形成。远古时代，出征或打猎归家的藏族男子会受到部落里男女老少的热烈欢迎，他们为男子们接风洗尘的方式就是在部落外面的空旷之地燃上一堆柏树枝和艾蒿等香草，并不断地向归家的男子身上喷洒干净的水，目的是用烟和清水祛除因战争或其他原因沾染上的各种污秽之气，并且将这种方式与祭祀神灵，特别是燔祭战神、祈

---

　　① 林淑蓉：《物、食物与交换：中国贵州侗族的人群关系与社会价值》，载黄应贵主编《物与物质文化》，"中研院"民族学研究所，2004，第212页。

　　② 《普慈注疏》，转引自恰白·次旦平措《论藏族的焚香祭神习俗》，达瓦次仁译，《中国藏学》1989年第4期，第40—49页。

祷战争胜利和部落平安联系在一起，于是形成了煨桑焚香以祭祀神灵的隆重仪式。佛教传入吐蕃后，煨桑祭神的习俗被佛教接受，当时历任赞普都要亲自参加这种祭神活动。另有一说煨桑祭神始于莲花生大师为震慑对修建桑耶寺时捣乱的鬼怪而举行的烟祭仪轨，这种煨桑祭神的习俗，从官府到民间一直延续到了今天。① 这也是现在藏历五月十五焚香节的起源。历史上，每到这一天，西藏地区政府官员都会身着盛装、官服到大昭寺屋顶进行焚香，民间百姓则是围绕着大昭寺进行煨桑。现如今，煨桑节依然流行于拉萨一带，每年藏历五月十五，拉萨城都会被桑烟弥漫的香气所笼罩。

藏族社会中，人们不仅用香和水来祭祀神灵祈求平安和顺利，也将其用于日常生活中祛除不洁和污秽。比如探视新生婴儿的礼俗，如果是远道而来的亲友，可能一路风尘仆仆，所以必须先要跨过由婴儿家人用松柏枝等点燃的火堆，方才可以进门，这是一种净化仪式，目的是让幼儿健康长寿，不受邪气危害。后来就与战争有关，以"桑"祭祀神灵，祈祷平安胜利，成为高原先民同神灵沟通的主要方式。人们认为，桑烟可以直达上天——神所居住的地方，它可以将人间的美味传递上去，使诸神欢喜，保佑世间凡人事事如愿，平安幸福。② 调研过程中，尼木县比如上下寺的僧人也说过，"藏香是佛祖的饭，因此每天都要烧。煨桑，用的也是柏树枝，供奉给神灵"。他说煨桑与烧藏香的目的一样，只是形式不同。

在我看来，"桑"与"香"是两种不同的东西，原料、形状、味道、功能以及文化意义均有不同。"桑"是动词，藏语中是"清洗、消除、净化"之意，对应的行为方式是点燃松枝、柏木、青稞、糌粑、茶叶、糖、苹果等众多物品，使桑烟的香气升腾上天，以祈求神灵的庇护，因此，"桑"并不特指某一种物品，而是由藏族以万物有灵、灵魂不灭为基础的雍仲本教信仰演化出来的一套行为方式和宗教仪轨。"香"则比"桑"要具体很多，香是一种实物。香文化是中华文化的重要组成部分，而供香也位于"香、花、灯、涂、果、茶、食、宝、珠、衣"十供养之首。藏香，藏语发音为"茹"或者"贝"（spod），它是西藏老百姓敬神、拜佛的必备圣物。它的原料大多数取自生长在海拔 5000 米以上、天然无污染地区的草药，还有来自印度、尼泊尔和其他东南亚国家的一些名贵药材。藏香的制作经过了藏族祖先上千年的实践和检验，配制成分和炮制方式也是以藏医学理论为依据，从对人体有益的草药和藏药中提炼而出，因为香中蕴含着浓郁的藏文化特征以及其在藏族人民

① 刘志群：《西藏祭祀艺术》，河北教育出版社，2000，第68—72页。
② 华锐·东智：《祭祀神灵话桑烟》，《中国西藏（中文版）》2001年第5期，第50页。

生活中的广泛使用，所以才被人们称作"藏香"。从形状来看，常见的藏香有线香（也叫炷香）、塔香（也叫锥香）、香包和香粉；从用途上来看，有宗教用香、生活用香和药香等不同种类。

另外，我认为"桑"与"香"也可以体现出藏族焚香观念中"从香烟到香味"的变化。李亦园先生认为，在中国式的宗教信仰和民间信仰的仪式中，点香都是整个仪式的引子，燃香之后的空间是祭祀神灵或者可以与神灵接触的神圣场合，借点香的烟袅袅而上便可以与天上的神祇或超自然进行沟通。香火不仅象征沟通，而且进一步表示渊源关系。[1] 王铭铭认为以焚烧香料为方式来向神佛表示"诚敬"，这种意识行为旨在通过香料焚烧过程中飘出的烟雾来"绝通天地"，引神佛降临，使祭祀者能与之进行某种想象中的"面对面"的对话。此外，在民间仪式中，烧香也起着驱散邪气的作用。[2] 藏族一直有着烟祭的习俗，在早期的烟祭习俗中，人们更为关注的是香烟，所以桑的材料比较简单，但是香一定要味道好，因而香中包含多种香料和药材。

对于生活在西藏的人尤其是藏族百姓来说，桑与香都是常见之物，日常生活礼俗、宗教法事活动中到处都有它们的"身影"。而对于藏地以外的人来说，对于"桑"的认识，更多的是停留在寺院转经道上的桑炉以及藏族信众每次朝拜时的"煨桑"行为。而对于香，人们则并不陌生。汉地虽然没有煨桑的习惯，但是烟祭的习俗由来已久，并且香（广义指炷香）在佛教和道教的宗教仪式上也被广泛使用。现如今，在拉萨的很多商店和批发市场里，我们都能看见品牌不同、包装各异的藏香，它们已经不再局限于寺院和佛堂，而是进入了更多人的视野。很多游客在听闻了藏香的药用价值之后，都会选择购买一些带回去，藏香也因此走向了更为广阔的世界，物的流动让藏香这种地方性产物开始与外面的世界建立了密切的联系。也有越来越多的藏族人开始投身藏香制作业，有些是为了文化的传承，有些是为了经济的利益。藏香正是在各方合力的作用下，被纳入了市场经济体系之中，变成了流动于全国乃至全球的商品。

这些现象都激发我思考：第一，究竟什么是藏香？它因何特质而成为有别于汉地佛香的香品？藏族人是如何认知藏香的？藏香在西藏的宗教生活和日常生活中发挥了怎样的作用？藏香在藏族社会具有什么样的文化意义？第二，从古至今，藏香并非一成不变的，它因处在不同的时代背景中而发生了文化意义的变化。那么在藏

① 李亦园：《信仰与文化》，巨流图书公司，1983，第127页。
② 王铭铭：《心与物游》，广西师范大学出版社，2006，第106页。

香的变化发展过程中，究竟经历了哪些角色的转换，这些社会角色的变化，又与当时的社会文化图景都发生了怎样的关联？第三，在进入市场经济体系之后，制香人与用香人发生了哪些变化？政府对藏香和藏香产业的保护与发展产生了怎样的影响作用？人们是怎样通过洁净观念的变化，来使藏香变化合理化于藏族传统文化之中，并使藏香在圣俗之间达到一种平衡？第四，在全球化背景之下，藏香逐渐从西藏的地方性产物变成流通于世界范围的商品，这一过程中牵连着不同国家、地区、民族和文化之间的互动和联系。藏香作为藏族社会中的"小物件"也开始面临着"大世界"所带来的各种影响和冲击，而藏族社会又是如何保持民族特色而使藏文化始终保有强劲生命力的？这些问题都构成了本书思考和写作的基础。

第二节　研究的理论视角

一、"物"的社会生命史研究

人类学对于"物"及"物质文化"的研究主要集中于四个方面：一是对具体的物的存在形式的研究；二是以物为交换的媒介，对物的交换背后的人与人之间，社会与社会之间的物、人、社会、文化的体系进行研究；三是关于物的分类与象征研究，通过物的象征性符号与物的文化分类，揭示物的"能指"意义、文化秩序与认识分类；四是关于物的心性与人观的研究。以"物"作为研究的切入点，透过历史、社会、文化脉络，来探讨社会生活及其背后的心性，在主客体互化的情况下，人如何通过"物"表达自我与情感。[①]

综上，我认为人类学中对"物"的研究基本包括了两种取向，一是"物"的文化史研究，即研究某物是如何发展成为现今人类所认知的知识体系，以及该物对人类社会生活带来的实际改变和影响。关于"物"的文化史研究，有很多经典著作，它们对"物"的来龙去脉进行了详细的记叙和描写，如《香料圣经》[②]、《玻璃的故事》[③]、《玻璃的世界》[④]、《香草文化史：世人最喜爱的香味和香料》[⑤]、《味觉

[①]　黄应贵主编：《物与物质文化》，"中研院"民族学研究所，2004，第17—18页。
[②]　[英]姆赫瑞：《香料圣经》，张万伟译，北方文艺出版社，2009。
[③]　[俄]斯维什科夫：《玻璃的故事》，符其珣译，中国青年出版社，2012。
[④]　[英]艾伦·麦克法兰、[英]格里·马丁：《玻璃的世界》，管可秾译，商务印书馆，2003。
[⑤]　[美]帕特里夏·雷恩：《香草文化史：世人最喜爱的香味和香料》，侯开宗、李传家译，商务印书馆，2007。

乐园：看香料、咖啡、烟草、酒如何创造人间的私密天堂》①、《石头记——宝石、金属和药物》②、《香料传奇：一部由诱惑衍生的历史》③、《左手咖啡，右手世界》④以及"帝国贸易"系列图书《丝绸之路：神秘古国》《黄金之路：殖民争霸》《香料之路：海上霸权》《琥珀之路：大国崛起》⑤等，通读下来，发现这些著作更像是科普读物，展示了"物"自身的物质性，即"物"的物理成分、化学特性、组织形式、存在过程和变化历史等内容，缺乏明显的人类学色彩。

二是将"物"视为社会结构或社会存在的附着物、象征物，即通过物的发明、分类、交换等方面来探讨社会结构或社会本身。如进化论者摩尔根（Lewis Henry Morgan）以用火知识的获得、弓箭的发明、制陶技术的产生等作为划分社会阶段的具体标志；⑥ 传播学派认为文化具有传播性，格雷布纳（Fritz Graebner）用器物、工具、生产方式等的相似性来划分不同的文化圈；历史特殊论学者弗朗茨·博厄斯（Franz Boas）在博物馆布展时标识并区分了不同的物质文化，并基于此提出了"文化区"概念；⑦ 象征人类学研究文化符号及其意义，列维 - 斯特劳斯（Claude Levi-Strauss）分析了物质文化中所蕴含的二元对立结构，如生与熟、自然与文化；玛丽·道格拉斯（Mary Douglas）将不同的物归属于不同的分类体系，对物的象征进行研究；马塞尔·莫斯（Marcel Mauss）强调了物的象征性交换建构了古式社会关系，强化了个体和群体对仪式的参与和意义的共享。⑧ 这些对于物的研究并非关注"物"本身，而用"物"来言说社会和文化。

20 世纪 90 年代以来，人类学研究开始将"物"从"现象环境"纳入"行为环境"，即将"物"看作是"人"的行为产物，从"物"的视角去探寻"人与社会"内在规律，以及从"人与社会"的世界去关怀"物"的存在。因此，从方法论上讲，任何"人造物"皆处于人类活动的"行为环境"中，为特定人类行为的产物，既具

① [德] 希维尔布希：《味觉乐园：看香料、咖啡、烟草、酒如何创造人间的私密天堂》，吴红光、李公军译，百花文艺出版社，2005。
② 马志飞：《石头记——宝石、金属和药物》，北京大学出版社，2016。
③ [澳] 杰克·特纳：《香料传奇：一部由诱惑衍生的历史》，周子平译，生活·读书·新知三联书店，2007。
④ [美] 马克·彭德格拉斯特：《左手咖啡，右手世界》，张瑞译，机械工业出版社，2013。
⑤ 传奇翰墨编委会：《丝绸之路：神秘古国》《黄金之路：殖民争霸》《香料之路：海上霸权》《琥珀之路：大国崛起》，北京理工大学出版社，2011。
⑥ [美] 路易斯·亨利·摩尔根：《古代社会》，杨东莼、马雍、马巨译，商务印书馆，1981。
⑦ Franz Boas, General Anthropology (N. Y.: D.C. Health Press, 1938),p.761.
⑧ [法] 马塞尔·莫斯：《礼物：古式社会中交换的形式与理由》，汲喆译，上海人民出版社，2005。

有"事性"又具有"人性",对"物"的处理与理解需要"情境化"和"人性化",才能体验"物"对于社会和人的意义,进而从人与社会等主体的视角对"物"进行关怀。① 将"物"与人类行为相结合,探讨"物"的文化意义最为知名的著作当属西敏司(Sidney Mintz)的《甜与权力——糖在近代历史上的地位》、艾瑞丝·麦克法兰(Iris Macfarlane)和艾伦·麦克法兰(Alan Macfarlane)所著的《绿色黄金:茶叶的故事》,以及阿图洛·瓦尔曼(Atulo Walmann)的《玉米与资本主义》了。

西敏司关注的是工业化初期的英格兰和美洲加勒比殖民地的甘蔗种植园,研究的重点是作为奢侈品形象存在的糖,为何会逐渐变成工业化生产的商品,并且从上层社会进入了寻常百姓家的日常生活。他认为这一切与早期资本主义原始积累、奴隶化生产乃至国与国之间的政治和经济关系密不可分。从作为药品、调味品到15世纪以后的奢侈品、装饰品,到18世纪末以后大众化的日需食品,生产模式不断改变,人们也赋予糖不同的文化意义。② 《绿色黄金:茶叶的故事》③ 一书试图回答以下两个问题,一是生活中的微小之物——茶叶是如何促成世界样貌改变的;二是英国人为何会选择印度东北部的阿萨姆地区作为他们的殖民地。麦克法兰似乎"醉翁之意不在酒",他更想通过对这两个问题的回答来弄明白,自己明明是英国人,却为何会出生在印度的一个角落里?他的研究结论是,因为爱喝茶水,荷兰人和英国人想通过印度阿萨姆地区进入中国云南,来获取更多的茶叶满足饮茶需求,但却十分意外地在阿萨姆地区发现了原生茶种,因此,他们便在那里"安营扎寨",并逐渐将茶叶种植、采摘、制作产业化。茶叶作为连接英国和阿萨姆之间的"物",不仅改变了阿萨姆人的命运,更是鼓励了英国向外扩张尤其是向茶叶产地扩张的决心。因为茶叶的贸易,东印度公司也变成了茶叶大生产商。《玉米与资本主义》④ 讲述了玉米如何从穷人的食物变成现代社会中必不可少的商品的过程,但是作者的研究并没有囿于物的文化史描写,而是将玉米的种植与墨西哥的农耕方式、人们的饮食习惯相结合,并且通过玉米的商品化来展示几个世纪以来资本主义世界图景的形成。

国内也不乏"物"的民族志作品以及对于"物"的文化意义的探讨。《微"盐"

---

① 吴兴帜:《"物的民族志"本土化书写——以傣族织锦手工艺品为例》,《云南师范大学学报(哲学社会科学版)》2017年第6期,第49—55页。

② [美]西敏司:《甜与权力——糖在近代历史上的地位》,王超、朱健刚译,商务印书馆,2010。

③ [英]艾瑞丝·麦克法兰、[英]艾伦·麦克法兰:《绿色黄金:茶叶的故事》,杨淑玲、沈桂凤译,汕头大学出版社,2006,第8页。

④ [墨]阿图洛·瓦尔曼:《玉米与资本主义》,谷晓静译,华东师范大学出版社,2005。

大义：云南诺邓盐业的历史人类学考察》^① 就是一份关于盐的历史民族志，它是以物为视角的人类学研究个案。作者以云南大理一个盐井村落（诺邓村）为田野点，试图研究盐是如何影响并推动了诺邓的历史、文化进程，盐如何塑造了诺邓的"内外"和"上下"关系，以及通过现如今仪式中盐的使用来追寻历史的踪迹。作者将盐这一人造物置于人类活动的环境情境之中，使人与盐发生互动，用盐来言说历史，实则还是人来言说历史。

《茶叶的流动：闽北山区的物质、空间与历史叙事（1644—1949）》开始关注到物的流动与贸易，作者立足于闽北山区的实地田野调查，以 17 世纪至 19 世纪初期由闽北山区延伸出来的两条茶叶之路上的"茶叶的流动"为线索，探讨了人与物的互动如何促成了物质文化的传播。但是该书并不仅仅是研究茶叶在世界范围中的贸易网络，而是通过对武夷茶在域外传播过程的追踪，来探讨东西方茶叶赋予的不同意义是怎样在互动与调适中重塑了武夷山的空间结构以及在以茶叶产销为中心的区域社会发展中，"民族—国家"的政权建设是如何在乡村社会中得以实现的。^②

《人参帝国：清代人参的生产、消费与医疗》是一部关于人参的制度史研究，它关注的并非人参本身，而是以"物"为媒介，考察明朝末期东北地区的政治局势与人参挖掘、收集和买卖等一系列制度的建立和变化之间的关系；并且通过人参贸易链接起了东北与江南——江南地区因养生的喜好而形成的温补文化促进了东北人参的种植和消费，而人参从东北往江南的输出又塑造了人参的社会文化意义。^③ 王晓修、孙晓舒对东北野山参的个案研究^④ 基本上也延续了《人参帝国》的研究路径，但刚好又与蒋竹山的研究形成了时间上的前后呼应。他们通过野山参社会生命史尤其是对当代东北地区野山参的生产、流通和消费的研究，来探讨野山参的文化意义被不断再生产的原因和动力主要来自中医思想；除此之外，他们还将野山参从植物到商品的变化与国家制度、民间行为和市场行为的相互影响进行了研究。

以上著作都是以"物"作为研究对象，但又并非只关注"物"自身，而是通过"物"来研究物与人、物与社会、物与文化的关系。用"物"来证明社会结构或作为社会存在的象征物和附属物时，"物"作为个体独立存在的价值在某种程度上可

---

① 舒瑜：《微"盐"大义：云南诺邓盐业的历史人类学考察》，世界图书出版公司，2010。
② 肖坤冰：《茶叶的流动：闽北山区的物质、空间与历史叙事（1644—1949）》，北京大学出版社，2013，第 2—3 页。
③ 蒋竹山：《人参帝国：清代人参的生产、消费与医疗》，浙江大学出版社，2015，第 5 页。
④ 王晓修、孙晓舒：《中药意义系统与现代建构——以"东北野山参"为例》，《思想战线》2015年第 1 期，第 33—38 页。

能会被削弱；而"物"的生命史研究视角，则在某种程度上可以将以上两种研究路径相结合，即"物"的生命变化不仅使"物"与经济、历史、社会文化结合，更因"物"本身成为研究之主轴而使"物"有了独立的生命及其独特的价值与重要性。① 黄应贵认为物的属性的变化，是与时空背景等密切相关的，即"物的某种性质之所以能够发挥作用，也往往与其存在之历史与社会经济条件有关"。② 如他对东埔社布农人主要作物的研究表明，当地作物经历了小米、水稻、番茄和茶的变化，这种变化与东埔社"从刀耕火种式经济演变成农耕社会"是同构和互塑的，当地人通过信仰创造并解释了新作物的文化意义，使其合理化于社会文化之中。这也是阿帕杜莱（Arjun Appadurai）所关注的——物的生命角色变化与社会文化之间的联系，他把这种分析视角称之为"方法论上的拜物教"（methodological fetishism）。③

现代知识论有一个倾向，将物当成是等待着人以及人的言辞来激活的无生命意义之存在，即物是外化于人的独立存在，物与人是对立的二元结构。《我在神鬼之间——一个彝族祭司的自述》的神话故事对"智慧"一词进行了"土著诠释"：智慧乃是世界上本无的东西，世界的管理者（天王）为了压抑勃发的生计而将万物分化为智慧者和愚蠢者，智慧本也不属于人，而可能从于任何物。这种"分类与结构"观点与列维-斯特劳斯不谋而合——现代认知逻辑可以从神话故事中找到答案。人们通过神话故事的讲述，将自己的智慧联系到远古时代中万物的分类与等级，将一体的世界分成了"物"与"人"两类，因此，在智慧还没有专属于人类、人与万物一般"哑傻""愚蠢"的漫长时代，人与物是没有区别的；在传统社会中，人和物是混融的，如莫斯对"礼物之灵"壕（hau）的描述——物充满着人的生命，人的生命也以物的流动来表达。王铭铭对庄子《齐物论》的研究也传达出类似观点，即"认识到世界初始不存在具体事物，是智慧的最高境界"。④ 阿帕杜莱并没有囿于现代知识论中"词／物"或"人／物"分离的观念，而是受到人物混融观念的启发，将物拟人化、人格化。他认为物如人一样，也拥有生命，而商品就是其生命的一个阶段。他关注的重点并非物或商品本身，而是物在"商品化—去商品化—再商品化"或者循环往复过程背后的社会文化动因，而人作为社会文化变迁的重要推手，就不可避免地与物发生了互动。

① 黄应贵主编：《物与物质文化》，"中研院"民族学研究所，2004，第4页。
② 黄应贵主编：《物与物质文化》，"中研院"民族学研究所，2004，第18页。
③ Arjun Appadurai, ed., *The Social Life of Things: Commodities in Cultural Perspective* (New York: Cambridge University Press,1986).p.5.
④ 王铭铭：《心与物游》，广西师范大学出版社，2006，第9—11页。

　　本书对藏香的研究，就是遵循着"物"的社会生命史研究视角，即以藏香作为发散点，主要探讨藏香如何在"国家"和"市场"的双重力量下，由一个地方性产品变为流通于全国、全世界的商品。阿帕杜莱认为商品如人一样，拥有社会生命。在一定的社会背景中，商品经历了从物到商品再到日常消费品的生命历程，商品只是物的生命史中的一个阶段。一个经历丰富的物通常会经历商品化以及去商品化甚至循环往复的过程，但物不仅仅只有商品一个属性，它同时还存在着圣物、礼物、艺术品等形态。"追溯物的生命历程，关注物商品化和去商品化的路径、方式及其背后的社会文化动因是研究物的社会生命的核心内容。"① 作为和印度香并称"香界双璧"的香料，藏香的盛名早已享誉全球。在一千三百多年的生命历程中，藏香经历了"宗教圣物—贡品—商品"等角色的变化。这一历程也是藏香不断商品化、去商品化、再商品化的过程。在藏香角色变化的过程中，藏族人不断通过当地的知识传统来合理化藏香的种种变化，并且通过宗教力量消解了因现代化带来的藏香的世俗化倾向，最终将藏香塑造成一种圣俗之间的"物"。

二、世俗化理论与反（去）世俗化理论

　　当代诸多学者在进行宗教研究时，通常倾向于认为当代宗教在现代经济、政治、文化的多方影响下开始朝向世俗化方向发展。② 对于现代社会中藏传佛教的发

---

　　① Arjun Appadurai, "Commodities and the Politics of Value", in Arjun Appadurai（ed.）, *The Social Life of Things*: *Commodities in Cultural Perspective* (New York: Cambridge University Press, 1986),p.3,13.

　　② 持类似观点的学者和论文主要有：

　　冯丹：《当代世界宗教的世俗化倾向》，《国际关系学院学报》1999 年第 1 期，第 16—19 页；王仕国：《全球化与宗教的世俗化》，《求实》2003 年第 12 期，第 26—28 页；巫达：《凉山彝族的宗教世俗化》，《北方民族大学学报（哲学社会科学版）》2016 年第 5 期，第 79—83 页；汪维钧：《论现代化条件下的宗教世俗化问题》，《南京政治学院学报》2004 年第 4 期，第 67—72 页；李凤娇：《浅谈市场经济条件下宗教世俗化的社会影响》，《改革与开放》2013 年第 17 期，第 44—45 页；陈铃光：《现代宗教的世俗化趋势》，《漳州师范学院学报（哲学社会科学版）》2001 年第 4 期，第 14—19 页；马晓军：《宗教世俗化的表现及其社会意义》，《前沿》2009 年第 3 期，第 79—82 页；陈勉：《宗教世俗化现象探析——以云南傣族村社佛教世俗化变迁为例》，《昆明冶金高等专科学校学报》2015 年第 2 期，第 117—121 页；孙浚铭：《宗教世俗化研究》，《河北青年管理干部学院学报》2017 年第 2 期，第 89—92 页；魏乐博、宋寒昱：《全球宗教变迁与华人社会——世俗化、宗教化、理性化与躯体化》，《华东师范大学学报（哲学社会科学版）》2017 年第 2 期，第 48—55，182 页；钟艳艳、路永照：《宗教世俗化背景下新兴宗教传播探析——以巴哈伊教为例》，《南昌航空大学学报（社会科学版）》2016 年第 4 期，第 1—7 页；周凡：《世俗化的信仰——我国民众宗教信仰世俗化研究》，《现代妇女（下旬）》2013 年第 8 期，第 183—184 页；危丁明：《香港地区传统信仰与宗教的世俗化：从庙宇开始》，《世界宗教研究》2013 年第 1 期，第 49—58 页；龚锐：《神圣帷幕的跌落——云南德宏傣族宗教消费世俗化现象考察》，《贵州民族学院学报（哲学社会科学版）》2005 年第 2 期，第 70—77 页；历承承：《当代中国宗教世俗化的探讨》，硕士学位论文，新疆师范大学宗教学专业，2010；张飞：《当代中国宗教世俗化现象及现实思考》，硕士学位论文，延边大学马克思主义基本原理专业，2014。

展与变化，也有研究者提出类似观点，即藏传佛教的发展变化过程中开始呈现世俗化趋势 ①，如藏族非信教群体的出现与增加，宗教信仰观念的淡化，宗教仪式与娱乐活动的混融，科技推广普及对宗教的冲击，以及寺院政治、经济、教育功能的减弱等。有些学者持较为中立的立场，认为宗教信仰和变迁面临着世俗化与去世俗化的二元趋势 ②，如撒拉族民众的宗教信仰在面对现代性观念冲击时出现了世俗化趋势，但也因为社会、民族、文化与认同的需要而表现出较强的去世俗化趋势。③ 学界对于宗教世俗化的争论有很多面向，本研究并非探讨宗教世俗化本身，而是在对藏香从神圣空间进入生活空间、从宗教圣物变为可以被自由买卖的商品的变化趋势进行论述时，不可避免会涉及对藏香宗教性与商品性的探讨。除藏香以外，佛像、念珠、六字真言手镯等诸多佛教用品都已经成为具有商品性的圣物。在对圣物进行交易之前，人们又会赋予或强调圣物的宗教神圣性以提高其价值。因此，宗教活动以及宗教物品都已经浸染了许多现代化因子而变成既神圣又世俗的存在，这些变化也被视为是宗教开始世俗化的表现，即宗教不如其诞生之初般神圣和纯粹。尤其是宗教圣物，虽然它们可以被买卖，但对于使用者或信徒而言，它们依旧是充满灵性的，人们对于圣物功能的期许又将其"再神圣化"了。所以，在圣物到商品的角色变化中，始终交织着物的世俗化和再世俗化，这也是本书一个重要的论述基点，即现代性与世俗化的关系。因此在探讨宗教世俗化与圣物的世俗化时，首先要明白究竟什么是"世俗化"以及宗教世俗化理论的形成和发展过程。

"世俗化"的英文单词是"secularization"，它在宗教学里原指 17 世纪上半叶欧洲罗马天主教会逐渐被拉下"神坛"、教会的实力和影响力逐渐衰落的过程。对

---

① 持类似观点的学者和论文主要有：

洲塔、陈列嘉措、杨文法：《论藏族社会转型过程中的宗教世俗化问题》，《中国藏学》2007 年第 2 期，第 61—67 页；嘎·达哇才仁：《藏区现代化过程中宗教世俗化的趋势》，《中国藏学》2007 年第 1 期，第 72—77 页；宋志萍、曾慧华：《现代化背景下藏区宗教世俗化与社会发展》，《云南社会主义学院学报》2014 年第 2 期，第 35—37 页；孕藏加：《宗教世俗化和藏传佛教》，《青海社会科学》2001 年第 3 期，第 93—96 页；窦开龙：《神圣帷幕的跌落：民族旅游与民族宗教文化的世俗化变迁——以甘南拉卜楞为个案》，《宁夏大学学报（人文社会科学版）》2009 年第 6 期，第 102—105 页。

② 持类似观点的学者和论文主要有：

张禹东：《华侨华人传统宗教的世俗化与非世俗化——以东南亚华侨华人为例的研究》，《宗教学研究》2004 年第 4 期，第 4 页；高师宁：《世俗化与宗教的未来》，《中国人民大学学报》2002 年第 5 期，第 34—38 页；石德生：《世俗化与去世俗化的二元趋势——撒拉族民众的宗教信仰及其变迁研究》，《攀登》2013 年第 1 期，第 53—59 页；窦存芳：《宗教的神圣性与世俗化关系的人类学研究——以成都藏文化用品街为例》，博士学位论文，中央民族大学民族学专业，2012。

③ 石德生：《世俗化与去世俗化的二元趋势——撒拉族民众的宗教信仰及其变迁研究》，《攀登》2013 年第 1 期，第 53—59 页。

于世俗化的认知，目前存在着泛化、无标准的问题，大部分人认可彼得·贝格尔（Peter Berger）对世俗化的定义，他认为："世俗化意指这样一个过程，通过这种过程，社会和文化的一部分摆脱了宗教制度和宗教象征的控制……在主观方面，世俗化意味着社会个体看待生活和世界时不再需要依靠宗教的解释。"① 贝格尔对世俗化的论断包含着宏观与微观两个维度：宏观来看，世俗化过程是社会和文化与宗教脱嵌的过程；微观层面来看，世俗化过程是信众（社会个体）逐渐消除或减弱了对宗教力量的依赖，即个体与宗教的脱嵌。席勒尔（Shiner）将世俗化归纳为六种含义和用法，其中一种看法是："世俗化可能意味着社会与宗教的分离，宗教退回到其自身的独立的领域，成为私人事务，获得一种完全内向的特征，并且不再对宗教之外的社会生活的任一方面产生影响。"② 威尔逊（Bryan Wilson）也持相同态度，他认为："世俗化理论意味着宗教私人化；它在公共领域的持续作用转变为支持传统道德和人性尊严的不断祈祷——作为一种面对道德危机的绝望怒吼。"③ 因此，世俗化不仅仅是一种过程，它还可以帮助我们理解宗教与社会、宗教与信众（个体）之间的关系，它代表了一种现代化语境下宗教在社会生活和个人心灵中的不断衰退的状态，这也是目前国外大部分学者对世俗化的理解。

反世俗化的先行者是大卫·马丁（David Martin），他于 20 世纪 60 年代提出了消除世俗化命题的建议。之后，罗德尼·斯达克（Rodney Stark）也成为了反世俗化理论坚定的拥趸。世俗化研究者认为现代社会宗教呈现出一种不断衰落的趋势，信众宗教信仰的虔诚度以及参与宗教活动的积极性也呈现出一种下降的趋势，这个论断蕴含着一种潜在逻辑，即在现代社会之前的时代，是一个信众们有着高度信仰

---

① ［美］彼得·贝格尔：《神圣的帷幕：宗教社会学理论之要素》，高师宁译，上海人民出版社，1991，第 128 页。

② Malcolm B. Hamilton, *The Sociology of Religion: Theoretical and Comparative Perspective* (Routledge, 2001),p.187. 席勒尔对世俗化的六种含义和用法："一是指由于先前被接受的宗教象征、教义和制度都丧失了其威信即重要性而导致的宗教衰退，这在无宗教的社会里达到顶峰。二是指与'此世'越来越大的一致性，人们的注意力远离超自然者，转向此生的迫切需要和问题，宗教关切与组织和社会关切、非宗教组织越来越难以区分。三是指世俗化可能意味着社会与宗教的分离，宗教退回到其自身的独立的领域，成为私人事务，获得一种完全内向的特征，并且不再对宗教之外的社会生活的任一方面产生影响。四是指宗教所经历的一种转化过程，也就是宗教信仰和制度转化为非宗教的形式，这包括原先被认为是以神圣力量为根基的知识、行为和制度转化为纯粹的人类的创造和责任——一种人类学家的宗教。五是指世界的除魅，即随着人和自然成为理性的分析对象和控制对象，超自然将不再发挥作用，世界失去它的神圣特性。最后，世俗化是指从神圣社会向世俗社会的运动，也就是抛弃对传统的价值和实践的信奉，转而接受变化，并将所有的决定和行为都建立在理性和功利主义的基础之上。"

③ Bryan Wilson, "Secularization: the Inherited Model", in Phillip E. Hammond（ed.）, *The Sacred in a Secular Age: Toward Revision in the Scientific Study of Religion* (University of California Press, 1985),p.19.

的时代。而罗德尼·斯达克和罗杰尔·芬克（Roger Finke）的研究则给予这个论断以响亮的回击，他们认为，"在 11 世纪的英国，贵族们很少参加教会，他们当中最虔诚的甚至也是在家中、床上'参加'弥撒"①，贵族们作为英国社会最虔诚的信众在进行宗教仪式时都如此懒散、怠慢，那么普通信众可能更加消极。罗德尼·斯达克用欧洲从中世纪直到 20 世纪个体宗教参与的大量数据和事实表明，宗教世俗化拥护者有此论断的错误前提，即过分夸大了过去的宗教性，而今日很多国家宗教参与程度低，也并非因为现代化，所以宗教对于现代人的影响力变低与现代化之间也并无逻辑上的必然联系。

卡萨诺瓦（Jose Casanova）质疑并反对世俗化理论中对宗教私人化的强调，他认为："世俗化所导致的宗教个人化会随着个体权益受到国家及经济团体的损害而出现反动，宗教将再次成为个体进入公共生活空间的工具，去私人化（Deprivatization）成为现代社会宗教生活的一个重要方面。去私人化意味着全世界的宗教传统都拒绝接受现代性理论，也是世俗化理论为它们保留的边缘化和私人化的地位。出现了一些社会运动，要么它们在本质上就是宗教运动，要么以宗教的名义挑战主要的世俗领域的合法性和自主性，这些世俗领域包括政治和市场经济。类似地，宗教机构和组织拒绝将其自身局限于对个体心灵的牧养，并继续就私人与公共道德之间的相互关系提出质疑，挑战亚系统尤其是国家和市场所主张的豁免于外来规范的考虑。"②

反世俗化理论认为现代性所带来的理性化和私人化并不能成为世俗化的逻辑前提，"宗教在现代社会中呈现出一种不断衰落的趋势"这一论断经不起严格的推敲，罗德尼·斯达克和罗杰尔·芬克的研究已经描述了现代社会之前、关于宗教信仰的另一番状况，即当时信众虽然还有着较为强烈的宗教信仰，但是参与宗教活动的热情和积极性并没有很高。因此，反世俗化理论从逻辑前提入手，对贝格尔的世俗化理论进行了质疑，这种质疑也促使贝格尔开始了对世俗化的反思。他赋予自己一种责任，即"从内部克服世俗性"③，他认为自己 20 世纪 60 年代迷恋世俗化问题，但认识并不深刻，甚至只将关注点集中于欧美国家，而在第三世界国家中"宗教仍是一种巨大的社会力量"也让他在反思自身的世俗化理论后得出更为全面的认知，即在现代社会之前就已经有世俗化的情况发生，并且在很多方面，现代化并没有导致

① ［美］罗德尼·斯达克、［美］罗杰尔·芬克：《信仰的法则——解释宗教之人的方面》，杨凤岗译，中国人民大学出版社，2004，第 76—84 页。
② Jose Casanova, *Public Religion in the Modern World* (University of Chicago Press, 1994), p.5.
③ ［美］彼得·贝格尔：《天使的传言：现代社会与超自然再发现》，高师宁译，中国人民大学出版社，2003。

宗教的衰落，而是促成了宗教的复兴。① 最终贝格尔不得不承认自己"犯了一个大错误"，即"由历史学家和社会学家宽松地标签为'世俗化理论'的所有论著，在本质上都是错误的"，现代化在对世俗化产生诸多影响的同时，也激发了反世俗化的强烈运动。虽然宗教机构和宗教权威对社会生活很多方面的影响力在逐渐降低，但旧的宗教信仰和实践仍然继续存在于个人生活之中。② 因此，彼得·贝格尔在经历了宗教世俗化和宗教多元化的认识历程之后，最终还是落脚于宗教的反世俗化。

　　20 世纪 80 年代之后，受现代化理论和世俗化命题的影响，国内学者在研究中国宗教现状时，倾向于将"世俗化"作为一个重要的特征或标签，即人们对理性与科学的认同使宗教开始失去原有神圣的光环，我们生活的时代也如马克斯·韦伯（Max Weber）所言，"是一个理性化、理智化的时代，世界除魔是这个时代的命运"③。事实上，"世俗化"一词包含了诸多含义，概括起来主要有以下七种：一是宗教的衰落，二是宗教影响的减弱，三是宗教出现多元的并存或分裂，四是宗教从其他社会制度中分化分离出来，五是宗教跟周围社会文化的张力降低，六是宗教从神圣转变为庸俗，七是宗教从出世转为入世。前五种基本保留了"世俗化"一词在国际学术界中的原有含义，而后两种主要出现于中国宗教研究之中。④ 在中文语境中，世俗与宗教被置于对立面，"此岸的人间习俗生活是'世俗'的，彼岸世界的上帝和神的信仰、持奉上帝和神的事业是神圣的，而宗教就是这种神圣的信仰和事业"⑤。大多数学者把宗教世俗化理解为：宗教日益关心此岸的人类事务，而不再专门以服务和向往于彼岸的上帝和天堂为宗旨。⑥ 如果按照这种方式理解"secularization"，出现在中文语境中的"世俗化"即在无形之中被赋予了贬义色彩，即世俗化是"纯粹"的宗教被"污浊、混乱"的世俗影响的过程。因此，人们在分析宗教世俗化的原因时，也倾向于认为是现代化因素影响下信徒的经济行为和价值观念的理性化。⑦

---

① 　Peter Berger, *A Far Glory : The Quest for Faith in an Age of Credulity* (New York : Doubleday, 1992).

② 　刘义：《宗教走向全球政治的前台——全球化、公共宗教及世俗主义的争论》，《中国社会科学报》2012 年 4 月 25 日，第 B05 版。

③ 　陈嘉明：《现代性与后现代性十五讲》，北京大学出版社，2006。

④ 　杨凤岗：《宗教世俗化的中国式解读》，《中国民族报（宗教周刊·理论）》2008 年 1 月 8 日，第 6 版。

⑤ 　刘永霞：《关于宗教世俗化的几点诠释》，《宗教学研究》2004 年第 2 期，第 138—141 页。

⑥ 　冯丹：《当代世界宗教的世俗化倾向》，《国际关系学院学报》1999 年第 1 期，第 16—19 页。

⑦ 　冯丹：《当代世界宗教的世俗化倾向》，《国际关系学院学报》1999 年第 1 期，第 16—19 页。

国外学者对"secularization"一词的理解似乎更为丰富和深刻。《宗教百科全书》（16卷本）中对"世俗化"的定义是：世俗化是一个过程，在这个过程中，宗教的意识、活动和机构失去了对社会的影响力和重要作用，宗教在社会系统的操作中变成了一种边缘现象，社会运行变得理性化，而脱离了宗教机构的控制。在这种界说之下，中国宗教呈现出的是一种世俗化与反世俗化并举的状态，即宗教世俗化与去世俗化呈现出一种相互兼容的状态，它们并不是非此即彼的。

本研究梳理了宗教世俗化理论的发展历程，但并非仅仅探讨宗教世俗化本身，而是探讨在现代化迅猛推进的过程中，宗教理性与宗教神圣性对人们认知世界的影响以及二者之间的相互交织。需要承认的是，宗教对社会和个体的影响力在某些方面是减弱的。在这种情况下，宗教理性占上风。比如在藏传佛教地区，随着政教合一制度的废除，寺院对信众的政治约束力也随之消失，寺院的教育和医疗功能都有所减弱。但是同时，宗教影响力也呈现出增强的趋势。比如在中国台湾，有比一个世纪前更多的民间宗教寺庙，有很多人（大约70%）比以前更经常地去这些寺庙①；在香港，中国传统民间宗教也很兴盛，在1915年从内地引进的"一个难民神"黄大仙庙香火也是十分旺盛②；西藏地区也是如此，寺院在信众心中的神圣性并没有明显减弱，信众的宗教活动和朝圣活动也是有增无减。

本书的研究对象是藏香和藏香文化。西藏地区人们对藏香的选择和认知，以及对待燃香行为的态度都依然可以窥见宗教和寺院的巨大影响力。在藏族的传统认知中，藏香是宗教圣物，而现在，藏香成了兼具宗教性与商品性的既圣又俗的物。因此，神圣与世俗在藏香和藏香文化中似乎得到了和解，世俗化与去世俗化也在藏族社会得以嵌合。

三、社会嵌合理论

对于物的研究，不能脱离与之相关的生产、交换、消费等行为，而这些经济行为交织于整个社会之中，使人、物、社会、文化发生了极大的关联。经济学理论认为经济行为是独立的，但经济人类学大师卡尔·波兰尼（Karl Polanyi）则认为，19世纪以前的人类经济活动总是嵌合（embeddedness）在社会之中，经济必须服膺于政治、宗教及社会关系。③经济社会学派，即新经济学派对嵌合概念进行了更为强

---

① Chen Hsinchih,"The Development of Taiwan residents Folk Religion, 1683-1945", Ph.D.diss.,Department of Sociology, University of Washington, 1995.

② Graeme Lang and Lars Ragvald,*The Rife of a Refugee God:Hong Kong's Wong Tai Sin* (Oxford:Oxford University Press,1993).

③ [英]卡尔·波兰尼：《巨变》，黄树民译，社会科学文献出版社，2017，第21—22页。

化和深入的发展。该学派反对"理性人"对自身利益最大化的追求，而是认为个人的经济行为是嵌入在一种错综复杂的社会关系结构中，因为社会结构是牵涉个人之间、角色之间、群体之间、组织之间等多种层次的。[①] 马克·格兰诺维特（Mark Granovetter）是经济社会学派的代表人物，他认为经济是嵌入在社会网络之中的，并且社会网络在很大程度上决定着经济的运行。他的论断基于对现代工业社会的研究，这与波兰尼的观点"在原始与古代经济中"刚好前后呼应，也直接印证了波兰尼的另一个论断——脱嵌无法成功。

波兰尼与格兰诺维特都是从经济学角度出发，阐释了经济活动与政治、社会、宗教、文化等要素之间相互嵌合的复杂关系。虽然主流经济学传统观点认为，经济是一个自足的、独立的系统，能够通过价格机制来自动调节供给和需求；而波兰尼则强调，经济要嵌合于社会，经济秩序也是社会秩序的重要组成部分，二者是相辅相成、无法彻底割裂的。为了支撑自己的观点，波兰尼援引了很多著名的人类学素材，来说明经济生活原本是嵌入于我们的社会关系之中的——在古代社会和部落社会里，经济活动是嵌入在习俗、法规、巫术、宗教等社会生活之中的，例如库拉交换和夸富宴，都可以印证19世纪之前人类的经济行为是附属于社会关系之下的；而完全"脱嵌"于社会关系的经济行为并没有像很多自由主义者设想的那样使每一个人都获利，因此，脱嵌无法成功。

将嵌合理论用于物的研究可谓是一种比较新颖的尝试，它为我们提供的一种研究视角是物的生产、交换与消费作为经济活动，也是嵌合于政治、社会和文化之中的。我们只有在理解他们的文化情境时才能真正懂得他们的人造物，无论喜欢与否，那些用任何有意义的方式研究传统物质文化的人都是在研究民众生活，任何人研究民众生活也必须关注传统物质文化。[②] 因此，要将人造物置于创造者的社会文化生活中进行理解。物的生命历程中经历的各种角色变化都是具有时代特色的，是由当时的政治、经济、文化环境共同决定的，其文化意义的变化也是由当时当地的人所赋予的。

首先，将这种研究视角应用于本书的研究对象藏香——藏族社会中重要的宗教圣物。藏香由地方性产物变为具有全球性流通趋势的商品，其社会角色的变化与藏

---

①　M. Granovetter, "Economic Action and Social Structure: the Problem of Embeddedness", *American Journal of Sociology* 91（1985）：481—510.

②　Simon J. Bronner, Jules David Prown, (eds.), "Material Culture Studies: A Symposium Material Culture", *Material Culture* 17（1985）.

族社会的发展密不可分。从外部来看，藏香角色的变化主要由国家和市场两方面因素共同决定；从内部来看，与藏族人对其认知的变化息息相关。也就是说，现代化对藏族传统文化造成的影响，以及传统文化在面对现代化时所产生的种种应激性反应共同促成了藏香社会角色和文化意义的变化。因此，我们在对藏香、藏香文化和藏香产业进行理解时，要将其嵌入藏族传统社会和民众的日常生活之中。

其次，波兰尼的嵌合理论还强调了国家（政府）对市场的约束作用。他认为自由主义市场经济并不能够完全自由，国家（或政府）对市场经济的可持续性发展有着重要的监管和维护作用。正如波兰尼在著作中所述，自由主义一旦崩溃，极易导致如法西斯主义的兴起和世界大战等灾难性后果，只有将"国家"力量引入，才能形成"市场—社会—国家"这样一种相对制衡的稳定结构或关系。因此，波兰尼在分析了国家、市场和社会各自的作用之后得出结论：市场化发展过程中所出现的问题必须借助国家力量来解决。波兰尼认为真正的市场社会需要政府在市场调节上扮演积极的角色，而此角色有赖于政策决定，这些都不能化简为某种技术或行政功能。① 在藏香的发展过程中，市场和国家是两个重要的影响力量，藏香进入商品市场使藏香开始了产业化之路；而在市场化的过程中，国家的政策和行为又一直在规范和管控藏香产业的发展，比如《藏香地方标准》的发布以及国家标准的立项，都是对藏香品质的基本要求，如若任藏香市场自由发展，难免会导致藏香质量参差不齐、商人只追求经济利益的不良经济行为。

另外，我们还应该看到宗教力量和传统社会文化对经济行为的影响和作用。宗教、社会文化和经济行为也是相互嵌合的，尤其在藏传佛教信仰集中的地区，宗教是嵌入到藏族传统社会之中的，藏族人们的宗教活动都会受到经济、政治等各方面影响，焚香也是如此。施舟人（Schipper）认为，进香活动是一种物质交换过程，是包括经济、文化、社会、宗教等各个层面的联谊与互动行为。② 在他看来，进香是人神、人佛交换的行为，这一行为同时具有经济性和宗教性，必须置于宗教语境中进行解释。对于藏香的理解也是如此，不管是经济层面的交换还是宗教层面的交换，都离不开藏族社会和藏传佛教信仰的文化特质。藏香经历的圣物、贡品、商品的角色变化，也是物的宗教性、政治性和经济性的体现，因此，使用嵌合理论来研究物与政治、经济、社会、文化的关系，是一种新颖且可行的尝试。

① ［英］卡尔·波兰尼：《巨变》，黄树民译，社会科学文献出版社，2017，第25页。
② Kristofer Schipper, *The Cult of Pao-sheng Ta-ti and its Spreading to Taiwan* (Leiden: E.J. Brill,1990).

第三节　藏香研究现状

一、对藏族社会中"物"的研究

藏族社会中有许多颇受关注的物。如冬虫夏草、青稞、牦牛、糌粑、藏药等，它们因为受地理环境影响而成为独具高原特色的物产；还有些物与藏族传统制作技艺密切相关，如卡垫、邦典、木碗、藏纸、藏刀等，它们是藏族人民不可缺少的生活必需品；另外，因为藏民族信奉藏传佛教，且西藏藏传佛教寺院众多，每户人家都会设有佛堂或者佛龛用于供佛，因此佛教用品在西藏也十分常见，如佛塔、佛像、唐卡、转经筒、佛转、哈达、供碗、金刚杵、法铃、酥油灯、风马旗、香炉与藏香等。

回顾藏族社会中关于"物"的研究，我们可以发现如下特点。

第一，自然科学领域的研究较多，社会科学领域的关注度不够。如对冬虫夏草的研究，目前可以查询到的硕、博论文几乎都是从植物学、医药学、生物学等角度展开的研究，如《冬虫夏草居群谱系地理与适生区分布研究》[①]、《名贵中药冬虫夏草品种及蛋白组分研究》[②]、《冬虫夏草保护生物学研究》[③]等。敏俊卿在对临潭旧城的回商群体进行研究时，认为改革开放 40 年以来，旧城回族商业经历了"'跑藏儿客'—卖绿松石—贩卖冬虫夏草"三个阶段。[④]他的研究中，冬虫夏草作为重要的交易商品，划分了回商的发展阶段，因而具有重要的人类学意义。此外，也有研究将药材采集（虫草挖掘）作为生计方式变迁的标志。[⑤]但这些研究并非以冬虫夏草为主要研究对象。青稞、糌粑是藏族社会生活中的重要食品。以往学者关注较多的是其植物保护、加工工艺、营养价值等内容；近年来，除了关注青稞、糌粑的经济价值外，也开始从民族学、人类学、民俗学、旅游学的角度研究它们的社会意义和文化价值。如王明珂没有把青稞限定在藏族范围内讨论，他认为青稞不仅是藏族食

① 袁峰：《冬虫夏草居群谱系地理与适生区分布研究》，博士学位论文，云南大学植物学专业，2015。

② 任艳：《名贵中药冬虫夏草品种及蛋白组分研究》，博士学位论文，成都中医药大学中药学专业，2013。

③ 向丽：《冬虫夏草保护生物学研究》，博士学位论文，北京协和医学院研究生院生药学专业，2013。

④ 敏俊卿：《中间人：流动与交换——临潭旧城回商群体研究》，博士学位论文，中央民族大学民族学专业，2009。

⑤ 阿沙：《四川藏区农牧民生计变迁研究——以阿坝县索朗村为例》，硕士学位论文，华东理工大学社会学专业，2015。

物，它不仅隐喻着藏族或少数民族，也是北川青片乡部分羌族民众家族史和族群史记忆中的重要叙事符号①；杨洁琼认为糌粑是藏族社会中重要的文化要素，它的内涵和外延已经远超出为人们生存提供所需养分的实用意义，它已进入象征系统，成为破译藏族饮食文化、节庆礼俗、宗教祭祀等内容的重要密码。

第二，藏族诸多传统技艺都有着悠久的历史，人们更多关注研究物的制作工艺、文化产业、艺术特色和价值等，而对物的文化表达、物与社会的关系、物与人类行为的关系等研究较少。如对藏纸、藏刀、锦鲁、卡垫、藏毯等这些藏族生活中常见之物，学者们通常关注的是它们的民俗文化功能、传统技艺的传承、文化产业与经济发展。也有学者开始关注藏族传统技艺与传统村落的共生关系，以期为村镇建设与文化保护做参考。② 这类研究将物置于其产生、制作的社会文化之中进行整体认知，对于物的研究更为深刻。另外，随着越来越多的藏族传统工艺进入非物质文化遗产名录，人们对这些传统工艺的制造品也越加关注。如藏族唐卡、邦典、卡垫织造技艺，水磨坊制作技艺，藏族造纸技艺，风筝制作技艺，藏医药、藏香制作技艺，藏族矿植物颜料制作技艺相继进入国家级非物质文化遗产名录，其中的人造物不仅蕴含着藏族百姓的智慧，更在国家政策的引导下焕发出新的生命力。而人们谈到"非遗"时更多还是言保护、言举措，并非将重点置于物本身及物背后的文化意义，因而，这些研究都还缺乏从人类学视角的思考。

第三，对于藏传佛教仪式活动中文化用品的关注和研究力度不够。佛像、唐卡、藏香、哈达、转经筒等都是藏传佛教中的重要符号，是藏族密不可分的朋友，这些物的制作、交换和使用过程中有着许多要求和禁忌，它们也是藏族文化的重要组成部分。窦存芳的博士论文③以成都藏文化用品街为例，探讨了宗教文化神圣性与世俗化的关系，但她的研究更多关注人们购买和消费佛教用品的动机与需求，虽然最终落脚点为佛教文化用品的市场化并没有影响宗教的神圣性，但依然是在探讨文化产业化的可能性、路径与意义。现阶段研究成果显示，学者关注较多的依然是佛教用品作为艺术品所表现出的艺术和审美价值，但也有些学者开始尝试以某一佛教之物为研究出发点，透过物来理解造物者及群体的生命故事。如《无名的造

① 王明珂：《青稞、荞麦、玉米——一个对羌族"物质文化"的文本与表征分析》，《西北民族研究》2009 年第 2 期，第 45—67 页。
② 李媛、吴文超、杨豪中：《西藏杰德秀邦典传统技艺与传统村落共生关系研究》，《门窗》2013 年第 4 期，第 382—383 页。
③ 窦存芳：《宗教的神圣性与世俗化关系的人类学研究——以成都藏文化用品街为例》，博士学位论文，中央民族大学民族学专业，2012。

神者——热贡唐卡艺人研究》①就将唐卡的流动史与唐卡画师的生命史和社会生活史相互联系与映照；《造像的法度与创造力——西藏昌都嘎玛乡唐卡画师的艺术实践》②也依循类似研究路径，将物赋予人的心性与生命。这些是对佛教文化用品较为深刻的人类学研究，但是此类成果尚不多见。对于藏传佛教圣物藏香的研究，也缺乏深入的人类学思考。

二、藏香研究

目前，藏香在商品市场上呈现出一种越来越受欢迎的趋势，但是学界对藏香的深度研究却并不太多见，关于藏香的研究成果也多集中于藏香的文化史、医学价值和经济价值，缺乏人类学视角的关注。

第一，藏香的文化史研究。《藏香文化》③对焚香缘起、香续脉络、藏香供养、香料品类以及现实内涵等几个方面进行了描述，是一本较为全面的藏香文化史著作。这本书最重要的内容体现在两个方面，一是对藏香的发展线索、传承派别、形成要点作了简要的叙述，尤其是介绍了藏传佛教不同派别的主要寺院与藏香和焚香的渊源；二是分析了藏香在市场推广中的现状，并提出了藏香文化营销的策略和建议。但是《藏香文化》对藏香的记载仅仅局限于寺院之中，并没有涉及藏香在宫廷、在老百姓日常生活中的应用，也没有谈到藏香作为不同角色在藏地、汉地的流动。这些都是藏香文化的重要内容，有待整理和补充。

第二，藏香经济研究。林清华④和陈聪⑤主要研究的是藏香产业的传承和发展。林清华从分工理论出发，对藏香厂商分工程度进行了定量研究，建立了分工程度与成本、收益之间的关系模型，最后得出结论，分工程度与厂商的获利状况呈现出正向相关的关系。藏香行业作为民族手工业中的代表，在面对激烈的市场竞争时，需要政府政策的扶持，引进专业的管理人才并进行科学化分工，才能保证手工业经济的发展，作者希望可以在藏香产业发展方式方面提出建设性意见。陈聪则是以藏香业的历史渊源、发展现状和发展趋势为切入点展开论述，从供求关系角度分析了藏香业的发展前景和潜力，并且提出将藏香业与旅游业相结合的发展策略，以期将藏

① 陈乃华：《无名的造神者——热贡唐卡艺人研究》，世界图书出版公司，2013。
② 刘冬梅：《造像的法度与创造力——西藏昌都嘎玛乡唐卡画师的艺术实践》，博士学位论文，中央民族大学人类学专业，2011。
③ 朱彧：《藏香文化》，班智达国际出版社，2010。
④ 林清华：《基于分工理论的藏香产业研究》，硕士学位论文，北京工业大学产业经济学专业，2012。
⑤ 陈聪：《西藏藏香业的传承与开发研究》，硕士学位论文，中央民族大学中国少数民族经济学专业，2015。

香打造成具有标志性的旅游文化产品，从而以旅游带动藏香产业走出发展困境、促进藏香的传承和发展。徐进亮等人[①]也是从藏香旅游入手，探讨藏香业的发展前景。黄鑫玉和张婧[②]研究了藏香历史和藏香业发展现状。洋传粟[③]论述了如何提高藏香的市场竞争力。

周清华[④]的硕士学位论文则研究了藏香诞生地——拉萨市尼木县吞巴乡吞达村的产业经济变迁历程。吞达村的生计方式经历了"传统农牧业—藏香手工业—乡村文化旅游业"的变化，尤其从2008年藏香制作工艺进入国家非遗名录之后，藏香手工业在吞达村开始呈现出产业化趋势，乡村文化旅游业的兴起与发展也是依托于藏香文化这一符号。因此，吞达村的村落经济变迁与藏香紧密相关。但是该论文的落脚点是村庄经济，藏香产业只是其中的一种经济形式，藏香和藏香文化并非作者的主要论述对象。

这些学者关注的都是藏香的经济价值以及藏香产业化的路径，对于藏香文化价值的探讨比较欠缺。

第三，藏香医学价值研究。毛萌、李峰[⑤]探讨的是藏香的药用价值，他们以藏香治疗失眠作为研究切入点，通过整理呈现出藏医在治疗失眠方面的理论基础及临床经验，来发掘藏香的药用价值。郭小芳、赵晨龙等人[⑥]通过对五种供试藏香[⑦]的成分进行分析，指出不同藏香在不同点燃时间下的空气细菌数以及抑菌率不同，但是五种藏香熏烟对于空气细菌总数均有一定程度影响，这项研究对于藏香在疾病预防和治疗领域的应用具有重要的现实意义。松桂花[⑧]对藏香的几个主要成分——沉香、甘松、檀香、肉桂、藏菖蒲、麝香、木香、豆蔻、冰片等进行了药理学分析，这些药材均具有较强的抑菌和抗菌作用，应用于藏香之中，可以通过呼吸道和皮肤

① 徐进亮、阮慧、胡淳：《关于藏香旅游资源保护性开发的探讨》，《中央民族大学学报（哲学社会科学版）》2012年第6期，第49—53页。

② 黄鑫宇、张婧：《藏香历史及藏香业发展探究》，《西部时报》2012年10月23日，第11版。

③ 洋传粟：《试论如何提高藏香的市场竞争力》，《西藏发展论坛》2012年第2期，第57—59页。

④ 周清华：《吞达村经济变迁发展研究》，硕士学位论文，中央民族大学中国少数民族经济学专业，2015。

⑤ 毛萌、李峰：《藏香治疗失眠的理论源流和依据探析》，《中医研究》2014年第11期，第1—2页。

⑥ 郭小芳、赵晨龙、丁赞中：《藏香对空气微生物抑制作用初探》，《西藏大学学报（自然科学版）》2012年第2期，第27—30页。

⑦ 供试藏香与对照香分别是：珠穆拉瑞藏香（珠穆拉瑞藏香厂生产，拉萨）、意乐药香（西藏自治区藏药厂生产，拉萨）、扎什伦布寺藏香（扎什伦布寺生产，日喀则）、敏珠林寺集聚熏香（敏珠林寺生产，山南）、圣康香（西藏藏医学院藏药有限公司生产，拉萨）和红色简易香（兰州生产）。

⑧ 松桂花：《藏香在卫生防疫领域的应用初探》，《西藏科技》2006年第6期，第35—36页。

吸入人体。因此，藏香不仅是佛教信徒供奉神灵的宗教圣物，它在人们日常生活中也具有净化空气、预防疾病等功效。林升得、张静恒[1]对市场上所销售的 6 种藏香和印度香的挥发性成分进行定性分析，参照《中国药典》2010 年版的相关标准进行提取和鉴定，最后得出结论，不同品牌香品种的挥发油含量和挥发性成分差异较大，香品质量参差不齐，因此藏香制作工艺和质量控制方面还有待改进。

另外一些是关于藏香手工制作工艺及传承的研究，以及对藏香知识的常识性介绍。如洛桑才登、苟月婷[2]等人从标准化视角对藏香工艺的保护和传承提出了建议；严小青、张涛[3]简述了藏香的来源、材料、制作工艺以及作为药品和宗教用品的功效；万秀锋[4]介绍了藏香作为贡品由西藏带到内地后，在清宫的使用情况；王郢[5]和邵卉芳[6]都是以尼木藏香作为研究切入点，王郢以一种亲身体验的方式介绍了吞巴藏香、雪拉藏纸和普松雕版的工艺，邵卉芳则是介绍了尼木藏香从木材浸泡到销售的十道工序，以及进入非遗名录对于藏香制作工艺带来的变迁和影响。

通过对藏族社会中"物"的研究以及藏香研究的回顾，可以发现目前学界对藏族社会中的"物"缺乏人类学视角的思考和研究，尚无人从生命史的视角来研究藏香，尤其缺乏将藏香置于现代化和全球化的时代背景下进行探讨。民族学、人类学研究中对"关系""联系"格外看重，人们对此研究基本能达成的共识是任何一个事物或事件的变化都牵连着与它相关的政治、经济和文化因素。就像"一只南美洲亚马孙河流域热带雨林中的蝴蝶，偶尔扇动几下翅膀，就可以在两周以后引起美国得克萨斯州的一场龙卷风"一样，动物与自然是相互牵连的，人类社会也是如此，个体行为与国家、市场、社会也是相互牵连的。

藏香本是藏族社会中的常见之物，在经过脉络化与再脉络化之后成了凝聚着国家、市场、社会各方力量的具有藏族代表性的符号。藏香在生命角色上经历的圣物到贡品、再到商品的变化，以及在空间上由西藏地方开始向全球流通的趋势，都牵连着藏族传统社会的变化，这也是在面对现代化和全球化的影响时，西藏社会变化的一个缩影。正如埃里克·沃尔夫（Eric Wolf）的主要观点，"在全球人类学的努

[1] 林升得、张静恒：《6 种藏香和印度香挥发油成分的 GC-MS 比较分析》，《中国民族医药医学杂志》2011 年第 7 期，第 53—55 页。

[2] 洛桑才登、苟月婷、洛绒吉村：《浅谈藏族非物质手工艺品的标准化与保护传承——记国家地理产品尼木藏香》，《标准生活》2016 年第 4 期，第 92—96 页。

[3] 严小青、张涛：《话说藏香》，《中国民族》2009 年第 7 期，第 39—41 页。

[4] 万秀锋：《清宫的藏香》，《紫禁城》2012 年第 3 期，第 90—95 页。

[5] 王郢：《藏香，藏纸，藏文雕版——尼木三绝》，《旅游》2009 年第 9 期，第 54—59 页。

[6] 邵卉芳：《西藏尼木藏香制作技艺的变迁》，《民族艺林》2016 年第 3 期，第 104—112 页。

力中，力图廓清人类相互作用的网络"①。与此类似，当今人类学、民族学研究中，仅仅试图探讨某个"个案"独立的意义似乎已经很难成功，因为任意一个小的事件或者物件，它的变化都牵连着与它相关的众多方面。因而本研究就是以藏族社会中常见的物——藏香作为出发点，试图呈现出一部关于藏香的比较完整的民族志或者说文化传记。通过描述藏香从地方性产品变为流通于全球的商品的过程以及原因，来探讨藏族社会与商品市场、国家力量的互动和博弈，以及在现代化与全球化的背景下，西藏传统社会又是如何选择、调适并重构自身文化来应对变化，将地方社会的变化紧紧嵌合于全球的发展、变化之中。

第四节　研究方法与内容

一、深描与多点民族志

民族志是人类学研究中经常使用的方法，可以从方法论和文本写作两个层面上进行理解。一是从方法论层面上看，人类学研究中的常用研究逻辑是建构理论、论证理论，这是一种普遍的追求，而民族志就是研究者通过运用田野工作的方式，对人类社会进行描述、对文化进行展示的过程和结果。二是从文本内容上来看，民族志是一种基于田野经历、以社会事实为根本前提的文本，通常也是具有文学性质的文字形式。这类文本写作及呈现的目标是希望研究者以及读者能够更好地理解他者，是把对异地人群的所见所闻写给和自己一样的人阅读而写作的著述。②

克利福德·格尔茨（Clifford Geertz）认为民族志就是一种深描："如果你想理解一门科学是什么，你首先应该观察的，不是这门学科的理论和发现，当然更不是它的辩护士说了些什么，你应该观察这门学科的实践者们在做些什么。在人类学或至少社会人类学领域内，实践者们所做的，就是民族志。"③ 显然，格尔茨强调了人类学研究中民族志的重要位置。不管是作为方法论的民族志，还是作为写作文本的民族志，都经历了一个不断完善和进步的系统化过程。高丙中④ 认为民族志的发展大

---

① ［美］埃里克·沃尔夫：《欧洲与没有历史的人民》，赵丙祥、刘传珠、杨玉静译，上海人民出版社，2006，第33—34页。

② 高丙中：《民族志发展的三个时代》，《广西民族学院学报（哲学社会科学版）》2006年第3期，第58—63页。

③ ［美］克利福德·格尔茨：《文化的解释》，韩莉译，译林出版社，1999，第6页。

④ 高丙中：《民族志发展的三个时代》，《广西民族学院学报（哲学社会科学版）》2006年第3期，第58—63页。

致经历了业余民族志、科学民族志和反思民族志三个时代。业余民族志具有自发性和随意性，通常是一些商人、朝觐者、传教士和探险家在传教和旅行中的见闻，这些关于异地异族的见闻虽然具体而生动，但通常是对当地日常生活的描写而没有对整个社会和文化图景进行整体和系统的表述。自《人类学笔记和问询》^①问世以来，民族志书写开始从业余时代进入科学时代，马林诺夫斯基（Malinowski）就是一边参考这个手册一边进行田野工作，并最终完成了民族志扛鼎之作《西太平洋的航海者》，而他也对这一时代的民族志写作提出了要求，即确立"科学人类学的民族志"准则。民族志发展的第三个阶段是反思民族志。20 世纪 70 年代之后，民族志的研究方式受到巨大挑战，以《写文化——民族志的诗学与政治学》^②、《作为文化批评的人类学：一个人文学科的实验时代》^③为代表的著作中，开始反思民族志所呈现出来的文化的真实性，即不同时期、不同研究人员，对同一个村落、受访者、事件会有不同的理解。他们强调文学化的民族志写法、研究者的"他者"身份以及政治权威等外部因素都会影响客观事实的真实性，因此后现代诸多理论倾向于放大研究者的主体体验、感受和观点。

不同文化包含不同的编码系统和逻辑思考，每个人也都具有自己的个体"文化"——他的人格、学识、理解能力、生活经历和个人好恶，研究者很难达成对某一事物的"唯一真理"的共识，这是田野工作的基本法则。我们要尽力做到的是，呈现一种相对一致的真实，即研究者在进行田野工作时要与研究对象处于一个相对真实且相互理解和共享的文化体系之中。因此，这要求研究者必须去学习并尊重田野地点的文化，将自己内化为田野中的一分子（当然这非常不容易做到，但是人类学者还是要努力去做）。在某种意义上，人类学家田野工作的目的正是为了体验他者的文化以便更好地理解他者，这种体验一方面受到外部观念的影响，另一方面受到内部主观感受的作用。^④正如拉比诺（P. Rabinow）所说，"我们根深蒂固地是彼

---

① 《人类学笔记和问询》在 1874 年到 1912 年间共有四个版本的改进，第一版由泰勒（Edward Burnett Tylor）等人执笔；第二版民族志部分的引言是由大英博物馆民族志部的里德（Charles Hercules Read）撰写；第四版中对田野作业的语言要求和一年周期的时间要求给出了明确的说法，由哈登（A. C. Haddon）、塞利格曼（Charles Seligman）、里福斯（W. H. Rivers）等人所撰写。

② [美] 克利福德、[美] 马库斯编：《写文化——民族志的诗学与政治学》，高丙中、吴晓黎、李霞等译，商务印书馆，2006。

③ [美] 乔治·E. 马尔库斯、[美] 米开尔·J. 费彻尔：《作为文化批评的人类学：一个人文学科的实验时代》，王铭铭、蓝达居译，生活·读书·新知三联书店，1998。

④ Judith Bather, Joan Wallach Scott, *Feminists Theorize the Political* (NY and London: Routledge,1992),p.29.

此的他者"①，即便在田野工作过程中，研究者与受访者之间可以做到相互信任甚至建立深厚的友情，但是他们还是无法做到像认同自己的文化一样去认同对方的文化。因此，研究者在田野工作时还要具备的素质和能力，是要将研究者对研究对象的经历和体验也当成民族志研究的一部分。研究者要对自己的田野经验进行不断反省，因为田野中的很多"事实"极有可能是研究者在自己的文化框架内制造和再造的，它们是研究者自己的解释。所以，田野过程中与研究客体产生一种共同经验或对当地文化产生一种共同的意义理解也是非常重要的。

20 世纪 90 年代中期，乔治·E. 马库斯（George E. Marcus）进一步提出了"多点民族志"的说法，这在《写文化——民族志的诗学与政治学》对民族志的批判中已经有所体现。基于对传统民族志写作的反思以及他参与的有关全球化本质的讨论，马库斯更加确定"马林诺夫斯基式"的田野工作是一种对永恒的或者已知的地域和景象的静态研究，而多点民族志不仅仅强调调查点的变化和移动，更关注全球化所引起的新关系和新变化。虽然也有人质疑多个田野点会因为田野深度不够而使民族志变得"单薄"，而马库斯依然强调民族志研究中的流动性。他认为研究者在田野点中发现的问题总会将他们引向其他的田野点，这并非是指表面化的田野移动，而是解释了多点田野的原因，即不同田野点之间的内在联系，这是马库斯对当前全球化时代的反思，也是对世界体系研究的宏大视角。因此，多点田野并不一定会削弱田野作业的深度，因为对于文化构成和文化过程等内容的研究本身就是动态的和多层次的。

本研究力图兼顾研究的深度与广度，选取了西藏地区具有代表性的三大制香地作为主要田野点，并且为了搜集藏香流动性的资料，还到尼泊尔进行了短期调研，通过多点田野以及深描的方式，以期呈现出一部较为丰富的关于藏香时空变化的民族志。从进入田野开始，理性与感性便始终交织，我始终秉持着田野工作规范，进行了大量民族志资料收集、客观文化呈现以及不间断的田野反省。

第一，大量民族志资料的收集非常重要。因为田野对象具有复杂性和不确定性，有些人未必会向我吐露完全真实的想法和态度，有些人又可能会言过其实或词不达意，因而我们需要获得更多的资料来进行比较和相互验证。比如在尼木县吞巴乡了解藏香某种原料的价格时，制香人都会说到现在的价格要高于以往很多，但是大家对具体售价的说法又有很大差别，有人说一车两万，有人说一车八万，数额差

---

① P. Rabinow, *Reflections on Fieldwork in Morocco* (Berkeley: University of California Press,1997),p.161.

距较大，让我十分疑惑。后来经过向多位制香人的二次询问，才弄明白，制香人所说的"车"的概念并不相同，有人说的是长安铃木车，有人说的是箱式大货车，但是经过数量转化后，每一公斤的价格基本相同。

第二，如何对田野现象进行真实的呈现？这种呈现的第一层含义是对现象的真实描述，第二层含义是在真实描述的基础上进行合理的人类学解释，这是对研究主体提出的更高层次的要求——研究者既要以局内人的身份融入田野，包括尽量消除内在和外在的他者性，与田野地点建立紧密的关系，又要在田野调查结束之际理性抽身，以局外人的身份对田野资料做出客观分析。当然，这两种身份或者说情感状态无法做到完全二分，对田野的完全融入可能会进入"一叶障目，不见泰山"的认识误区，这也是很多民族学、人类学学者在进行本民族文化研究时会产生的苦恼；对田野完全无法融入，或者以一种"居高临下"的姿态来获取资料，所获资料的真实性也有待商榷。对我来说，西藏既不是遥远的想象，也不是亲密的家园，它更像是一位"熟悉的陌生人"。从 2009 年到 2012 年，我在中央民族大学民族学专业进行了三年的硕士学习，研究方向为藏族社会与文化，曾经先后在西藏地区进行了四个月的田野调研，对于藏族的历史、文化和风俗民情有一定程度的理解。调研经历让我在西藏认识了一群可爱的藏族小伙伴，在田野工作之后的这几年中，我们一直保有联系并时常分享生活的点滴。在情感上，我与西藏、与藏族文化从未疏离。但是，需要承认的是，专业理论的学习让我在田野工作时会带有一些"假定"和"预设"，外貌、语言的差异也会强化我身上"局外人"的标签。因此，这种既熟悉又陌生的状态反而让我的田野经历既感性又理性，在对文化进行呈现时，既有主观的情感体验又有客观的描述分析，使我对文化的呈现更为真实与丰富。

第三，不间断的田野反省同样重要。维克多·特纳（Victor Turner）认为，对所有人文科学和研究来说，人类学最深厚地植根于调查者的社会和主观经验之中。每件事情都来自自我的经验，被观察的每件事情最终都是按照调查者的脉搏而跳动……所有的人类行动都浸透在意义之中，而意义是难以测量的，虽然它通常可以被领会——即使只是感觉并且是模棱两可的。当我们试图将文化和语言具体化时，意义从过去引出我们对今天生活的感觉、想法和思考。[1] 我的田野调查点既有传统制香村落，有传承藏香古法配方和工艺的寺院，还有现代化的工厂，接触最多的是制香人和用香人。我总是习惯于从他们的行为中去寻找文化意义，每当发现一些不

---

① Victor Turner, "Dewey, Dilthey, and Drama: An Essay in the Anthropology of Experience", in V. Turner & E. M. Bruner (eds.), *The Anthropology of Experience* (Urbana: University of Illinois Press, 1986),p.33.

在自己经验体系内的东西，便觉得是极大的收获，从而极易忽略这些行为对于研究客体自身的意义。进行田野工作的第一年夏天，我曾参加了吞巴的吞弥文化节，当时手工藏香制作比赛的冠亚军都是吞普村的村民，这个情况让我习惯性以为吞普制香人更擅长手工制香，也更愿意坚守手工制香的传统；而第二年夏天，当我亲自到吞普村时才发现，吞普村制香人手工技艺较好的原因是他们经济收入偏低、买不起制香机器，但他们的心理诉求却是拥有一台制香机器。这件事情让我开始反思自己的田野经历，也让我对自己的田野调查方法有了更高的要求。

二、田野调查方法

首先，参与观察是民族学、人类学研究的基本方法，它要求研究者将自己置于田野之中，与当地人一起同吃同住同劳动，在不同的生活场景中发现差异并进行文化解释。我的研究主题是藏香，在田野调查过程中一定会涉及藏香的制作、使用等资料的收集。制作与使用是动态的过程，只有亲身参与才能有更为准确和真实的感受与体验。尤其是尼木水磨藏香的制作过程，要经历木材浸泡、磨制柏树泥、配药、研磨、搅拌、挤香、切割、晾晒、捆扎、包装等多道工序，每一道制作工序都蕴含着当地的文化要素、禁忌和藏族人民的智慧。我在尼木县的调研首先从自己观察开始，前期会有一些疑惑或者理解的偏差，但是在后期的参与观察和访谈中，谜团便会逐渐解开，并修正自己不正确的理解。

初入田野不久，我和向导一起在吞巴景区观察水磨，就偶遇了一位制香人在景区做香泥。在我看来，制作香泥的工艺比较简单，只要将水磨磨好的香泥放入木质的模子中，填实、压紧，再将香泥倒扣于干净的塑料膜上晾晒即可。我觉得很有意思，就问制香人可否让我尝试一下，当下即被拒绝，向导也跟我说她在吞巴没有看到女人做香。这让我产生了误解，误以为制作藏香中会存在着性别禁忌——"女人可能不被允许做香"。经过长时间的田野生活后我才发现，在吞巴，制香过程中似乎并不存在性别禁忌，制香人说因为做香比较辛苦，要盘腿坐在地上很久，而且一直要用力挤香，对女性来说体力消耗比较大，一直以来都是由男性承担此项工作。至于我被拒绝做香泥的原因，是当初与制香人并不相熟，而且柏树是珍贵的制香原料，他们怕我不会制作而浪费材料。在敏珠林寺也是如此，引入机器之后，周围村落的村民也参与制香工作，其中不乏女性。与制香工人们一起捆扎藏香，拉近了我与他们的距离，也方便了之后的访谈工作。藏香浸染在西藏空间各处，它是藏族生活和宗教仪式中的重要物品，因此，除了参与制香过程，还要参与和观察田野地点老百姓的日常生活及重要的节庆活动。

其次，我在田野中获得资料的重要来源是访谈和口述史，即重要报道人的访谈和个人生活史。藏香制作工艺于 2008 年入选国家级非物质文化遗产名录，制香人在制香过程中发挥了巨大的作用。访谈制香人，了解制香过程中的禁忌、仪式以及它们与藏文化的联系，是我田野调查的重要内容。西藏比较知名的制香人，包括非物质文化遗产传承人以及民间制香达人，我对他们中的大部分进行了深入的访谈，获得了关于藏香的历史、制作、文化等方面的大量资料。除此之外，我还访谈了寺院僧人、村子里的知识精英、藏香厂工人、负责藏香工作的乡镇领导、公务员以及生活在西藏的普通百姓。因为长时间在吞巴乡以及敏珠林寺所在的塔巴林村生活和田野调查，我与当地百姓的很多交流通常都是非正式的访谈。也是在这种生活式的聊天中，我听闻了很多有趣的故事和说法，它们有些成为我重要的论据，有些则是指引了我的思考方向和扩宽了眼界和思路。比如我曾听过一个"扎旺①爸爸的故事"，故事里藏香赶走了"脏东西"，这个让我想起了文献中叙述的藏香具有驱鬼辟邪的功能。在之后的田野调查里，我也经常听闻人们说藏香可以祛除"不干净的东西"。在任何宗教和民间信仰中似乎都存在"不干净的东西"这种说法，它们的存在十分玄乎、人们用肉眼观察不到，但它们却会时不时干扰到人们的生活，而宗教和民间信仰中也总有制服它们的方法。"扎旺爸爸的故事"是茶余饭后闲聊所谈，并非正式访问，可信度较高，而且也佐证了宗教仪式中藏香的"净化""开道"等作用。

除了观察与访谈以外，本书中还涉及一些政府文件和企业资料中的数据资料，它们是本书中的重要内容，可以说明藏香发展变化的转折点和变化趋势。

文献资料和历史档案可以帮助我们还原并认识藏香的历史。在调研过程中我发现，尼木的制香人都十分熟悉并精通于制香工艺，但是对于藏香的历史和发展脉络却不甚了解。敏珠林寺的僧人当曲·旦增（也是时任敏珠林藏香厂厂长）对于藏香的历史认识也只追溯到五世达赖喇嘛的经师德达林巴大师，这晚于吞弥·桑布扎发明藏香近千年。学习藏医出身的制香人多是从藏文经书中寻找藏香配方，而对藏香最初的形成也是知之甚少。我尝试从更多的历史文献中去寻找藏香真正的源头，结果依然是流传于吞巴当地 1300 多年的、关于吞弥·桑布扎发明藏香的故事。因为藏地流传有太多神话传说和民间故事，很多情节都是与当时、当地的历史文化情形

①　因为涉及调研对象对某些人、事及物的观念和态度，文中出现的多数姓名都已被模糊化处理。除几位有明行政职务的公职人员和藏香制作技艺代表性传承人使用了真实姓名以外，其余人名均是以藏族流行度较高的名字代替，以求保护调研对象的个人隐私，也尽量保证阅读的流畅度。

相互映照的，我们倾向于相信它们并非"空穴来风"，因此，对于这些故事的文本解读也是本研究的一项重要内容。

最后是问卷调查。在藏香的社会生命史中，制香人是重要的因素，但用香人的观念变化与藏香的变化也密不可分，用香人很大部分代表了市场需求的层次。我的田野调查点主要集中在农村这一乡土社会，对于城市用香人的用香选择、习惯等缺乏长时间的深入观察和参与。我主要对城市中的公务员、企事业单位工作人员（包括教师、银行职员、律师等）、个体商户、手工业者、城市务工人员、学生等进行了问卷调查，通过数据来分析城市用香人对于藏香文化的了解以及用香态度的变化。

虽然田野中的人和事都无法由民族学、人类学学者来掌控和左右，"它们[1] 本是活生生的经历，却在询问、观察和体验的过程中被制作成事实。人类学家和他所生活在一起的人们都参与了这一制作……理论上说，人类学家是完全的局外人，甚至不能理解最明显的事情。因而，资讯人的这种'呈现'是在一种外在化的模式中被定义的……而这个外来者与他的共识很少，而这个人的目的和做事方式又是他所不清楚的"。[2] 但是多样化的田野调查方法有助于我们获得更翔实、更真实的资料，从而呈现出一部较为完整的关于藏香社会生命史的民族志。

三、研究内容

本研究采用多点田野民族志的研究方式，以西藏地区三大藏香制作主体——拉萨尼木县吞巴乡、山南扎囊县敏珠林寺和拉萨甘露藏药厂为主要田野点，以藏香经历的"圣物—贡品—商品"的社会生命史为研究主题，探讨在"国家"和"市场"的双重脉络之中，藏香如何从地方性产物变为具有全球流通趋势的商品；重点研究在时间和空间的变化过程中，外在力量如何对藏香施加影响，以及西藏百姓如何用自己民族的传统文化逻辑去应对和解释变化，并将此种变化合理化于自己的知识体系之中，使藏香和藏香文化不断焕发出新的生命力。

导论部分主要介绍本书的研究缘起及意义，研究的理论背景和田野方法，梳理藏传佛教用品以及藏香的研究现状，从而总结出本书的研究视角和研究思路。本书以藏族社会宗教生活和日常生活中常见之物藏香作为出发点，希望呈现一部比较完整的关于藏香的民族志或者文化传记，通过研究藏香从圣物到商品的变化过程以及原因，以社会嵌合理论为主要研究视角，探讨西藏乡土社会与商品市场、国家力量的互动和博弈。

---

① 此处"它们"指"人类学事实"，笔者注。
② ［美］拉比诺：《摩洛哥田野作业反思》，高丙中、康敏译，商务印书馆，2008，第145页。

第一章对田野点的地理与社会文化背景进行描述。通过田野点的不同坐标串联起田野调查的整个过程，并突出三个主要田野点的典型性，它们代表了西藏制香的三大主体：尼木县吞巴乡是个体制香的代表，山南扎囊县敏珠林寺是寺院制香的代表，拉萨甘露藏药厂是企业制香的代表。对于三大制香主体变化的描述，基本可以勾勒出整个西藏的藏香、藏香产业以及藏香文化变迁的图景。

第二章梳理藏香社会生命的嬗变历程，尤其关注藏香从宗教圣物，到贡品，再到商品的社会角色变化。藏香诞生之初，人们主观塑造并构建了它的神圣性，并将它用于宗教活动。因藏香具有的神圣性，使它成为西藏地方政府给中央政府的重要贡品，它进而被赋予了政治性。这两个角色的藏香因为没有明显的经济属性而处于前商品化阶段。西藏民主改革之后，藏香开始进入市场，成为商品。

第三章和第四章通过自外向内的路径探讨外在力量对藏香的影响。第三章将藏香置于"市场"的脉络之中，主要分析从改革开放以后藏香是如何成为市场体系中炙手可热的商品。其中的重要事件是改革开放、市场经济体制转轨，它们对西藏经济市场化的影响，给藏香产业的发展带来了相应的政策环境。第四章将藏香置于"国家"的脉络之中，研究非物质文化遗产项目的实施对藏香去商品化的影响，以及《藏香地方标准》的发布和国家标准的立项对藏香再商品化的推动。国家力量在场的结果，促成了藏香去商品化和再商品化的双向互动。

第五章以由内而外的路径，论述藏香以及藏香文化在传统和现代社会中的变化以及西藏乡土社会如何应对变化。传统文化语境中藏香是出现在神圣时间和神圣空间的宗教圣物，而现代语境中的藏香种类多样，且大量出现在日常生活空间。面对藏香的种种变化，藏族人也不断扩展并丰富着自己的洁净观念，使藏香的种种变化合理化。本章第三节以尼木吞巴为案例，通过阐述藏香原料、配方、工艺、用香观念等的变化，来透视传统制香村落在面对现代化时发生了怎样的故事。

第六章描述现代社会中藏香的制作和使用所传达出的宗教神圣性观念的增强。从制香主体来看，他们倾向于将自己的藏香与宗教、寺院或圣人建立联系，从而增加商品的附加值以吸引更多顾客、获取更多利益；从用香人角度来看，人们认为寺院制作或僧人加持的藏香具有更大的神圣性，因此也更倾向于购买寺院制香。在对藏香文化意义进行理解时，人们依然看重藏香的宗教价值。这些研究结果也可以反映出，在现代语境下，藏香虽然是流通于商品市场中颇受欢迎的物，但是它依然是西藏百姓心中重要的宗教圣物，宗教影响力一直嵌合于人们的生活之中。

通过上述论述与分析，我的研究初步得出以下结论。第一，从时间脉络来看，藏香作为藏传佛教和西藏百姓生活中的重要物品和符号，它既呈现出作为宗教圣物的神圣性，又具有作为商品的经济性。在藏香从圣物到商品的变化过程中，看似是一种由圣到俗的变化，实际上宗教性又成了藏香的附加价值，增加了其竞争的筹码。因此，宗教力量在西藏的世俗生活中依旧发挥着很大作用，宗教依然与西藏的社会、经济、文化紧密嵌合。第二，从空间脉络来看，藏香从地方性产物变为具有流通于全球趋势的商品，离不开国家、市场、社会各方力量的共同作用，尤其经济体制的改革、"非遗"项目和藏香标准的实施，成为藏香全球化的重要推手。而藏香在全国各地和世界范围内的流动不仅仅是物本身的流动，更代表着藏香文化和藏传佛教文化在更大区域内的传播。同时，藏香的流动、藏香文化的传播，又使西藏与国内其他地区，甚至与世界发生了联系，这种联系将西藏社会的发展嵌合于现代化、全球化的整体潮流之中。

第一章　寻香之旅：田野点地理与社会文化背景

　　2016 年 6 月，我正式开始了寻香之旅。到拉萨之前，我与其他课题调研组一行四人在西宁稍做休整。由于饮食上以牛羊肉为主，加之天气干燥，导致我上火严重，左眼肿胀并迅速恶化为结膜炎症。在西宁到拉萨的火车上，眼睛肿胀越来越厉害，从药店购买的眼药水似乎也没有很好的治疗作用。这时，一个藏族师妹跟我说："按照我们藏族的说法，你的眼睛里一定是进了脏东西，应该用藏香熏一熏。"这句话让我联想起以前在西藏的一些所见所闻：有些藏族人在遇到头疼、发热甚至心脏不适时，都会点燃一些藏香，他们认为吸入藏香燃起的香烟有助于病情的治疗，原因是藏香中含有很多名贵的药材，比如沉香、豆蔻、红景天、贝甲等。在这种情况下，藏香就不仅仅是供奉给佛祖的圣物，而是治病的药物。听闻很多人讲述过藏香作为药物的神奇功效，我觉得这并非夸张。所以一下火车，安顿好酒店住宿，我便直奔大昭寺广场，在敏珠林寺藏香专卖店购买了一小捆藏香，售价 18 元，是店里最便宜的一种。我用它熏了眼睛，并且在藏族朋友的指引下，在宾馆的房间也点燃了一支，并且着重熏了熏房间的角落以及卫生间——因为藏香还可以祛湿去霉，净化空气，尤其是初到一个陌生之地或者有亲朋好友在家居住时，藏族也有用藏香熏房的习惯，这一习惯也是出于洁净的目的。因而，在藏族的文化观念中，藏香是同时兼具宗教上的和卫生学上的洁净意义的，神圣性和世俗性也在藏香身上得到了融合。

　　历史上，藏香均由寺院和民间个体来制作。著名的制香寺院有山南敏珠林寺和日喀则扎什伦布寺，民间制香的代表是尼木县吞巴乡。寺院僧人因为要学习"大小五明"，包括工巧明、医方明、声明、因明和内明，修辞学、辞藻学、韵律学、戏剧学和历算学，因而对藏医学和藏药学都颇为了解。很多在寺院学习过的僧人都会从医书中总结并提炼制香配方来制作藏香，并用于寺院的宗教仪式和日常生活之中。吞巴因为是吞弥·桑布扎的家乡而被视为藏香的出生地，但是历史上的吞巴隶属于吞巴家族，藏香是由贵族掌管并使用，因而它始终流传于上层社会，普通百姓几乎无法获得。我的研究主要选取吞巴乡、敏珠林寺和甘露藏药厂为主要研究点，它们基本代表了现今西藏地区藏香制作的主体力量，因为有着不同的文化传承和制香工艺，三个制香主体都呈现出了不同特点。

第一节 吞巴乡：藏香"诞生地"

想要了解藏香的"前世今生"，就必须回到它的诞生地。拉萨市尼木县吞巴乡位于拉萨市区以西 120 多千米处，紧邻雅鲁藏布江北岸，这里是藏文创始人吞弥·桑布扎的家乡，也被西藏百姓视为藏香的出生地。相传正是在这里，吞弥·桑布扎运用在印度学到的熏香技术，结合吞巴乡独特的水利资源优势，研制出了最早的藏香。我的田野调查点是尼木县吞巴河谷的吞达村和吞普村，它们是我寻香之路的起点。尼木县建县时间可追溯至元朝时期，据文献记载：吐蕃时期，尼木一部分为卫茹所辖，一部分属叶茹管理；元朝属乌斯行政区；明朝属朵陇都指挥使司；清朝由西藏地方政府的雪列空所设麻尔江营、聂母营共管，乾隆后期设为聂丹宗；民国时期更名为尼木曼卡宗，属西藏地方政府卫区总管。1956 年 4 月，改设为尼木口喀谿，隶属西藏自治区筹委会拉萨基巧办事处。1959 年 9 月 10 日，建立尼木县人民政府，辖 13 个乡。1970 年乡改称公社后，县内区划调整为 5 区、17 个公社。1984 年恢复成乡。1988 年 12 月，撤区并乡建镇，原吞巴区变为吞巴乡，原吞达乡、吞普乡和根培乡分别变为现在的吞达村、吞普村和根培村。至今尼木县辖吞巴乡、尼木乡、麻江乡、普松乡、续迈乡、卡如乡、帕古乡、塔荣镇共 7 个乡 1 个镇以及 35 个行政村。[①]

吞巴乡现有 564 户[②]，制作藏香的乡民主要集中在吞达村和吞普村。吞达是"下面的村子"的意思，而吞普是指"上面的村子"。关于两个村子的命名方式，其实包含了藏族人朴素的方位观念，以"上"与"下"即海拔的高低来标示方位。这种方位观念不仅区分了两个村子的地理环境，即农区与牧区的区别，也暗含了两个村子生计方式的差异。吞达村位于雅鲁藏布江中游北岸河谷地带，区域面积约 20 平方千米，以青稞、玉米等农产品的种植为主；吞普村处于海拔 4200 多米的高山地

---

① 拉萨市地方志编纂委员会编：《拉萨市志》，中国藏学出版社，2007，第 93—94 页。
② 数据来源：吞巴乡 2017 年经济社会发展情况表。

带，位于尼木县境内东部，区域面积近 22 平方千米，东临曲水县，北与续迈乡相连，西和南与吞达、根培村交界，距离 318 国道 10 千米，其生计方式以农为主，农牧结合。拉日铁路尼木火车站坐落于吞达村吞巴景区斜对面的广场上，紧邻 318 国道。早上 8 点 30 分从拉萨火车站驶出的 Z8801 次列车，经过 1 小时 13 分钟的车程，将我带到了吞巴乡。

在西藏电视台工作的同学曾经在吞巴拍过藏香纪录片，与时任吞巴乡副乡长、吞达村第一书记、驻村工作队队长格桑相熟。在她的介绍下，我首先来到了吞达村驻村工作队。驻村工作队驻扎在吞巴景区大门西侧 200 米左右的一处干净整洁的院落里，因为格桑生病休假，接待我的是副队长扎旺。扎旺是尼木县政法委的公务员，从 2016 年 6 月底开始驻村，只是早于我半个月来到这个村子，但他在前两年举行吞弥旅游文化节时，曾经来过吞巴，因而对于这个村子比较熟悉。放下行李，他提议带着我和我的同伴参观吞巴景区，我们当然迫不及待。

吞巴景区包含有吞弥庄园、吞弥·桑布扎故居、水磨长廊、吞弥藏文化博物馆、格桑花园、卡日神山等景点，但是这些景点都集中在吞达村二组附近，最近的景点吞弥庄园距离驻村工作队步行约 15 分钟路程，扎旺提议开车带我们前往。旅游公司在景区正门处安排有观光车负责接送游客，整个景区只有水磨长廊段必须步行。景区入口处的大门和办公室修得格外气派和好看，但是并没有专门设置的售票窗口。售票和检票人员在路边摆了一张桌子、置了几把椅子，用肉眼来观察和判定哪些是村民、哪些是游客。这种售票和检票方式相当随意，我们开着藏 A 牌照的车子，驾驶员又是一张藏族面孔，所以很顺利便进入了景区。因为景区建成不久，尚处在发展的初期，因而在营销和管理上都存在许多问题。但是旅游公司对吞达村的改造和开发，让这个以藏香生产制作作为主要生计方式的小村落越来越走入大众视野，这对村民和村子的影响是巨大的。外在环境、政策的变化，使内在的心态、观念也产生了变化，从而导致藏香原料、制作方式、销售策略、焚香观念都产生了变化。

进入吞巴景区，未见水磨，先闻柏香。随着奔腾而过的吞巴河水声越来越大，柏树的香味也越来越浓郁。从雅鲁藏布江和吞巴河交汇处开始，一直到吞普村，沿河水磨共有 240 多座，但是景区里的水磨比较少，只有不到 20 座，吞达村这边有 180 多座水磨，其余的都在海拔较高的吞普村。如果天气好的话，从 318 国道到景区沿途，便会看见一些村民将制好的藏香拿到路边晾晒，此时的香还没有完全脱水，但是只要一靠近，柏香味就会扑鼻而来。进入景区，更是如此。一块长约 50 厘米的柏木，需要一天一夜不间断地磨制才能变成香泥。在水车的带动下，在木头与青石块的不断摩擦中，柏香的香味愈加氤氲开来。这种香味让我思考，早期藏族先民为何会选择柏树作为藏香的主要原料，而不是其他呢？古人云：柏下抚琴，苦亦为乐。柏可以做琴。古人用柏做琴，在柏下弹之，有清远之意。那么用柏做香，燃烧之，则更具林下风范。还没来得及多想，水磨旁的一个个香泥堆又引起了我的注意，香泥堆呈柱状，直径约为 1 米—1.5 米，高度不定，通常香泥垒到近一人高时，村民就会集中一天的时间将香泥做成香砖。让我好奇的是，这些香泥呈现出了浅黄、黄、深黄等多种颜色层叠的状态，仿佛一个个大型的彩虹蛋糕一样，只不过没有七种色彩，而是以黄色为主。当下我便产生了疑问，为何香泥会呈现出不同的颜色？是因为柏树的树龄不同，新树和老树磨出的香泥颜色有所不同？后来的田野调查经历告诉我，这并非真正的答案，真正的答案是它们并非全部都来自柏树。

七月的西藏天朗气清、云淡风轻，景区里到处开满了格桑花，阳光下的格桑花仿佛藏族人一张张灿烂的笑脸。这是一年中最好的旅游季节，也是吞巴景区最热闹的季节，吞弥文化节、格桑花节、望果节等节日活动都在夏天举行。扎旺带我参观了吞弥文化博物馆以及水磨长廊。走在水磨长廊里，远远就看见几位穿着冲锋衣的人在拍照，冲锋衣几乎是来西藏旅游的游客的"标配"。我问他们来自哪里，他们说是从海南来的旅行团，在转完了布达拉宫、大昭寺、色拉寺等人文景观之后，就想看看西藏的自然景观，尤其是格桑花，于是旅行社就向他们推荐了拉萨周边的这一处秘境——吞巴。然而，过来之前，他们对吞巴景区、对藏文字创造者吞弥·桑布扎、对尼木三绝尤其是藏香一无所知。

吞弥·桑布扎是吐蕃七贤臣之一，曾与 15 位吐蕃青年才俊一起，被松赞干布派往印度学习。吞弥·桑布扎出生在鲁热组，其父名叫吞弥·阿奴。相传吞弥·桑布扎在小时候就表现出了超乎常人的智慧。有一次他和他的父亲在田间犁地，官员禄东赞骑马经过，就问当时 5 岁的吞弥·桑布扎："从早上到现在，你父亲一共犁了多少地？"吞弥·桑布扎没有直接回答，而是反问禄东赞："你骑马过来，那马走了多少步？"问得官员哑口无言。所以那片田，现在也叫作"答反问田"。[1]后来吞弥·桑布扎和他的家人搬到了吞达村，这是他童年生活过的地方。40 岁时，吞弥·桑布扎辞官回乡，住在吞弥庄园里。据传 1300 多年前，吞巴地区出现了一场非常严重的瘟疫，吞弥·桑布扎看到很多村民饱受瘟疫摧残，就根据藏医药理论，将一些药材混合在一起，做成香的形状。点燃后，香味散发到空气中，慢慢治好了

---

① 根据吞巴乡人大主席米玛口述整理。

瘟疫，人们也都恢复了健康，所以吞弥·桑布扎又被当地藏族人民亲切地称为"富贵平安佛"。因为此香具有的神奇功效，吞弥·桑布扎就将其敬献给了赞普松赞干布。松赞干布不仅将其燃于布达拉宫，更是将其燃于大昭寺和小昭寺，后又逐步流传到其他寺庙中。这是在吞巴地区流传的关于藏香起源的说法。而在吞巴对岸、雅鲁藏布江南岸的山南地区，却普遍流传着关于藏香起源的另一种说法——莲花生大师造香说，即莲花生大师在桑耶寺的建造过程中发明了藏香，进而开始了桑耶寺的焚香文化，"世界焚香节"也源于此。但是我的主要田野点并非桑耶寺，而是山南地区另一座历史悠久的寺院，宁玛派祖庭敏珠林寺及周边村庄。

第二节　来到山南敏珠林寺

在参加完吞巴的吞弥文化节、望果节等一系列节日后，我于 2016 年 8 月 6 日离开吞巴回到拉萨。休整一天后，于 8 月 8 日动身去山南。在吞巴的田野当然没有结束，选择这个时间去山南，是因为山南地区的望果节马上要开始了，我想去看看雅砻文化尤其望果节起源地的节日庆典、仪式与其他地方有何不同。还有一个重要原因是，位于山南地区敏珠林寺所制作的藏香，在拉萨有着众多的"粉丝"。老百姓不仅喜欢将敏珠林寺藏香用于自家佛堂和起居室，更喜欢将其作为礼品赠予他人。我在拉萨工作的藏族朋友，在来北京出差时，就曾将敏珠林寺藏香作为手信赠送给我们，因为它是依照寺院传承的配方、由僧人制作并且进行了加持，因而具有更为殊胜的意义。现如今，拉萨共有四家敏珠林寺藏香专卖店，敏珠林寺在八廓街上的分寺也有敏珠林藏香售卖。除了当地藏族人以外，很多内地和外国游客也对敏珠林藏香情有独钟。

敏珠林寺位于山南地区扎囊县扎其乡，在拉萨东南方向约 120 千米，是藏传佛教宁玛派（红教）的重要寺院。8 月 8 日上午，我从拉萨东郊客运站乘汽车前往山南。车站里有两种车型可供选择，一种是普通大巴，65 元一位，不会准点发车，要等到车上乘客坐满才会发车，一路限速，从拉萨至山南需行车三个半小时。另一种是五人座轿车，75 元一位，坐满四位乘客即发车，速度快，比大巴要节省一个小时。因为之前与扎囊县委副书记王书记约定了见面时间，稳妥前提下我选择了乘坐小轿车前往扎囊。幸运的是，我刚好是第四位乘客，上车即发车。拉萨与扎囊之间并没有相互往返的区间车，只是开往山南的车会经过扎囊县而已，如果我中途下车，还是要支付拉萨—山南的全额票价，这是车站的规定，大家也都默认。所以我从扎囊县下车，由王书记接上我，再到扎其乡，也就是敏珠林寺的驻地。

同行的三人都是藏族年轻人，汉语也都说得好，所以大家很快便熟络起来。知晓我去敏珠林寺的目的是进行藏香调研，邻座的男生特别热情地跟我说，他有一位朋友也是做藏香的，是一位毕业没多久的大学生，在进行自主创业，不仅成立了曼仲文化公司，在尼木那边有工厂，还在拉萨办了一个"吞曼仲"品牌藏香体验馆。他将朋友的微信给了我，说有问题可以问他。这位大学生叫旦增·格西，后来也成了我的报告人。一路上不停超速、又不停急刹车，中午一点半左右到达扎囊县城。王书记接上我之后，我们一起去了扎其乡。他说他准备在扎其乡资助一位大学生，乡长给了他三个备选，两个男生和一个女生，得知我要来做调研，权衡了一下就决定资助那位女大学生了，说是今天就去她家看看情况，并且刚好可以请她做我的向导，因为女生之间也方便相互照应。于是，在敏珠林寺的日子里，扎西拉姆就成了我的向导、翻译和生活中的小伙伴。

扎西拉姆是中央财经大学人力资源管理专业的本科学生，开学（2016年9月）读大学三年级。她爸爸去世12年了，家中还有妈妈和弟弟。弟弟与她同年上的大学，在湖北恩施读畜牧养殖专业，是专科。因为爸爸去世得早，这些年来都是由妈妈一人来负担家庭生活的重任。2014年，姐弟俩第一年读大学时，妈妈把家中所有的积蓄都拿出来了，第二年时卖了家中的一头牦牛，这马上要第三年了，妈妈觉得实在负担不起，就去向乡长求助了。拉姆家是一座两层的藏式楼房，一楼是储藏室，二楼分别是一间佛堂、两间卧室和一间起居室。去到拉姆家之后我们发现，她家格外整洁和干净，虽然房子没有华丽的装修，到处都是原木色的梁柱，门框窗框也没有任何装饰，但是各处家具都是一尘不染，东西摆放也是整整齐齐。更为难得的是，家里很少见到苍蝇。12年来，拉姆妈妈将这样一个不完整的三口之家打理得井井有条，藏族女性勤劳、朴实、重视家庭的品质在拉姆妈妈身上得到了明显体现。从初中开始拉姆就在内地读书了，所以她普通话说得非常好，文化课成绩也很优异。但是也可能因为离家生活比较早，12岁就离开了"生于斯"的藏族文化环境，虽然在情感上她并未与藏族文化疏离，但是在藏族文化尤其宗教文化的知识层面，她知之不多，这也为我们之后田野中出现的一些小状况埋下了伏笔。在拉姆家入住的第一晚，她们就把家里最大的卧室布置出来给我住。这间房原是拉姆弟弟的房间，他还没有放假，所以拉姆妈妈就换上了新的床单。我说我有睡袋没有关系，但她还是执意给我换上了干净的床具。而且在我睡觉前，拉姆妈妈还在屋里点了一根敏珠林寺藏香，先是用藏香熏了枕头、被子和床单，然后就将藏香置于桌子上的香盒里继续燃烧。我没有问原因，但是心里很清楚，这是一种净化仪式，因为在尼木吞达入住的第一晚，吞达干部也是这样做的。

拉姆家位于山下的西卡学村，这里的村民没有在自家院落煨桑的习惯，这与我之前的田野经历有些不同。拉萨市堆龙德庆县古荣乡那嘎村是我的硕士论文田野调查点，那里的家家户户都会在自家院落里砌上桑炉，每天清晨由最先起床的人向桑炉里投进松柏枝、青稞、糌粑和干净的水等。在拉姆家，清晨唤醒我的不是氤氲的桑烟，而是一根敏珠林寺藏香的香气。后来的田野调查中，我才渐渐了解到，即便是敏珠林寺周边村落的村民，也并非各家各户都在使用敏珠林寺藏香。18 元一捆的售价让很多村民都觉得消费不起，只有在一些重要的法事活动和特别殊胜的日子里或者家里有尊贵的客人到访时，村民才会烧敏珠林藏香。普通的日子里，村民点烧的藏香也就几块钱一捆。显然，周边村落只是敏珠林寺藏香很小的一个受众，敏珠林寺藏香有着更广阔的市场和受众。敏珠林寺所制藏香体现了藏香的神圣性，它是以寺院僧人为制作主体的、依据藏医理论为配伍和炮制方式的、品质较高的藏香。

吃完早饭，我和拉姆就在路边搭车去塔巴林村——敏珠林寺的驻地。西卡学村与塔巴林村相距约 12 千米，车程约 20 分钟。早上上山朝拜的车辆很多，我们很顺利地就搭到了车。敏珠林寺的藏香在西藏有着较高的知名度，这与敏珠林寺在藏传佛教历史上的作用以及地位影响是分不开的。敏珠林寺是宁玛派南藏的主要寺庙之一，全称邬坚敏珠林寺[①]，1996 年被列为西藏自治区级重点文物保护单位，2006 年被列入全国重点文物保护单位名单[②]。10 世纪末时，鲁梅·慈臣协绕创建了敏珠林寺的前身"太巴林寺"（也音译成"塔巴林寺"），1676 年由德达林巴·居美多杰（也音译成"德达林巴·久美多吉"或"德达林巴·久美多杰"）进行了重修和扩建。[③] 对于西藏藏族百姓来说，宗教的神圣性不容亵渎，宗教圣物如果经过僧人加持或者由僧人制作则会更为殊胜。敏珠林寺藏香比较受欢迎的原因，除了配方传承严格、配料正宗以外，就是由僧人制作，以及在寺院法会上会对原材料和成品进行加持。驻寺干部次仁巴中告诉我们：

> 敏珠林寺大型的佛事活动一般集中在藏历的一月至五月，最大的是藏历的一月和五月。藏历元月的活动是九天，对藏香的一部分原材料进行加持。不可

---

① 土观·罗桑却季尼玛：《土观宗派源流》，刘立千译注，西藏人民出版社，1984，第 275 页。

② 敏珠林寺为第六批全国重点文物保护单位，参见《国务院关于核定并公布第六批全国重点文物保护单位的通知》。

③ 达尔查·琼达：《藏传佛教宁玛派》，西藏人民出版社，2007，第 40 页。

能把所有的都加持，五月份的就没有。藏香做出来的成品还要进行加持。只有
经过加持的藏香才会拿到市场上售卖。元月份的法会叫珠巴嘎杰法会，意思是
"八大法行"（藏语音译，སྒྲུབ་པ་བཀའ་བརྒྱད། ）。成品藏香的加持不是定期的，如果僧人
多的话，就二三十人去藏香厂念经，但是没有固定的时间，也没有固定的人。
对藏香原材料进行加持的时间则是固定的，藏历元月时拿到寺院加持，然后做
藏香时，就掺一些进去。加持的次数、频率，跟产量有关。产量好，加持得就
频繁一些。

当我见到敏珠林寺寺管会副主任、藏香厂厂长当曲·旦增的时候已经临近中午，
所以我们约在寺院旁边的茶馆碰面，这也是我第一次见到这位"大忙人"。他说：

> 西藏的历史比较长，用香时间也长。我的老师江白，他那个时候都还是用
> 手工做的，后来用香比较多，供不应求，手工制作有点慢，大概从 2007 年，
> 就开始人工和机器一起做。到 2013 年的时候，敏珠林寺藏香制作被评为自治
> 区级非物质文化遗产。也是在那一年我们注册了商标，开设了藏香厂。现在年
> 均销售总额已经超过了 500 万元，年均利润也有 200 多万元，赚的钱主要都用
> 于僧人生活以及寺院的修建。

我接着问敏珠林寺藏香畅销的原因。当曲·旦增说主要是因为配方好，以及有
加持力。这种加持行为已经走出寺院，走进了工厂，藏区人普遍相信这种加持的力
量可以给自己带来巨大的能量和好运。

> 僧人加持时念经的时间不一定，简单的话，就 1 天，也有 7 天和 15 天的，
> 最好是一个月。之前珠巴嘎杰法会时，会把藏香材料拿到大殿里（密宗院），
> 前后一共 15 天，24 小时不间断地念经，就起到了加持的效果，所有僧人轮流
> 地、不间断地念经。那个可以说是藏区最大的法会。比较名贵的药材加持时间
> 比较长，普通药材可能就一天或两天，时间不一样。药材都放在密宗院主供佛
> 的下面。山南藏药厂也会请我们寺的僧人念经加持，每年都有，今天是达到了
> 一个月的时间。自治区甘露藏药厂也是如此，请僧人念经。他们本来邀请僧人
> 本月底（2016 年 8 月）去念经的，但僧人们没有时间，所以要推迟到下个月
> 或下下个月。他们不去其他寺院请，只请敏珠林寺的僧人。因为敏珠林寺的创

始人是五世达赖喇嘛的经师，七世达赖喇嘛的时候，把敏珠林寺定义为综合大学。原来布达拉那边有一所僧官学院，一所贵族学校，那边的主要老师都是从敏珠林寺请过去的。教"五明"基本都是从这边请的老师。

当曲·旦增在 2014 年被评为自治区级非物质文化遗产传承人。之后这几年他变得更加忙碌，不仅要在寺院上课、做香，还要经常奔波于拉萨和山南两地之间，拉萨的专卖店需要不定期过去看一下。他说："2015 年，我辞掉了八廓街上专卖店的工作人员。那个小伙子喜欢喝酒，有点误事。现在的工作人员是一位年轻的藏族姑娘。"除此之外，他还要定期去拉萨购买药材，甘露药厂等一些药厂还要请他过去对药材进行念经加持。不同身份间转变和切换，并未让他觉得不适应。相反，正是因为他对待多元文化、文化发展和创新，始终抱有一种开放、包容和接纳的心态，才让他拥有了寺院负责人、藏香厂厂长、"非遗"传承人等多个身份。他认为藏香配方必须依据藏医药理论、藏香原料必须念经加持，这是当曲·旦增对藏族传统文化的坚持。

第三节　走进拉萨甘露藏药厂

7 月的吞巴，8 月的敏珠林寺，第一次的田野调查结束得很快。9 月初，我按照研究设计的时间安排，回校整理资料、进一步阅读文献并且确定研究思路和撰写博士论文的开题报告。那个曾被当曲·旦增提起的甘露藏药厂在研究设计之初，并没有被我列入田野点。最初我计划选取尼木县吞巴乡吞达村、山南扎囊县敏珠林寺以及堆龙德庆区圣香海螺藏香厂作为主要田野调查点，因为前两个田野点可以凸显藏香之"古"，而位于工业园区的第三个田野调查点则可以凸显藏香之"新"。

2016 年 9 月至 11 月期间，我一直在针对初次田野调查的资料进行反复梳理和研究设计。从圣物到商品，历史的不同阶段，藏香以不同的角色出现。作为圣物的藏香体现了香的神圣性，作为贡品的藏香体现了香的政治性，作为商品的藏香则体现出了一种经济性，而不同时期藏香的制作主体也刚好代表了那一阶段的权力主体。所以一个较为清晰的研究框架在我脑中慢慢呈现，即两种研究路径：由内而外，从藏香本身出发，从藏香社会角色的变化，发掘藏香变化的社会和文化动因；由外而内，研究外部力量的介入对藏香的影响、使藏香发生的改变，以及当改变发生时，各方力量如何应对。此时再去梳理田野调查资料时，我发现以国有企业为制作主体的田野调查点被我完全忽视了，而作为国有企业形象出现的甘露藏药厂愈发引起了我的兴趣。在结束了博士论文开题之后，我于 2016 年 12 月份再次启程去西藏，这一次的主要田野调查点是甘露藏药厂。

甘露藏药厂并不是我调研的唯一工厂，但它却有着自身的特性。因为它规模大，而且是西藏地区制作和销售藏药、藏香的重要的国有企业，它的建立、发展、管理、改制以及藏香制作和销售的特点，无时无刻不体现着国家力量和政府的角色。我对于甘露藏药的最初了解是拉萨市区公交车站以及宇拓路步行街上到处可见的广告牌。广告牌下方是飘扬的红色丝带，上方是蓝色背景的光束，主体为汉文、藏文和英文三种文字的"甘露藏药"，左上方为西藏甘露藏药股份有限公司系列产品的注册商标。商标由雪山和三条蜿蜒的河流汇集而成的大海，以及藏医称之为"药中之王"的诃子（藏青果）组合而成。"甘露"寓意为"治病的神药"。2004 年，国家工商总局商标局第 114 号文件认定"甘露"为中国驰名商标，同时"甘露"也是藏药行业第一个中国驰名商标。

"甘露藏药"广告牌和商标

关于甘露藏药的另一个早期印象，即为"珍珠七十味"。在吞巴做调研时，扎旺就向我推荐过它，说"珍珠七十味"很有名，是高品质的藏药，而且药效很好，他们经常购买"珍珠七十味"送给老家的亲戚和朋友。我问他为何藏族都很认可这个品牌，他说因为甘露藏药和藏医院"有关系"。在与甘露藏药厂朗杰经理接触之后，我才发现，"有关系"实际上是指藏医院、藏医学院、甘露藏药厂的"三位一体"。

"甘露藏药"是西藏老百姓对"西藏甘露藏药股份有限公司"的简称，它的历史最早可追溯到拉萨药王山医学利众院（1696 年创建）和拉萨门孜康藏药加工厂室（1916 年创建）。1964 年西藏自治区在医学利众院和藏药加工厂室的基础上成立了西藏自治区藏医院制药厂，厂址位于拉萨市娘热路。2011 年，自治区政府对藏药厂进行了改制，自此，藏药厂一分为二变成了两个单位，一个依旧以生产、加工传统藏药制剂为主，一个生产、加工为适应现代市场需要进行改良和创新的胶囊与冲剂。2012 年 12 月 31 日，原西藏自治区藏药厂正式挂牌改制为"西藏甘露藏药股份有限公司"；2015 年 12 月 21 日，又挂牌成立了"门孜康制剂室"。制剂室隶属于自治区藏医院，藏医院日常医疗过程中所用的制剂由位于拉萨市娘热路的自治区藏药厂（老厂址）生产，此处主要满足全区群众和全区各医院的用药，市民仍然可以随时前往购药；而位于堆龙德庆区的西藏甘露公司主要生产改良后的藏药药丸、胶囊和冲剂，如七十味珍珠丸、二十五味珍珠丸、仁青常觉丸等，以及专门设有一间车间生产藏香。这里生产的藏药不仅向区外进行批发和零售，同时也在拉萨设有专卖店，供当地百姓和外地游客购买。甘露藏香是 19 世纪著名藏医药大师钦热罗布根据《四部医典》中的医理和配方，选用 30 多种优质天然药香原料，经高僧及著名藏医专家潜心加持，按极其严格传统工艺炮制而成，该生产工艺也于 2014 年被评定为自治区传统藏香工艺标准（DB54/T0080-2014）。现生产的藏香主要有意乐藏香、意乐药香、意乐安神香、意乐藏香粉等。

表 1-1　西藏甘露藏药股份有限公司发展改制历程

1696 年，拉萨药王山医学利众院创建	1964 年，扩建成立西藏自治区藏医院制药厂	2011 年，开始改制	2012 年 12 月，"西藏甘露藏药股份有限公司"挂牌
1916 年，拉萨门孜康藏药加工厂室创建			2015 年 12 月，"门孜康制剂室"挂牌

　　所有他者的描述，都比不过自身的亲身感受。2016 年 12 月 28 日，我第一次进入了位于堆龙新区的甘露藏药新厂。朗杰经理让我在到了工厂大门的时候跟他联系，因为如果没有工作人员出来接的话，保安一般不会让陌生人进入厂区的。在门口，我遇见了 20 多岁的藏族女孩丹央，她手里拿着档案袋，也在等人。看我背着双肩书包，她便开口问道："你也是过来面试的吗？"这个问题就此打开了我们聊天的话匣子。她说她的姑妈在甘露藏药厂上班，她是来面试的，在等姑妈出来接她。我问道："你是学藏医的吗？"她说不是，甘露藏药厂也不是全部都招学藏医的，还会招会计、秘书和其他一些管理人员。她说："这个厂子是国企，待遇比较

好，所以不好进。我刚大学毕业，也考了公务员，但是没有考上，现在西藏公务员竞争非常激烈，很多都是在内地上了大学的学生回来的，本科生也有很多，我明年再考一次试试。我姑妈说这个厂子待遇好，就推荐我来面试。网上没有招聘信息，这个厂子很多时候都是推荐的，不对外公开招人，但是录取的很多也只能是合同工，不过工资也不低。我没考上公务员也不能一直在家待着，就先来试试。"

"国企""品质好"是甘露藏药厂的标签，也是它的活招牌，为其吸引了大量的顾客和消费者。通过查阅资料，我才了解到，原西藏自治区藏药厂是一家国有企业，它算是西藏藏医院的下属单位，是一家事业单位，因实行企业化管理，所以一直被人认为是国企。体制改革后的甘露藏药股份有限公司，目的是想实现从传统的生产型企业向创新型企业的转变，但事实上，目前还存在着明显的动力不足。

丹央姑妈将其接走后大约5分钟，朗杰经理也出现了。在登记了身份证之后，我也进入了这家西藏自治区最大的藏药厂。朗杰经理说先带我参观一下厂里的博物馆，因为博物馆里陈列了各种藏药材、藏医外科手术的器具、藏医唐卡以及各个时代藏医药名人和专家的介绍，参观博物馆可以帮助我更好地了解藏医药的历史以及甘露藏药厂的情况。未进博物馆，先见塑像。在博物馆正前方的广场上有一尊宇妥·云丹贡布的塑像，博物馆大厅内也安置着他的画像唐卡。宇妥·云丹贡布于公元8世纪初出生在西藏拉萨堆龙其纳的一个藏医世家①，从小研习医学，曾赴尼泊尔、印度等地学习，还去过五台山和康定等地学习汉地医学知识，在藏医学和周边民族医学方面颇有造诣，是当时吐蕃九大名医之首，著有以《四部医典》为代表的诸多医学名著，被称为"医圣"。宇妥·云丹贡布也被称作"老宇妥"，

甘露藏药博物馆内的云丹贡布画像

① 曾国庆、郭卫平编著：《历代藏族名人传》，西藏人民出版社，1996，第27页。

这是为了与其第十三代后裔小宇妥·云丹贡布相区别。小宇妥·云丹贡布根据厘定后的藏文对《四部医典》进行了核对、增补和译注，使其成为一部内容更丰富和完整的藏医药学著作。朗杰经理说："宇妥·云丹贡布是藏医药史上最为重要的人物。就是因为宇妥·云丹贡布是出生在拉萨堆龙这边，所以我们新厂址就迁到这边了，据说我们现在站的这片就是他出生的地方！"从他的话中，我明显可以感受到宇妥·云丹贡布对于藏医药的贡献，以及藏族对他的尊崇之情。从古至今，各地区的藏医学院学生都将对《四部医典》的学习视为最重要的必修课程。甘露藏药厂也因为与西藏藏医院、西藏藏医学院的密切关系，而被西藏百姓视为"品质好""有保障"企业。另外，它还拥有"欧曲坐珠钦莫"制丹专利，以及非物质文化遗产"甘露制药法会"，这些都是甘露藏药所凝聚的藏族智慧。

1 月 28 日是 2017 年农历新年。由于我将要于 2 月 11 日出发去台湾进行一个学期的交换学习，在此之前还有一些准备工作需要完成，所以我于 2017 年 1 月 25 日离开了拉萨，返回北京。虽然 2016 年夏季与冬季的两次调研工作暂告一段落，但整个田野调查工作还没有完成。冬天天气寒冷，吞巴的水磨会结冰上冻，乡民们在冬季时会停止藏香的制作，所以在冬季的调研中，我没有再去吞巴，而是以甘露藏药厂为主。在周末和节假日时，我又再次去了山南敏珠林寺，以及墨竹工卡的直贡梯寺和堆龙德庆的楚布寺等地。除了敏珠林寺藏香以外，直贡藏香和楚布藏香也是非常有名的，他们的制作人均是自治区级的非物质文化遗产传承人，直贡藏香的制作人同时还是国家级"非遗"传承人。在调研中我对他们都进行了较为深入的访谈。2017 年 6 月底我结束交换学习后返回北京，随即又于 7 月 3 日踏上了寻香之旅。针对前期资料不足的情况，我再次来到了吞巴乡。这次着重对吞普村的藏香制作情况进行了调研，以及参观走访了很多民间制香作坊和工厂。在调研接近尾声的时候，我去了日喀则，访谈了日喀则唯一一位藏香制作技艺的自治区级"非遗"传人，并且通过吉隆口岸去到了尼泊尔。在梳理田野调查资料时，我明显可以感觉到，藏香的产生、发展和流动经历了一个"聚与散"的过程，"聚"的过程即藏香经历了藏文化与印度熏香技术的结合而在西藏"生根发芽"，"散"的过程是藏香由西藏走向全国，走向印度、尼泊尔，走向东南亚、欧洲甚至全世界。而居于喜马拉雅山麓另一侧的尼泊尔，其藏香使用情况如何也引起我极大兴趣。按照研究计划，我必须于9 月初回到北京开始论文撰写工作，所以 9 月 9 日，我踏上了回京的列车，寻香之旅告一段落。

本章小结

经过近 6 个月的田野调研，研究思路也逐渐明晰。我的研究对象是藏香，具体研究藏香如何从圣物变成商品，如何从地方性产物变成一种全国乃至具有世界范围流动趋势的商品，以及国家政策、经济体制和社会文化等对此施加了怎样的影响。研究内容将围绕以下几个方面展开。第一，追溯藏香的历史。时间节点以藏香产生的公元 8 世纪开始，以西藏和平解放为终结。在长达 12 个世纪的历史长河中，藏香经历了贡品、药品、礼物、商品等不同社会角色，不同历史阶段的制香主体不同，藏香也因此具有了不同的社会属性，在商品化、去商品化的过程中，香、人、社会不可避免地产生了互动。第二，探讨在改革开放之后，藏香如何被纳入市场经济体系，不同制香主体发生了怎样的变化以及如何应对变化，即国家力量与藏族地方社会如何互动，如何在传统与现代之间平衡。第三，通过以上内容的梳理，进一步探讨藏香市场化后的变化以及藏族社会将变化合理化的过程。藏香作为西藏地方性的产物，作为藏族文化中重要的物品和符号，它的制作、流通与使用都嵌含着藏族文化自身的逻辑，但藏香产业的长足发展，需要在国家政策的框架下进行，这也印证了波兰尼的社会嵌入理论。第四，通过对藏香商品化的探讨，来反思宗教理性和宗教世俗化，以及藏族文化在面对传统与现代的分野时，如何选择调整和适应。第五，藏香的流动与藏香文化的传播，使西藏与全国乃至世界其他国家产生了新的牵连，藏族社会也因此进入了现代化和全球化的大潮之中。

第二章　藏香社会生命的嬗变历程

第一节　香之缘起

沉水良材食柏珍，博山炉暖玉楼春。怜君亦是无端物，贪作馨香忘却身。

——[唐]罗隐《香》

广义的香是对芳香气味的总称，或者是指天然芳香的植物，《辞源》中说"凡草木有芳香者皆曰香"；狭义的香，则是指以天然芳香类植物为主要原料，依据生活起居、宗教祭祀等不同功效和用途，按照特定的配方而进行配伍和炮制出的不同形态的香品。甲骨文的"香"字，形如"容器中盛禾黍"，意指谷物之香；篆文变作从黍从甘，《说文解字》中，"香，芳也，从黍从甘"；隶书直接略写为"香"，如《尚书·君陈》有"至治馨香，感于神明。黍稷非馨，明德惟馨"。《尚书·舜典》对舜帝登基有这样一段描述："正月上日，受终于文祖。在璇玑玉衡，以齐七政。肆类于上帝，禋于六宗，望于山川，遍于群神。辑五端。既月乃日，觐四岳群牧，班瑞于群后。岁二月，东巡守，至于岱宗，柴，望秩于山川。"① 在这段记载中，我们最需要关注的是"禋""柴"二字。

---

① 傅京亮:《中国香文化》，齐鲁书社，2008，第7—8页。

甲骨文的"香"字

"禋",从示从垔;"垔"本指"西部黄土高原",转指"高地";"示"本指"祖先",转指"向祖先表达意思";二者结合起来的意思即为"火在高地,烟在释放,意在先人"。甲骨文中的"柴"(同"柴"字),则象形为"在祭台前手持燃烧的柴木",引申为燃柴的祭祀礼仪。因此,在尧的禅位仪式上,已经开始有了燔木升烟,告祭天地的祭礼,这应该是关于祭祀用香的最早起源。除了燔烧柴木以外,先秦时期的祭祀用香还表现有燃香蒿(香蒿类的芳香植物)、烧燎祭品以及供香酒和谷物。除了祭祀用香以外,生活用香也是香文化中的重要组成部分。芳香植物不仅可以被随身携带以使周身产生香氛以外,还可以置于室内用以熏香。另外,早期先人就已经意识到芳香植物还可驱虫、祛病和辟邪。先秦年代,从王公贵族到普通百姓(不论男女),都有插戴香草和随身佩戴香囊的习惯。《礼记·内则》有言,"男女未笄者,鸡初鸣,咸盥洗,拂髦总角,衿缨皆佩容臭"①,大意是年少之人在拜见长辈之前,要早早起床梳洗打扮,整理好头发系好丝带,并且要佩戴香囊以避免身上的气味冒犯长辈,进而表示恭敬。通过以上梳理可以发现,先秦时期的"香"多指燔柴、燃蒿等宗教祭祀礼仪,以及插香草、佩香包等生活用香;而在两汉时期,"香"的含义开始扩展到香药和用于熏烧的香品等。

中国香文化在汉代已经初具规模,熏香风气以及熏炉、熏笼等贵重的香具也已经开始流传于上流社会。长沙马王堆一号墓出土的熏炉、竹熏笼、香枕、香囊等香具内,就装有香茅、兰草、桂皮等香药。这些香药有些是本土所产,有些则是沿丝绸之路交换所得。汉代用香的另一个标志是宫廷用香已经被制度化,例如尚书郎在向皇帝奏事之前必须要先进行熏香,使身体和嘴巴饱含芬芳气息之后才可入殿面

---

① 容臭:香囊的常称。臭:xiù,气味之总称。

圣。熏香在贵族阶层的盛行大大推动了香的普及和发展，上层社会用香的风气一直延续到明清时期。从东汉到魏晋，随着道教和佛教的兴盛，香也逐渐开始运用于宗教活动之中。道教认为燃香可以辅助修道，有"通感""达言""开窍"等多种功用。佛教也一直推崇用香。释迦牟尼在世时，也曾多次阐释香的重要价值，信众们也一直以香供养。佛香不仅是重要的供养之物，可以在诵经、打坐时辅助修持，药香还是佛医中的重要部分，具有除污祛秽、预防疾病的作用。隋唐时期海陆交通发达，唐朝与大食、波斯之间的往来更为密切，其中香药贸易就是这种关系的重要纽带。用香是唐朝宫廷礼制中的重要内容，祭祖时要用香，庄重的政务场合如朝堂要焚香，进士考场和寺庙都要焚香。唐朝中后期已出现不必借助炭火就可以直接燃烧的合香，即"印香"和早期的"线香"（炷香）。

　　西藏地方的民间传说中也有一种说法，即公元 641 年文成公主进藏时的嫁妆中就有唐朝手工艺人制作的香品，但是史料中却并没有明确记载。《西藏王统记·吐蕃王朝世袭明鉴》中描述唐太宗在安慰不愿西嫁的文成公主时说道："爱女积福所凭依，有我所贡本师像，施主帝释天所造，其质乃由十宝成，毗首羯摩为工匠，亲承如来赐开光。如是无比如来佛，见闻念触诚叩请，佛说急速证等觉。利乐源泉觉阿像[1]，舍此如舍寡人心，仍以赏赐我娇女。诸种府库财帛藏，众多宝物虽难舍，仍以赐赏我娇女。告身文书金玉制，经史典籍三百六，还有种种金玉饰，以此赏赐我娇女。诸种食物烹调法，以及饮料配制方，玉片鞍翼黄金鞍，以此赏赐我娇女。八狮子鸟织锦垫，并绣枝叶宝篆文，赐女能使往惊奇。汉地告则[2]经三百，能示休咎命运镜，以此赏赐我娇女。工巧技艺制造术，高潮能令人称羡，如此工艺六十法，以此赏赐我娇女。四百又四医方药，四方、五诊、四论医典，六医器械皆赐汝。一世温暖锦绫罗，具满各色作服饰，凡二万匹赐予汝。"[3]这份陪嫁礼单中包括了释迦牟尼十二岁等身鎏金铜像、卜筮经典、各种珍宝、金玉饰物、烹饪食物的方法、手工技艺著作、治病药方、医学论著、医疗器械等众多物品和技艺。虽然文成公主的嫁妆中并没有提到香品，但是唐朝宗教活动中的焚香诵经、燃香供佛的现象已十分常见。据《法华传记》[4]卷十《十种供养记九》中记载，在供养佛经和佛像

---

①　据刘立千译注，此像即为现在大昭寺所供奉最有名的释迦牟尼十二岁等身鎏金铜像。

②　据刘立千译注，即五行图经，以五行占卜吉凶祸福的一种占星术。

③　索南坚赞：《西藏王统记·吐蕃王朝世系明鉴》，刘立千译注，西藏人民出版社，1985，第 68—69 页。

④　对于《法华传记》的具体成书时间，学界尚无统一定论，但汤用彤在《隋唐佛教史稿》（中华书局，1982，第 95 页）中将《法华传记》的作者僧详认定为唐朝人。

时需"略备十种供具：一花、二香、三璎珞、四抹香、五涂香、六烧香、七幡盖、八衣服、九妓乐、十合掌"，与供香有关的活动就有四种了。另外，佛教中的天台宗创立于隋，鼎盛于唐，唐朝出土的文物中已有大量香炉和香具出现。因此，基于以上史料我们可以合理推断出，在文成公主的嫁妆中一定还会有用于供奉佛像和经书的香品，因为释迦牟尼十二岁等身鎏金铜像是重要的嫁妆，它在中原地区也是非常殊胜的。

宋元时期是香文化史上的鼎盛时期。宋代崇文抑武，重视经济和文化发展，在这一时期，用香习惯在社会中已经普及，除了宫廷和寺院，老百姓的市井生活中也随处可见香的身影。另外，宋元时期的人对香药也有着巨大的需求，但香药必须通过进口的方式来获得，也正因为此，政府通过对香药买卖的管理，以征税的方式获取了大量的钱财。也可以说，从这一时期开始，香品开始从宫廷和庙堂，进入了寻常百姓家。除了宫廷及地方上的各类宴会、庆典需要用香，绝大多数民间传统节日也有焚香的习惯。这一阶段中，香品成型技术也大大提高，线香、棒香（签香）、塔香及各种香具都得到了普遍使用。明清时期的制香和用香基本未出两宋的框架，只是在做工方面更为精细，种类上更为丰富。随着研磨、挤压等机械技术的进步，香品成型技术提高，线香的使用率大大提高。

牛角挤香的技术在明后期已经出现。牛角挤香，即在牛角尖端打孔，将和好的香料置于牛角之中，并以拇指将香条挤出。据陈擎光考察，以挤压法制香的较早记载是李时珍的《本草纲目》（1578 年成书），"今人合香之法甚多"，线香"其廖[①] 加减不等，大抵多用白芷、芎藭、甘松……柏木、兜娄香末之类为末，以榆皮面作糊和剂，以唧筒笮成线香，成条如线也"。传统手工藏香也是采用牛角挤香的方式，现在的吞巴乡吞普村依然还有制香人使用此方式制香。藏香中的主要原料也有甘松、柏树和榆树皮等，在尼木吞巴的田野过程中我得知，甘松有医药价值，柏树产生香味，榆树皮负责黏合，这些都与《本草纲目》的记载极为相似。而晚清以来，中国社会受到了重创，政局的动荡抑制了香品的制作和香药的贸易，传统观念的嬗变也改变了人们的用香习俗。现如今，香料合成技术以及化学加工技术极大地改变了中国的香品，人们更多的是看重烧香、上香这种宗教仪轨，而忽视了香的品质。越来越多的商家看到了这种需求而制作出了种类繁多、名称各异的香，将香品变成了商品。

---

① "廖"通"料"。

通过对中国香文化史的梳理，我想陈述这样一个文化现象，即在佛教从印度传入中国之前，香文化早已在神州大地悄然兴起并广泛流传开来了。焚香文化最初源于祭祀礼俗，不管是在汉地还是藏地，燃香最初的目的都是为了绝通天地、连接人神；但是随着佛教从印度的传入，汉地与藏地都受到了佛教的影响，而开始将燃香行为看待并解释成重要的宗教仪轨。但是它并没有被完全被框定在宗教层面或神圣层面，在人们的日常生活中也有诸多体现。在我们已知的历史资料中，在很长一段时间内，香品都是作为一种奢侈品而流动于上层社会和富贵人家之中，这也是一种可以被认定的事实。藏香在藏地的变化路径，与汉香在汉地的发展变化路径几乎一致。这里的"一致"并非是指时间上的一致，而是指藏香的生命历程也经历了以烟祭习俗为源头的缘起阶段，以宗教圣物为主要角色的"奢侈品"阶段，和由上而下从宫廷、贵族等进入寻常百姓家的阶段。因此，西藏香文化和中原香文化在发展变化路径上呈现出"类似"的特质，也可以说明二者之间的深厚渊源和密切联系。在对藏香社会角色的嬗变过程进行描述之前，我们有必要来了解一下什么是藏香，或者说本书所探讨的藏香究竟是什么。

第二节 藏人说藏香

所谓藏香，乃西藏所制。其味浓厚，得沉檀芸降之全。每届岁除，府第朱门，焚之彻夜，檐牙屋角，触鼻芬芳，真香中之富贵者也。

——富察敦崇《燕京岁时记·藏香》[①]

一、吞巴人说藏香：柏树和"不杀生之水"

藏香是宗教圣物，但同时也兼具着重要的药用价值，这与吞巴地区一直流传的藏香治好了瘟疫的传说密切相关。在吞巴人看来，制作藏香最重要的关键点是柏树和"不杀生之水"，只有这两点都具备，才能算是真正的藏香。

水磨柏树是尼木藏香制作的一大特色。在访谈了敏珠林寺制香人和楚布寺制香人之后，我发现，只有尼木藏香的配方中加入了大量柏木，其他藏香尤其寺院藏香都是以藏药和香草为主。制香人玛吉说，一般25斤药材，要配上5块香砖、30斤榆树皮和一定量的水。这里的香砖就是指柏木经过水磨磨制成香泥，香泥制块，晾干后形成的尼木藏香的主要原料。至于为何吞巴人会选择柏树作为藏香的主要原

---

① 富察敦崇：《燕京岁时记》，北京出版社，1961，第 92 页。

料，制香人给出了不同的答案。70多岁的藏苏家世代做香，他说："柏树不是一般的树，它被称为'神圣的树'，柏树比较香，在宗教上会使用；另外也为了点火而用，光用药材的话，藏香是点不着的。"吞巴乡人大主席米玛说："我见过《藏医医典》①，第一句话就是，藏香的本源在松柏。书里就是这样讲的，因为松柏本身就是比较香的树，跟佛教也有着密切的联系，这也是我自己的理解。松柏比较长寿，而且比较干净，跟其他树比起来，毒性可能是最小的，而且带有芳香。"在汉文化语境中，枝叶清香的松柏也被视为香洁之木。《礼记·丧大记》："君松椁，大夫柏椁。"椁椁之木以松柏为贵。夏商神明的牌位也常用松柏制作，如《论语·八佾第三》："夏后氏以松，殷人以柏，周人以栗。"《五十二病方》中也记载用柏木祛病辟邪。陕西桥山黄帝陵还有一棵4000余岁的侧柏"皇帝手植柏"，相传为皇帝所植。②

正在工作的水磨和废弃的水磨

切断、浸泡的柏木

不管是在藏传佛教还是在汉传佛教中，柏树似乎都是具有"神性"的。柏树不

---

① 这是被访人米玛的原话，但是笔者查阅了相关文献，发现并没有《藏医医典》这部著作，为了完整保留被访者话语，特将其原话呈现出来。

② 傅京亮：《中国香文化》，齐鲁书社，2008，第10—11页。

仅象征着长寿和不朽的意思，还象征着顽强刚毅的精神和品质；另外，传统中医学认为，柏树发出的芳香之气具有清热解毒、祛病抗邪、培养人体正气的作用，因而具有重要的药用价值。煨桑时，人们用柏树叶和其他具有芳香气味的树枝加上酥油、青稞等进行焚烧。藏香的成分要复杂许多，尼木藏香的主要原料是柏木香砖，再加上二三十种名贵的藏药材，因而除了芳香以外还可以祛除疾病。但是从宗教活动中的使用来看，藏香的味道以及煨桑的桑烟都是供奉给神佛的礼物。历史上的吞巴是有柏树的，吞巴乡人大主席米玛说："你看那座山上（我问山的名字是什么，米玛说没有名字，他说藏地有那么多座大大小小的山，不可能每一座山都有名字）到处都是柏树的痕迹，以前应该会有很多的。你要是爬到鲁热组那边的山上看，山后面全部都是。传说是吞弥·桑布扎的头发撒到地上，就长出了松树和柏树。过去可能会看到很多，现在只有零零星星的。"但是现在尼木地区的柏树都被保护起来了，制香人只能购买外地的柏树。因为嗅到了商机，一些木材商会直接将柏树运到吞巴供制香人挑选。[1] 每年都有柏树运到尼木，即使不是尼木当地的柏树，但柏树本身所具有的宗教学和医学上的洁净意义，都使尼木藏香成了供奉给神佛的更好的圣物。

除了柏树和药材以外，水在藏香的制作过程中也十分重要。对于尼木藏香来说，水不仅能带动水磨磨制柏树，还对柏木和药材起到混合、搅拌、黏合的作用。吞达村位于吞巴河汇入雅鲁藏布江形成的冲积扇形面上，雪山融化的雪水形成的吞巴河从村子中穿流而过，日夜不停地滋养着这个小村庄。雪水为这片宁静的山谷带来了灵性，也带来了奇迹。在吞巴，从来都不缺乏传说故事。站在尼木吞巴景区的大门口，一前一后可以看到两座巍峨雪山。景区对面的山叫作卡热神山（也称"孔日神山"或"卡日神山"），海拔 6000 多米；景区背后的山叫作琼穆岗嘎神山，海拔约 7050 米。这两座雪山承载着关于吞巴河源流的美丽传说。据当地老百姓说，以前天上居住着 12 位仙女，这些仙女不仅漂亮而且能歌善舞。当她们经过吞巴时，被吞巴的美景所吸引，而其中最小的仙女更是因为迷恋吞巴景色而不愿离开。她的大姐舍不得离开自己的妹妹，流下了伤心的眼泪，眼泪变成了吞巴河水。最终姐妹两人决定共同留下，她们分别幻化成琼穆岗嘎神山（姐姐）和卡热神山（妹妹），共同守护吞巴这一方土地。当地的女性通常在藏历五月的时候会去转卡热神山，据说转卡热神山可以祈祷让自己更加漂亮。[2] 2016 年 7 月，我第一次到吞巴，在江措家访谈时，他曾带我去二楼看他的荣誉证书。到了卧室附近的时候，他说话声音

---

① 据村民说，他们现在买的柏树基本是市政工程建设时砍伐的。
② 根据吞巴景区导游的口述整理而来。

就开始变低，说他的妻子刚转完卡热神山，转了快三天才回来，现在还在休息。由此事也可以看出神山在吞巴人生活中的神圣性和重要作用。

在问到吞巴河的源头时，制香人并没有给我一个明确和统一的答案。有人说吞巴河的源头是羊八井北面的念青唐古拉山；还有人说，吞巴河的源头是吞普村那边的雪山融水，雪山融水有好几个支流，一支流往堆龙德庆县的楚布寺方向，一支流往曲水县，一支是尼木县续迈乡的河，还有就是吞巴河了；也有一种说法是吞巴河水的源头是西藏有名的圣湖——纳木错，纳木错南面即是念青唐古拉山，由于受到纳木错地理环境的影响，吞巴河谷的雨水非常充沛。因此，传言吞巴的山上原先长满了柏树和各种藏香制作所需要的草本植物。神山圣湖和神话传说交相辉映，让作为雪山融水的吞巴河，不仅干净明澈，更平添了几分神秘色彩。吞巴河被当地百姓称为唯一的"不杀生之水"，主要原因是：吞巴地区人多地少，生活条件不好，吞弥·桑布扎就结合当地的条件发明了水车，利用吞巴河丰富的水利资源来带动水磨转动、磨制藏香原料柏树，从而节省劳动成本、提高效率。但是转动的水磨经常将鱼虾绞入其中，吞弥·桑布扎看着被绞伤的鱼虾便动了恻隐之心，于是在吞巴河与雅鲁藏布江的交汇处立了一块石碑，上面写着类似"江中鱼儿不得入内"的经语，从此吞巴河水中再也不见任何水生物。

1947 年出生的索朗江措说他小的时候曾经见过印有吞弥·桑布扎经语的石碑，"1958 年时发生过一次比较大的水灾。不能说水灾，就是夏天雨水很多，河里的水涨得很多。（石碑）不知道是被冲走了还是被泥沙盖住了，上面的经语是'鱼虾不能来'"。我在向导的带领下，经历了"丛林冒险"，好不容易从国道走到了吞巴河与雅鲁藏布江交汇的河谷地带。可能正值 7 月雨季，雅鲁藏布江显得非常浑浊，而从吞巴景区奔流而下的吞巴河水则依然清澈，在江河交汇处，形成了一道"泾渭分明"的风景。当然，当年吞弥·桑布扎立下的那块石碑早已不见，我猜想它可能还在江底。如果有一天这块千年石碑能够"重见天日"的话，或许可以帮助我们了解更多有关藏香的故事。据当地村民所说，现在每年藏历三四月份春暖花开、雪水融化之际，在雅鲁藏布江与吞巴河交汇的地方，依然可以看见鱼虾往吞巴河里蹦跳的场景。在江河交汇处有一块大石头，减慢了吞巴河奔流的速度。虽然这块石头并不影响鱼虾的游动，但是由于吞弥·桑布扎的经语，依然没有鱼虾可以跳入吞巴河。村民在说起这件事情的时候，脸上都会带着一种骄傲的神情，好像是在向外人昭示："你看，我们吞巴的河水就是这么神奇，吞巴的藏香就是这么神圣！"

吞巴"神水"

吞巴河水与雅鲁藏布江交汇处的"泾渭分明"

事实上，吞巴多以村民家庭作坊的方式制香。"一家一配方，一家一作坊"的情况，使得吞巴制香的工艺和香的品质不能得到有效把控。我在吞巴的向导德吉卓嘎就跟我说过："姐姐，你要是买香的话，不要买我家的藏香，我们家的香虽然便宜，但是只有七种药材。"但是在吞巴人看来，即便没有寺院僧人的加持，吞巴藏香依然是干净的、神圣的香。因为在吞巴人的传统观念中，由吞弥·桑布扎头发幻化而成的柏树，以及因为吞弥·桑布扎的经语而没有鱼虾等水生物的雪山融水，都成了"吞巴藏香是真正的藏香"的重要筹码。

二、寺院说藏香：藏医、寺院传承与加持

藏药是藏香中的重要成分。藏香中不仅有名贵的动物类药材和珍宝类药材，甚至还有山上一些不知名的草药。在调研过程中，我常常遇到一个问题，那就是藏香中各种藏药的名字以及一些不太常见的药材，无法用汉语来对应。汉语不好的制香人只能说出药材的藏语名字，而不知道对应的汉语；汉语流利的藏族大学生或干部，又因为没有藏医药基础而不会翻译。在访谈过程中，敏珠林寺的当曲·旦增也一直跟我说，你要去学习藏医，要想了解藏香，必须要懂藏医和藏药。我认为这种说法并非无稽之谈。

《四部医典》开篇说道：

> 当我讲此论时，有一仙人住处名叫美观药城者，内有一座五种宝物建成的无量殿堂，饰以各种各样的珍贵药品。这些宝药能够解除由朗症、赤巴症、培根症、二合症以及聚合症等所形成的四百零四种病痛，使热病转凉，使寒病转暖，平息八万魔类。有求必应，如愿以偿。
>
> ……
>
> 除上所说，山中到处红花满坡，香气缭绕，所有山崖上矿物类盐碱类无所不全；药草山上孔雀、共命鸟、鹦鹉等发出悦耳的叫声。山下大象、熊、麝等身具妙药的畜类也十分齐全。总之，那里诸药无所不产，无所不全，并以此为饰，蔚为壮观。①

以上文字的大概意思是，仙人在药城里的居所，是一座用五种珍宝建成，并且里面装饰着各种珍贵药物的宫殿。这些药物能医治龙病、赤巴病、培根病等藏医学中所诊断的四百零四种疾病；在这座药城的东南西北面的四座大山上，生长着不同药性的草药，如檀香、冰片、沉香、诃子、寒水石、红花等，不仅药味芬芳，令人心旷神怡，更能使医治疾病、消除邪魔，使一切愿望都能实现。藏香中常见的原料有檀香、藏红花、沉香、琥珀、贝甲、冰片、丁香、藏蔻、诃子、松香、余甘子、雪莲花、红景天等多种藏药材，如果仔细对比，我们可以发现，藏香的主要成分就是不同种类的藏药。千百年来，藏医药与藏传佛教就好像一对关系亲密的孪生兄弟，总是相伴而生。如藏医在因病施治时，往往要辅以念经、祷告等宗教行为，从而增加诊治的效果；藏药的采集、炮制、制作过程也有着严格的规定，藏药制成之后，还要按宗教仪式进行加持。藏香因为具有药用价值而成为藏药的一种，其制作过程亦受严格的宗教仪轨约束。

---

① 宇妥·云丹贡布：《四部医典》，李永年译，谢佐校，上海科学技术出版社，1983，第3—4页。

　　西藏有个民间说法：最好的藏药在林芝，最好的藏医在山南，最会使用藏药的藏医也在山南。这种说法在敏珠林寺得到了验证。敏珠林寺僧人在藏医学和藏药学方面都比较精进，他们将藏药掺进藏香，依据藏医学理论，做成了西藏地区知名度颇高的敏珠林寺藏香。并且，藏香制作是敏珠林寺僧人的一项课程，只有经过老师检验的藏香才可以进入经堂被加持。加持又是敏珠林寺藏香的另一大特色。加持是"以神力加于众生，使之受持、感应"①。依据藏医药文化传统，所有采摘的药材都要通过一个"门珠"（注：藏语音译）仪式才能开始加工。通常，"门珠"仪式在藏历六月七日左右举行，先由藏药师将药材置于药师佛坛城中，再由药师和僧人进行诵经、火供等活动，必须连续进行七天七夜才算加持完成。前文已经阐述，敏珠林寺藏香的加持仪式通常是在藏历元月的"八大法行"法会上举行，僧人会将部分制香原料和藏香成品置于祖拉康的佛像下面，用一条"耸踏"（注：藏语音译，指一条贯穿法会全场的彩色毛线绳）来连接僧人和藏香、藏香原料。信众们相信"耸踏"可以将经咒的力量传达到藏香和原料之上，并且相信通过仪式加持后的藏香会被赐予一种神奇的力量，从而增强药效。

　　对于敏珠林寺藏香来说，严格的寺院传承以及僧人念经加持似乎比藏香本身更有价值。敏珠林寺的藏香，是五世达赖喇嘛经师、南传宁玛派掘藏大师德达林巴·居美多杰的秘方。德达林巴大师精通天文历算和藏医药学识，他在传统藏香的基础上，采用藏红花、紫檀香、白檀香、麝香、贝甲多种名贵的天然药材，研制出了敏珠林寺特色的藏香，至今已有 300 多年的历史。

　　　　德达林巴·居美多杰出生在扎囊县。在他十二三岁的时候，他的帽子，据说是跟莲花生大师一样的帽子，被一只乌鸦带到了这边，他来找帽子，就到了这个地方。他出生的时候就挺不平凡的，从小就聪慧过人，只要看一遍书，就能参透其中的智慧和真理。他的父亲是一位非常有学识、有地位的僧人。德达林巴大师小时候还不认识字时，就能直接说出经文，还可以预见到一个地方可能发生什么事情，所以人们都认为他是莲花生大师的转世。也不能说是转世，莲花生大师在世的时候有二十五大弟子，德达林巴大师是他的二十五大弟子之一。如果要说敏珠林寺的历史的话，要从德达林巴大师开始算起。书中的详细记载也是从德达林巴大师开始的，从 1676 年扩建开始算起，寺院活动、程序

――――――――――
　　①　此为《藏汉大辞典》中对于"加持"的解释。

内容等开始规范。塔巴林寺的时候规模比较小。

其实刚才说的帽子被乌鸦叼过来的说法也是民间传说，历史书中并没有记载，西藏有很多民间传说和神话故事。传说中他十二岁的时候，在吉鲁乡那边被乌鸦叼走帽子，他找到这边的时候就说了"我要在这建一座敏珠林寺"这样一句话。以前这里已经有塔巴林寺了，后来他扩建之后就改名为敏珠林寺了。他出生的地方是扎囊县吉鲁乡，那边有一座寺院叫作达杰曲林寺。

在敏珠林寺僧人丹巴杰布所说的上面这个民间传说中，出现了两位重要的人物，一位是莲花生大师，一位是德达林巴·居美多杰。德达林巴大师是塔巴林寺的扩建者，即敏珠林寺的建造者，也是莲花生大师的弟子，他们两者之间是师徒关系。事实上，丹巴杰布关于"德达林巴大师是莲花生大师的二十五弟子之一"的说法并不十分准确。据《土观宗派源流》记载，传说莲花生大师之身、语、意、功德、事业五密中出现了五种化身，功德密的化身是绛地土司扎西多吉（吉祥力胜）。扎西多吉被兴夏巴和绛巴·南喀坚赞（虚空幢）驱逐之后来到卫部，建立了土丹多吉扎寺（金刚岩），又扎巴恩协的转世，为多安林巴，他的转世为法王德达林巴[①]，因为这样的传承关系，德达林巴大师也被认为是莲花生大师的化身。丹巴杰布的说法虽然有误，但敏珠林寺僧人和周围百姓普遍相信德达林巴大师的藏香配方是来自于莲花生大师的传承，也更愿意相信藏族焚香的起源是莲花生大师在桑耶寺建造时为降伏妖魔而做的法事活动。

敏珠林寺坐西朝东，坐落在哲布拉神山。"哲布"在藏语里是成功、收获比较多的意思，"拉"就是山的顶峰的意思，合起来是最高的山的意思。这个名字是德达林巴大师取的，希望寺庙和百姓都能有成果。山是大象卧着的造型，两只"耳朵"是天葬台。敏珠林寺的东面有两座山，东南边的是塔山，山上有一个白塔形状的地貌，这个是自然形成的；东北部是拉姆山，山上有晒佛台，晒佛台是人工建造的，形状像德达林巴大师的帽子，也就是像莲花生大师的帽子。因此，后辈僧人将莲花生大师与德达林巴大师之间的师徒关系塑造成是藏香配方的传承关系，这是敏珠林寺藏香的一个特点。另一个特点是在传说中塑造出的德达林巴大师聪慧过人、精通天文历算和藏医学知识的形象，使得敏珠林寺藏香的配伍、炮制和药效有了很好的保证。

因此，与吞巴不同的是，寺院认为制作藏香的关键在于藏医药知识、寺院僧人

---

① 土观·罗桑却季尼玛：《土观宗派源流》，刘立千译注，西藏人民出版社，1984，第43—44页。

的传承以及加持仪式，这些是藏香充满神性的关键。

塔山与自然形成的"白塔"

拉姆山与晒佛台

三、药厂说藏香：药品和商品

藏药厂所制作的藏香又拥有了其他特质，甘露藏药厂生产制作的藏香既是药品又是商品。甘露藏药厂的历史可以追溯到 1696 年创办的拉萨药王山医学利众院以及 1916 年创建的拉萨门孜康藏药加工厂室，因此该药厂对藏香的配方和使用的药材颇有讲究，又因为药厂具有的企业属性，其制作的藏香也具有了明显的商品属性。

我们企业选址在堆龙德庆，是因为公元 7 世纪著名的医学家宇妥·云丹贡布出生在这个地方。以前叫堆龙德庆县，现在是堆龙德庆区。这是国企，也是"非遗"企业。珍珠七十味是"非遗"，有 70 种药材，效果好，很有名，缺一种药材都不可以。藏香与藏药的味道很像，都是藏药材。藏香用在宗教仪式之中，但是在藏族老百姓生活当中也是必不可少的。藏香便宜一点，藏药比较贵，毕竟是吃到肚子里的。

这栋楼的一楼和三楼都是藏香车间。我们所选用的药材可以说是整个拉萨、整个藏区最好的，因为我们是国企，是藏医院的下属单位。要是个人的话，药材没有这么好。我们的配方也是以前传承下来的，从1696年开始的，到现在已经有三百多年历史了。以前我们的名字是叫"甘露意乐药香"，现在药监局对企业药材和药品监控比较严，不能在藏香商标里随便加"药"字。以前不是藏香，就是药香，对感冒的预防和治疗都有功效，我们也一直都叫"甘露药香"，藏香是今年刚改的名字。药监局今年下的文件的要求是不能在香的名字里出现"药"这个字，所以我们就只能改了。

布达拉宫西侧有一座山，叫药王山。我们藏香的配方最早是从那个里面来的，那个寺庙是藏医药的发源地。传承下来的话，教学就是藏医学院；看病、诊治、操作就是藏医院；做药的话就是我们甘露藏药，我们三家是一体的。藏医的历史很长，但是甘露藏药的历史只有三百多年，从1696年开始。我们的藏医、藏药是最天然的。除了刚才的那个香以外，我们还生产隆香，也就是安神香，它的功能是在晚上睡觉之前点，有助于睡眠，里面有30多种药材。西藏有很多人在做藏香，很多都是按照自己的喜好来放，但是我们是根据处方、配方来的，少一种药材都不可以，每种药材少一点分量也都不可以。

尼玛是甘露藏药厂藏香车间的主任，他上面的话中传达出这样一种信息：甘露藏药厂所生产的藏香有着十分严格的藏医药传承，并且因为是藏药厂的缘故，甘露对于藏香的药材原料也有着很高的标准和要求。

我老婆老家是吞巴那边的，那边有很多做香的，几乎每家我都去考察过，他们都是自己的配方。虽然吞弥·桑布扎以前做过藏香，但是并没有留下配方，但是每家都说自己会做藏香，都是自己配料，加一些草药和药材——他们知道藏香有这些药材，我们甘露藏香的包装纸上也会写，但是他们不知道每样的比例是多少，这个是最主要的，他们的配方是没有根据的。像白檀香、红檀香这些比较名贵的香料，他们也是不会放的，那些比较贵。

　　尼玛的说法与我在吞巴所收集到的材料也是相契合的。吞弥·桑布扎造香的说法以及藏香治好了瘟疫是当地人都认定的事实，但是谁都不敢肯定地说自家的藏香配方就是吞弥·桑布扎时期传承下来的。借着吞弥·桑布扎在藏族文化中的影响力，吞巴家家户户皆可做香，这样一来，吞巴藏香的品质就愈加参差不齐了。甘露藏药厂的藏香则不相同，它主要强调的是藏香的药用价值。在甘露藏香的故事中，我并没有看到太多宗教的影子或者说某些神秘的力量和神圣人物，它更多的是作为药品和商品形象而存在的。长久以来，甘露藏药主打的藏香只有两种，一个是药香，一个是安神香，主要购买者是藏族老百姓，常被用于日常生活。由此，我们似乎也可以看出以国有企业为主体的藏香制造者所造藏香，与以民间和寺院为主体所造藏香之区别了。

　　行文至此，我想尝试对"什么是藏香"这一问题进行回答。《藏香地方标准》中对藏香的定义是："藏香是以柏树粉末为主，以带黏性植物的皮、枝干、根茎的粉末为黏合剂，加以草果、杜鹃叶、甘松、丁香、肉豆蔻等制成的燃香。"这主要是从藏香原料的角度进行定义的，并不能凸显藏香的文化意义。我认为藏香是藏族地区人民在宗教活动和日常生活中所使用的香品的简称，它不仅用于藏传佛教信仰的各种宗教仪轨中，还普遍用于藏民族的日常生活、生命礼俗之中。而我在书中反复提及的主要研究对象是指藏语中的"茹"（spod），是一种用各种芳香植物和名贵药材，依据藏医药理论进行配方、配伍和炮制而成的香品，它是一种实物，并不包括藏文化烟祭习俗中所使用的"桑"。如果以上的表述是清晰的话，那么接下来我想梳理的则是藏香自被创造以来，它所经历的不同社会角色以及藏香变化的社会和文化动因。"物的特性不只是关于它在过去如何生成，还包括物于再脉络化（recontextualization）过程中具有可突变性（mutability），即被不断赋予新的要素而成为纠结物（entangled objects）。"[1]"具体物品在不同文化之间承载的意义不是一成不变的。一种具体物质承载的文化含义，不仅仅立足于该物质的生物特性，更重要的，它还受到特定的历史情景的制约，是一个动态过程，受到族际交往过程和具体历史文化的影响和限定。"[2]总而言之，物的知识体系包含两个层面，其一，是由物质本身的特性所带来的使用价值和经济价值；其二，是物在不同社会情境中被赋予

　　[1]　黄应贵主编：《物与物质文化》，"中研院"民族学研究所，2004，第8页。
　　[2]　杜薇：《火麻的种植与苗族文化》，载尹绍亭、[日]秋道智弥主编《人类学生态环境史研究》，中国社会科学出版社，2006。

的不同的文化意义。[①] 在藏族历史发展过程中，藏香并不是以单一形象存在的，不同的社会发展阶段，其角色也发生了变化，而这种变化正印证了黄应贵的说法，藏香因为不断被赋予新的文化要素而在社会角色上产生了变化。

第三节　作为圣物、贡品、商品的藏香

每一个不同观点的背后都是一部历史，以及一个对未来的希望。我们每个人也有一部个人的历史，有我们自己生活的叙事，这些故事使我们能够解释我们是什么，以及我们被引向何方。

——[美]华莱士·马丁[②]

一、神话构建的神圣性

现在，我想说回关于藏香起源的两个神话故事，一是吞弥·桑布扎造香说，一是赤松德赞时期莲花生大师造香说。

据传 1300 多年前（即 7—8 世纪），吞巴地区出现了一场非常严重的瘟疫，吞弥·桑布扎看到很多村民饱受瘟疫摧残，就根据藏医药理论，结合印度的熏香技术，将一些药材混合在一起，做成香（不是线香，而是块状）的形状。点燃后的香味散发到空气中就慢慢治好了瘟疫，人们也都恢复了健康。后来，吞弥·桑布扎看到吞巴人多地少、耕地资源不足导致人们生活穷苦的状况，就将藏香配方告诉了老百姓，让人们结合当地水利资源丰富的优势，以做香来维持生计。又因为看到了水磨转动绞死鱼虾心生怜悯，便施下经咒禁止江中鱼虾入内。吞弥·桑布扎不仅治好瘟疫使吞巴人避免了性命之忧，又解决了吞巴人的生计问题，更因为拥有恻隐之心和慈悲胸怀，而被吞巴人亲切地称为"富贵平安佛"。[③]

在这个传说中，吞弥·桑布扎是一位被神圣化了的人物形象。在藏族历史上，

---

① 童莹：《时空脉络中的奇香——马鲁古丁香贸易的人类学研究》，《世界民族》2016 年第 2 期，第 25—34 页。
② [美]华莱士·马丁：《当代叙事学》，伍晓明译，北京大学出版社，2006，第 1—2 页。
③ 根据尼木吞巴多位制香人的访谈整理而来。

吞弥·桑布扎是真实存在过的人物。在吞巴景区吞弥·桑布扎的石像下面刻了这样一段话：

> 吞弥·桑布扎（7 世纪人），藏文创制者。公元 7 世纪时期，吞弥·桑布扎诞生于尼木县吞弥家族中，是公元 7 世纪时期吐蕃的内相。他是吐蕃历史上最早的佛教徒之一，曾翻译过不少佛经。在创立藏文之后，吞弥·桑布扎同噶尔·东赞域松（禄东赞）率一百余人前往泥婆罗，迎娶赤尊公主，后来又前往唐朝迎娶文成公主。

吞弥·桑布扎是吐蕃著名的七贤臣之一，对于他从印度学成回来，并且在梵文基础上创造了藏文字这一说法，是藏族人普遍认同的。但是目前我们还尚未在史籍中发现有吞弥·桑布扎造香的明确记载，这一说法只是存在于藏族人尤其是吞巴人的传说故事之中。但是神话故事和民间传说在人类学家和人类学学者的耳朵里，通常并不是故事本身，而是具有更深层次文化和社会意义的。马林诺夫斯基强调了神话的实际社会功能，他认为神话存在的目的是使社会制度和社会行为合法化。列维 - 斯特劳斯虽然反对马林诺夫斯基的主张，认为不要用社会生活的形式来解释神话，但他并没有否认社会与神话事实之间的关联。列维强调要"从神话自身来理解神话"①，他认为神话的目的就是要"解决难题"，是在理论上提供"一种能够克服矛盾的逻辑模式"。② 萨林斯则在真实和虚幻之间找到了一种平衡的解释，他认为神话所传达出来的东西未必就是真实的历史或者历史的真相，但它的存在就是最大的意义，所谓存在即合理，神话的存在就是它的"诗性逻辑"。③ 王明珂更为深刻地指出了神话和社会文化之间的关系："（神话故事）透过语言、文字的文化符号意涵，影响人们的历史建构与个人经验。而历史记忆与个人经验透过社会化的书写、描述，也影响神话中每一语言、文字符号的象征意义。"④ 他指出了人们对神话的塑造是基于社会文化意义的需要，而文化又为神话的产生提供了土壤，二者之间是一

---

① 董建辉：《列维 - 斯特劳斯结构主义神话理论》，《厦门大学学报（哲学社会科学版）》1992 年第 1 期，第 83—88 页。
② ［法］列维 - 斯特劳斯：《结构人类学：巫术·宗教·艺术·神话》，陆晓禾、黄锡光译，文化艺术出版社，1989，第 62 页。
③ ［美］马歇尔·萨林斯：《历史之岛》，蓝达居等译，上海人民出版社，2003，第 5 页。
④ 王明珂：《女人、不洁与村寨认同：岷江上游的毒药猫故事》，载"中研院"历史语言研究所《"中研院"历史语言研究所集刊》，1999，第 699—738 页。

种相互塑造的关系。

因为吞弥·桑布扎造香的真假无从考证，所以我们暂且将其归为民间传说或者神话一类。故事的前半部分即吞弥·桑布扎治好瘟疫，将配方传给吞巴村民，并制造水车，改善了吞巴人的生活，这些都是有可能发生过的事实，此阶段吞弥·桑布扎是作为"人"的形象出现的。故事的后半部分则将吞弥·桑布扎"人"的形象神化了，经咒带来的吞巴河水的变化，以及被称为"富贵平安佛"，都将吞弥·桑布扎这一人物神圣化了。我认为这一民间故事至少传递出了这样两层信息：一是吞巴人通过神话的方式在"吞弥·桑布扎—藏香—吞巴"之间构建出一种紧密的联系，将吞巴地区合理地塑造成藏香的原产地；二是通过将吞弥·桑布扎神圣化，使吞弥·桑布扎所创造的藏香也具有了神圣性。另外，前文还提到了吞巴鲁热组所在的山上的柏树是由吞弥·桑布扎的头发幻化而来，这样一来，吞巴人就将吞巴藏香中的配方、柏树和水都神圣化了。吞弥·桑布扎造香说的含义实则是，藏香的出现是为了应对当时当地的自然和文化环境，将藏香神圣化又是吞巴人主观选择的结果，这种内外动力的共同影响，为吞弥·桑布扎造香以及吞巴藏香的神圣性提供了合理的解释。

再来看看流传于山南地区的、关于藏香产生的另一则民间传说。这则传说主要讲述的是桑耶寺修建过程的艰辛，但是里面提到了"焚香"的重要性。

公元 8 世纪，藏王赤松德赞发愿要建造一座佛、法、僧俱全的寺庙，来推广佛教、弘扬佛法。但是这一做法遭到了吐蕃鬼神的阻挠和破坏，白天修建好的寺院墙体到了晚上就会被鬼神施法推倒，草、木等建筑材料全部被烧毁，山上的石头滚到了河里，河里的石头又飞到了山顶，总之一切都乱了套，桑耶寺的建造也没有办法继续进行。工匠实在无法，于是藏王赤松德赞就派了菩提萨埵（"菩萨"的全称）大堪布去印度向莲花生大师寻求帮助。莲花生大师被迎请至山南后，并没有直接与当地鬼神斗法，而是以柔克刚地使用了烟供的方式制服了它们。莲花生大师的具体做法是收集了上好的五甘露，包括菩提树、檀木、柏树等，在晚上的时候焚烧，并在焚烧时念诵经咒，从而得到了这些鬼神的欢喜。最终，它们不仅不阻挠寺庙的修建，甚至还出力协助，并且使桑耶寺提前竣工。[①]

---

① 根据田野访谈资料整理。

这是关于莲花生大师建造桑耶寺的故事，"香"成了斗争中重要的工具或者武器。故事中的形象有赤松德赞、菩提萨埵大堪布、莲花生大师，以及各路妖魔、地神、鬼怪，而莲花生大师是故事的主角。莲花生，梵名白玛桑坝哇（padma sam bhava），藏族人通常称其为邬坚仁波且（ao-rgayn-rin-po-the，意为"邬坚大师"）或者邬坚白玛（ao-rgayn-pad-ma，意为"邬坚·莲花师"）。他出生于印度西北部的乌仗那，藏语中称"邬坚"（今巴基斯坦西部的卡普利斯坦）。长大后，莲花生在当时印度密教续部的中心萨护罗休学，作为瑜伽行派的密教学者活跃于那烂陀等地。[①]在檀香苑寒林，他拜见比丘尼喜母，受多种灌顶，得到调伏役使鬼神的能力；后又在无垢友那里学习了一切甘露功德静猛法类。莲花生被迎入吐蕃后，据说他一路先后降服了念青唐古拉山神、白龙、香保神、吐蕃十二女神、夜叉、火神等，使他们都"虔诚地献出自己的身、语、意三密神力和命根"。[②]

因此在修建桑耶寺的过程中，他先后召集了二十一格年（非人居士）、十二丹玛（永宁地母）、雪山神灵、崖岸鬼神、石山地祇、男女夜叉、食香瓶腹鬼、天龙八部、八大曜星、二十八星宿天女等一起合力建造寺院，并让桑浦江琼龙王献出修寺的木料，让墨竹龙王献金以便解决建寺资金。这一切展示了神秘力量的存在，坚定了人们的信仰。[③]以上是《莲花生大师本生传》中对莲花生的描述和记载，与山南地区流传的莲花生大师造香的故事有部分的重合和混淆。历史的记载是莲花生大师在入藏之后便一路降神，在桑耶寺修建过程中已经可以役使这些被降服的鬼神提供帮助，而非用香烟（烟供的法物）来制服进行破坏的鬼神。书中另记载"那年孟秋月初一，抵达桑耶入宫廷，迎请坐上金宝椅，堪布[④]会晤莲花生，世间五欲做供品……"[⑤]，赤松德赞以及菩提萨埵大堪布准备了"五欲"[⑥]（又名五欲供，香是其中一供）来供奉莲花生大师，请大师以化身做加持、调伏后代吐蕃人。而传说中莲花

---

① ［日］矢崎正见:《西藏佛教史考》，石硕、张建世译，西藏人民出版社，1990，第36、34页。

② 阿旺·洛桑嘉措:《西藏王臣记》，郭和卿译，民族出版社，1983，第56页。

③ 蒲文成:《莲花生大师其人其事》，《青海民族研究》2013年第4期，第86—92页。

④ 这里是指菩提萨埵大堪布。

⑤ 洛珠江措、俄东瓦拉:《莲花生大师本生传》，中国藏语系高级佛学院研究室译，青海人民出版社，2007，第385页。

⑥ 五欲又叫五妙欲、妙五欲，是指分别以铜镜、琴、海螺中的香水、水果和绫罗为代表物，放于神祇的莲花座或宝座下，来供养神佛。在藏传佛教中，五个代表物分别代表不同的深刻含义，铜镜、琴、海螺中的香水、水果、绫罗，分别代表色、声、香、味、触五种感官，对应的是这五种感官包含的我们在世界上的所觉知、所拥有的一切事物。在众多的藏传佛教仪式中，这五种象征性供物经常作为供品敬献给住持喇嘛，一般是一面镜子或一个小金轮，一对铙钹，香或者一个海螺，一盘新鲜水果或糖果，及一块丝绸。

生大师制作五甘露来制服鬼神与此又有所出入。

将传说故事与《莲花生大师本生传》记载相比较后可以发现，两者在很多细节以及时间的先后顺序上有所差异，但是传递出的主体信息却是类似的，即莲花生大师具有调伏吐蕃鬼神的能力，并且桑耶寺的建造因为莲花生大师具有役使鬼神的能力才得以顺利完成。五供中的香，或者用作烟祭的法物五甘露，是具有佛教意义上的神圣性和灵性的。在莲花生大师造香的传说中，人们承认并肯定了莲师所具有的调伏鬼神的能力，并且放大和强调了五甘露（烟供的法物）的神力和作用，目的是将"莲花生大师—焚香—调伏鬼神"之间建立密切联系，将焚香塑造成莲花生大师取得胜利的关键，因而焚香便成了藏传佛教仪轨中的重要内容。

这个传说故事可以解释藏传佛教焚香习俗的来源以及将焚香作为宗教仪轨的合理性。但是这其中的"香"与本书所要研究的"香"还是有一定区别的。香是一种消耗品，燃烧之后即成为香灰，无法传承，因而我们暂且还无法通过考古学材料来判断本书所要研究之香的最初创制时间。汉地炷香（线香）最早见于唐代中后期（约公元 800 年前后）。藏文文献中关于藏香和香方的记载，比较早的是 1787 年第玛·格西旦增著述的《晶珠本草》，它是藏医药学的经典论著，记载了关于藏香的配方与制作工序的详细内容，后代大多藏香都是依其制造。因此，我尚且无法判断藏香的准确形成时间。但是如果藏族民间流传的传说故事不是空穴来风的话，我们至少可以肯定的是，藏地百姓主观地构建了藏香的宗教地位和神圣性，并且藏香在很长一段历史时期中，都是作为宗教圣物的形象出现的，藏香主要表现出的是宗教性。

二、从圣物到礼物

微外化人效职贡，数珠藏香骏马驮。

——[清] 吴世涵《西僧坐床歌》[①]

不论是马林诺夫斯基在特罗布里恩岛上所发现的库拉交换制度，莫斯的赠礼与回礼，还是列维 - 斯特劳斯研究的父权制社会中女性作为交换的礼物，以及阎云翔研究的中国礼物的流动，都可以看出礼物不仅只是某种物品，还是一种象征，是将赠礼者与收礼者联系起来的重要媒介，它所具有的文化功能是使疏者变亲，使外人变成自己人。在赠礼行为中，人们追求的并不是礼物本身的使用价值和经济价值，而是礼物中所蕴含着的人情和关系网络。若将礼物的流动置于民族互动之中，那

---

① 赵宗福选注：《历代咏藏诗选》，西藏人民出版社，1987，第 215 页。

么，朝贡制度之下，作为贡品的礼物就开始进入人类学家和历史学家的研究视野。

　　乌思藏（也译作乌斯藏）是元朝和明朝对西藏前、后藏的称谓。据史料记载，至少在明朝时，藏香就出现在西藏地方向明廷朝贡的贡品单中了。"天顺七年十二月己西，乌思藏刺麻闰内伯等来朝贡马及佛像、貂鼠皮、氆氇、香。"①明英宗从公元 1457 年开始使用天顺年号，因此史料明确记载天顺七年即公元 1464 年藏香已经进入贡品名单了。《大明会典》卷一〇八"西戎下"记载了洮、岷等处番族朝贡时的贡物明细中，不仅有缨枪、盔甲、腰刀等兵器，还有酥油、氆氇、藏木香等西藏特产，最特别的是铜像、舍利子、香品等佛教用品。②此时的史料中基本没有出现"藏香"的说法，汉文文献中通常记载产自西藏的香品为"蛮香""土香"或"唵叭香"。③如"过此由杨柳深坑一路，共七十里至打箭炉（注：……病不服药，惟延喇嘛念经，燃酥油灯，焚蛮香，旋念蛮经，旋饮蛮酒，所供者则牛肉花果之类）"④；乌思藏"造土香，市珍珠、珊瑚……氆氇、毡毯之类⑤；"西番与蜀相通，贡道必由锦城，有三年一至者，有一年一至者，其贡诸物有唵叭香"⑥；"黑香亦名唵叭香"⑦等。这些史料中出现的香品虽然没有明确命名为"藏香"，但是它们出自藏地，并且具有较为明显的药用价值，生病燃香时甚至还由喇嘛念经辅以治疗，已经可以看出浓郁的藏族特色。

　　以上史料说明，如果吐蕃时期藏香表现出来的是神圣性和宗教性，那么至少从明朝开始，朝贡入内地的藏香表现出来的就是一种政治性。明朝时期，西藏地方政教人物已经接受了明朝的官印，开始担任明朝官员。史书中使用"朝贡"来表述明朝中央和西藏地方的关系，这是具有真实的政治隶属含义的。⑧在西藏地方政权与明朝中央政权互动的过程中，作为贡品的物不可避免地被象征化和权力化。莫斯提

　　①　《英宗实录》卷三六〇，载中国藏学研究中心等编《元以来西藏地方与中央政府关系档案史料汇编》，中国藏学出版社，1994，第 181 页。

　　②　贡物包括"铜像、画佛、舍利子、马、驼、酥油、青盐、青木香、足力麻、铁力麻、氆氇、左髻、毛缨、明盔、明甲、腰刀等"。参见万历《大明会典》卷一〇八《朝贡四》，载武沐《论明朝与藏区朝贡贸易》，《青海民族研究》2013 第 4 期，第 124—130 页。

　　③　"唵叭"是藏传佛教僧侣及信众口唱的咒文，故以之借称西藏所产的香，字义作"唵巴"。

　　④　《西藏记附录·自成省城至西藏程途》，转引自佚名《西藏记·丛书集成初编》，中华书局，1985，第 51 页。

　　⑤　王世睿：《进藏纪程》，转引自吴丰培《川藏游踪汇编》，四川民族出版社，1985，第 71 页。

　　⑥　周嘉胄：《香乘》，九州出版社，2014，第 114 页。

　　⑦　马揭、盛绳祖：《卫藏图识》，载《中国少数民族古籍集成》（汉文版第 95 册），四川民族出版社，2002，第 419 页。

　　⑧　张云：《舅甥关系、贡赐关系、宗藩关系及"供施"关系——历代中原王朝与西藏地方关系的形态与实质》，《中国边疆史地研究》2007 年第 1 期，第 6—17、146 页。

到了两种性质的礼物，即"送人的礼"和"送神的礼"①，显然，藏香同时兼具了这两种属性。在藏区，藏香依然扮演着"送神的礼物"这一角色，而在藏区以外，尤其是中原地区，藏香开始变为"送人的礼物"。

明朝时期，藏族地方僧俗的朝贡记录最早可以追溯到洪武三年（1370 年）："吐蕃宣慰使何锁南普等一十三人来朝，进马及方物。"②随后（1372 年），有元摄帝师喃加巴藏卜朝贡，帕竹政权第悉章阳沙加（即释迦赞）遣酋长索南藏卜以佛像、佛书、舍利来贡，西藏地方僧俗首领向明王朝朝贡的行为逐渐被固定下来。③贡赐行为的政治性，是指贡赐行为中礼物的交换其实是一种权力的交换。元朝时期西藏地方政权并不稳固，政教首领通过"礼物"的交换来获得中原王朝的册封，进而获得合法的身份、地位，稳固政权；而明朝中央政府则通过赏赐行为强调并强化了自己的中心地位。《太祖实录》中记载："古者中国，诸侯于天子，比年一小聘，三年一大聘。九州之外，番邦远国则每世一朝。其所贡方物，不过表诚敬而已。"④我认为这则史料至少可以传递出三个讯息：第一，"诸侯于天子"传达出朝贡行为的基础是君臣关系，至少明太祖是认可这一逻辑的；第二，"比年一小聘""三年一大聘""每世一朝"体现了明朝已将朝贡行为制度化，而朝贡者也是认同的；第三，"表诚敬而已"则间接印证了明朝"厚往薄来"的贡赐特征以及明朝中央政府对朝贡这一行为的看重，要远远高于贡品价值本身。

这让我想到了发生在北美洲西北部印第安人之中的"夸富宴"。莫斯认为"夸富宴"的目的是通过毁灭财物或者赠送财物的方式，来彰显自己的名声、地位和荣耀，这是一种基于财富与权力之间交换的"礼物经济"。而明时期的中国，虽然与北美洲西北部的印第安人处于不同的文化路径中，却也发生了类似的礼物经济形式。不同之处是，"夸富宴"中的自毁极易招致更为惨烈的报复行为，而朝贡行为却有效保证了明朝中央政府与乌思藏地方政府之间的和平关系。

事实上，贡赐行为与"夸富宴"类似，也是具有经济意义的。明朝政府对藏族地区朝贡的具体贡品已经有了明确要求，即要为朝廷所需之物，洪武元年四月敕谕曰"四方非朝廷所需者毋妄时"就已经有了明确记载。藏族所贡之物主要是马匹、

---

① 莫斯：《礼物：旧社会中交换的形式与功能》，王珍宜、何翠萍译，远流出版事业股份有限公司，2001，第 6 页。

② 西藏研究编辑部：《明实录藏族史料》，西藏人民出版社，1982，第 10 页。

③ 曹群勇：《厚赏与羁縻：论明代藏族地方与中央王朝的贡赐关系》，《西北民族大学学报（哲学社会科学版）》2014 年第 1 期，第 14—20 页。

④ 《明太祖实录》（卷八八），"中研院"历史语言研究所校印，1962 年影印本，第 1565 页。

地方土特产、兵器和宗教品；而明廷的赏赐物主要是茶叶、绸缎、生绢、麻织、棉布等藏区稀缺的物品和生活必需品。鲁思·本尼迪克特（Ruth Benedict）认为"夸富宴"是一种特殊的"妄想自大狂人格"的结果，主办者通过自我献祭将自己置于高高在上的神坛位置从而羞辱弱势能群体。而明朝廷与乌思藏地方政权的贡赐行为则和气很多，明廷也没有表现出本尼迪克特所认为的那般狂妄自大。

如果说作为宗教物品的藏香在明廷的贡品单中出现的次数还不算多的话，接下来我们看一看西藏地方对清朝政府的朝贡行为。清朝统一中国后，藏族地区与中央政府的关系更为密切，不仅设立了理藩院管理西藏事务，还对藏传佛教格鲁派两大活佛——达赖喇嘛（1653 年）和班禅额尔德尼（1713 年）进行了正式册封。后又设立了一系列的行政机构来管理西藏事务：1725 年，于西宁设置办事大臣；1727 年，于拉萨设置驻藏办事大臣；1751 年，于西藏设立噶厦政府，正式授权达赖喇嘛管理西藏地方行政事务，政教合一的制度从此正式确立。明朝对藏族僧俗上层的朝贡来者不拒，并且辄予其地方官位以保证他们在西藏地方的政治权力，清朝延续了这种政治互动。清雍正年，西藏的行政区域被划分为康、卫、藏、阿里四部。从康熙开始，史料中已经开始出现"西藏"或"藏"的称谓，因此清代文献也开始出现了"藏香"的字眼。① 如乾隆初年张海在《西藏纪述》中写道："西藏各货汇集，如……藏佛、藏香，扎什伦布为最。"②

　　表章贡赋

　　藏卫属地乃赏给达赖喇嘛采邑，免其贡赋，今贝勒与达赖喇嘛每一二年遣额尔沁贡献一次，亦写唐古特字表章，恭请圣安，以通诚欵。所进方物乃系藏杏、藏枣、藏香、珊瑚、蜜蜡、珠子、木碗、金丝鞋、卡契刀等物。③

　　藏卫地方乃赏给达赖喇嘛采邑，免其正赋之贡。今达赖喇嘛、颇罗鼐为一班，班禅喇嘛为一班，各间年一次，遣额尔沁④进贡，缮唐古忒字表，恭请圣安，以伸诚敬。其所进之物，乃藏香、藏杏、藏枣、珊瑚、蜜蜡、珠子、木

---

① 王宝红：《清代文献中的藏香》，《西藏民族大学学报（哲学社会科学版）》2016 年第 5 期，第 30—34 页。

② 张海：《西藏纪述》，《丛书集成续编》（第 240 册），新文丰出版公司，1989，第 227 页。

③ 李德龙主编：《西藏志考》，中央民族大学出版社，2010，第 77 页。

④ 额尔沁，汉语中称为使臣。喇嘛之使又称堪布，颇罗鼐之使又称囊贡。

碗、金丝缎、卡契绸、卡契布等物。①

以上两则资料分别是《西藏志考》与《西藏志·卫藏通志》中关于西藏地方与清廷之间朝贡行为的描述。虽然在语言表述和具体内容上并不一致，但可以肯定的是，西藏僧俗上层与清政府之间的贡赐行为依然存在并且具有强烈的政治性。这两则"表章贡赋"产生的时代背景应该是康熙五十九年（1720年）清军歼灭侵藏之准噶尔军后，清朝政府将西藏地方赐予达赖喇嘛作为采邑之地。我认为其传递出的信息具体有：第一，清政府免除其正赋之贡，地方所纳税赋由西藏地方公用，西藏僧俗首领不用赋税，只需朝贡。② 第二，朝贡行为已经制度化，康熙皇帝将各地封疆大吏定期朝觐的制度推行于对喇嘛之管理，建立大喇嘛的定期朝贡制度，使其"心生敬畏"③，对于贡期、贡道和贡物等均有规定。第三，此阶段的贡物主要以藏地土特产和宗教物品为主，而有别于明朝时期的马匹和兵器。这种变化与清朝强大的军事实力和经济实力有关。明朝因与蒙古国关系紧张无法从蒙古国获得马匹，只能通过贡赐行为从西藏获得，而清朝则不需要以这种方式获得。

从清朝入关开始，达赖喇嘛等人便与清朝相互遣使致书"恭候安吉"，并附赠礼物。如顺治年间，达赖喇嘛、班禅、固始汗、呼图克图、诺门罕，上表请安，所献土产贡物中已有藏香。④ 同治五年《敕谕达赖喇嘛来使谒陵颁赏》："今遣堪布敬献奏表，佛尊，哈达，藏香等物，并请朕安。"⑤ 清朝时期的贡物单上，除了金银珠宝以外，出现最多的即为宗教用品了，并且不同种类、不同产地的藏香均开始出现在贡物单上。如《西藏奏疏》"年班进贡"中的记载，已经有了壮藏香和细藏香的区分："达赖喇嘛领金册，另备叩谢天恩贡物……壮藏香二十五束，细藏香二十束"⑥。《松溎桂丰驻藏奏稿·前藏专差巴雅尔堪布由川赴京进贡折》中还依据颜色对藏香进行了分类："谨将前藏商上呈进贡物敬缮清单，恭呈御览……红壮藏香六

---

① 西藏研究编辑部编：《西藏志·卫藏通志》，西藏人民出版社，1982，第37页。
② 赵尔巽主编：《清史稿》（卷七十九），中华书局，1976，第2469页。
③ 张羽新：《清政府与喇嘛教》，西藏人民出版社，1988，第146页。
④ 所献土产贡物具体包括：金佛、念珠、橙氆绒、甲胄、马匹、珑柏素珠、珊瑚素珠、青金石素珠、箭撒袋、腰刀、皂雕翎、藏香、藏杏、藏枣、木碗、金丝缎、卡契绸、卡契布等物。其中木碗能避诸毒，每个价值数十金。参见《清世宗实录》卷三十，第22页，载西藏研究编辑部编《清实录藏族史料》，1982。
⑤ 中国藏学研究中心等编：《元以来西藏地方与中央政府关系档案史料汇编》，中国藏学出版社，1994，第1833页。
⑥ 孟保：《西藏奏疏》，中国藏学出版社，2006，第155页。

十束，黄壮藏香六十束，红细藏香六十束，黄细藏香六十束，白香二箱，黑香二箱……"①。藏香出现了优劣的等级划分，只有最高品质和等级的藏香才会被作为贡品进而输出到藏区以外之地，且其价值不菲："藏香以后藏入贡者为佳……前藏色拉寺香亦佳。其余馈送者料薄价省，皆不甚道地。其大如笔管者，每支价值一金，不可多得。"②

这一时期，藏香作为重要的贡物依然被象征化和权力化了，并且藏香依然是贵重之物，价格昂贵，并非普通百姓消费得起的。因为作为贡品的藏香拥有着明显的政治特性，它还被以租赋的形式上缴汇集于寺庙，用于寺庙礼佛和输入内地，这点从史料记载的"每年番民交纳，系各以粮石（食）或氆氇、藏香等项作为租赋"③以及"其氆氇、藏香，及税课罚赎之项，各处布施之物，并番民故后例交一半服饰物件，俱交商上库内"④等内容均可看出。进贡的藏香除了供清帝自己使用以外，只会将其赠送给尊贵的大臣或客人，因而它依旧流通于上层社会而没有进入寻常百姓家。

费正清认为："对于中国统治者而言，朝贡的道德价值是最重要的；对于蛮夷来说，最重要的是贸易的物质价值。"⑤ 回顾明清两代西藏地方政权与中央政府的朝贡行为，我们似乎可以发现与费正清所言不同。明朝政府要求贡品必须是朝廷所需之物，这种互动行为除了有着彰显权力和高势能的政治意味外，还有着较为明显的经济性，即通过贡赐行为，双方都获得了自己所需之物，这一事实与费正清的观点"中国统治者强调朝贡的道德价值"有所出入，此为其一。其二，如果说明朝时期，朝贡行为中所体现的政治意味还有所"暧昧"的话，那么清朝时期西藏宗教领袖获得册封，并通过朝贡行为获得更为稳固的政教地位则具有明显的政治目的，这与费正清认为的"蛮夷强调朝贡的物质价值"也有所不同。

作为贡品的藏香也因为其具有的政治性而无法表现出明显的经济性，虽然通过以物易物的方式，藏香可以交换其他西藏百姓需要的东西，但是此时藏香还不具备

① 吴丰培等：《清代藏事奏牍》，中国藏学出版社，1994，第431页，载王宝红《清代文献中的藏香》，《西藏民族大学学报（哲学社会科学版）》2016年第5期，第30—34页。

② 周霭联：《西藏纪游》，中国藏学出版社，2006，第55页。

③ 清会典馆编：《钦定大清会典事例·理藩院》，中国藏学出版社，2006，第245页。

④ 佚名：《西藏志·卫藏通志》（合刊），西藏人民出版社，1982，第317—318页。

⑤ 陈国兴：《从朝贡制度到条约制度——费正清的中国世界秩序观》，《国际汉学》2016年第1期，第58—66页。

商品 [①] 的性质。阿尔君·阿帕杜莱（Arjun Appadurai）的观点是，物可能会有很多角色，商品只是物的社会生命中的一个阶段，一个经历丰富的物通常会拥有着商品化、去商品化、再商品化，甚至循环往复的过程。那么回溯藏香的出现与发展，作为宗教圣物的藏香表现出的是一种被"束之高阁"的神圣性，这一时期它只能被宗教或皇室、贵族使用，不能被用于交换、不能被广泛制作和使用等特质都消解了藏香身上的商品性。作为贡品的藏香表现出的是明显的政治性和一定程度的经济性，而经济性又是以政治性为基础，即贡赐是建立在明朝对西藏的行政管理之上的，通过让西藏地方获得经济和政治实惠，从而更好地归附朝廷。这时的藏香虽然用于交换，但交换的并非其使用价值，而是一种权力，这种交换类似于莫斯所发现的"礼物"——礼物的流动创造并显示了授者与收者之间的社会关系，这种关系已经超出了礼物本身的使用价值。因此，不能被普通百姓广泛用于生活以及带有皇权特征的藏香，在某种程度上来说都是不具有商品性的，这两个阶段也可以看作是藏香的商品化前期，即"去商品化"阶段。但是作为贡品的藏香无疑是"短命"的，因为贡品是封建制度的特殊产物，随着封建王朝的结束，藏香便失去了其"贡品"的内涵与意义，又回归到地方，继续承担圣物和药品的角色。

三、藏香的商品性萌芽

吞巴制香人、76 岁的藏苏回忆道：

> 我老婆家里世世代代都是做藏香的。所以旧社会的时候，她们家钱多得很，是富农，有钱的农民，还有厚帽子戴，住在大庄园，家里都是有地板的。她爸爸比较富，又有很多徒弟，也没有参加叛乱，所以后来国家把土地和生产用具都分给朗生了，分成五年一次次给钱，她家的财产也没有被没收。她家当时在大昭寺那边做香，因为香做得好，还被松赞干布赐了名。历史上大昭寺附近只有两家做藏香比较正宗的，就在现在的根敦群培（西藏历史上的文学家）纪念馆，以前是我老婆家的房子，做藏香的，现在被收走了，他们也就搬走了。

1911 年开始的辛亥革命结束了存在于中国两千多年的封建帝制，清王朝不复存在，其对西藏地区的统治和管理虽然已分崩离析、失去根基，但是三大领主阶级

[①] 马克思对商品的定义是"用于交换的劳动产品"。随着经济的发展，现代经济学家对商品定义进行了扩展与外延，即"商品是用于交换的使用价值"，其隐含的意义是"必须通过交换过程，实现使用价值的转移才叫商品"。

依然在西藏地区"呼风唤雨"，没有生产资料和人身自由的奴隶阶层只能依附于三大领主，官家、贵族①和寺院上层僧侣依然操纵着西藏的经济命脉。西藏的农奴阶层主要有领种农奴主的份地并进行支差的差巴（藏语音译，khral-pa）；由破了产的差巴户转变而来、地位低于差巴的小户堆穷（藏语音译，dud-chung）；完全没有生产资料和人身自由的朗生（藏语音译，nag-zan）；以及没有固定工作、四处流浪或从事"下贱"工作的游民。从事手工业的主要是拥有一定生产资料的堆穷。西藏手工业虽然历史悠久，但是受封建农奴制度的影响，规模小，产量低，工具简单，许多手工业者也是艰难地维持着生计。但是西藏地区对手工业产品的需求却非常大，不仅要满足封建领主的消费、宗教寺院的特殊需要，还要保证广大农奴的生产和基本生活需要。从带有皇权符号的贡品回归到西藏地方，藏香依然扮演着宗教圣物和名贵药物的角色。显然，它是广大农奴阶层无法消费的物品，因而藏香的生产主要是为了满足封建领主和寺院的需求。

前文已经提及西藏百姓每年都需向寺院交纳一定的租赋，其中就有粮石（食）、氆氇和藏香等，这体现的是长久以来西藏的寺院与属民之间的人身依附关系或者经济关系。这种关系正如马克思指出的那样，"农奴是土地的附属品，替土地所有者生产果实"，与现代社会中信徒与寺院的"供—施"关系有所不同。因而我们有必要探讨一下封建领主经济形式下的藏香是否是商品，或者说藏香是否具有商品性质的萌芽。下面是一则关于"拉萨市东城区做香户格桑玉珍的情况"的资料。

　　格桑玉珍，女，60 岁，后藏扎什伦布寺属民，丈夫早死。一女儿已出嫁，家中仅其一人，从事制香及销售工作。属自产自销类型。她没有任何有关生产销售的记录。据有关资料调查，其一年做香约 100 天计，其余时间为准备原料和销售所耗，其年收支状况大致如下：

　　每日做香 25 把，每把 12 两藏银，年做 100 天，计生产藏香 2500 把，计得藏银 30000 两。

　　支出项目为：原材料费计 4 驮小柏树叶及有关辅料，约 1000 两藏银；每天生活费用开支计藏银 20 两，一年合计藏银 7300 两；她本人是扎什伦布寺属

---

　　① 贵族，藏语称"古札"（sku-drag）或"弥札"（mi-drag），意为高贵的人，也叫"格尔巴"（sger-pa），意为私有者。西藏贵族是历代中央王朝和达赖喇嘛、班禅额尔德尼所封的僧俗封建领主。参见苏发祥《论民国时期西藏地方的社会与经济》，《中央民族大学学报（社会科学版）》1999 年第 5 期，第 152—158 页。

民，每年交人头税 1 两藏银；另外，每年需向该寺驻拉萨的办事机构支差数天，她不去，需另外雇人代替，支差时有饭吃，她只需给受雇者藏银 19 两；她有时要到哲蚌寺送香，每年送 4 把，计藏银 48 两；因租住功德林的房子，每年交租 25 两藏银；另外需要雇人支房差 2 天，耗藏银 40 两；在传召期间，需支倒茶差，因无法前往，交藏银 75 两代替；在传大召、传小召期间，为求得售香许可给铁棒喇嘛交售香费 1.2 两藏银。以上各项开支总计藏银 8509.2 两。

若不计入患病，做衣服及宗教活动等开支，格桑玉珍每年收支对比尚存 21490.8 两藏银，生活还较宽裕。①

上述这则资料是根据 1959 年拉萨市商局档案资料室档案整理而来，说明它发生在 1959 年或者更早的时间。格桑玉珍是扎什伦布寺属民，每年要交人头税，还要支各种差，说明她虽然是有一定自由的手工业者，但还是依附于寺院。通过这些信息，大致可以推断她所处的时代是西藏尚未进行民主改革之前的噶厦地方政府② 管理时期。在这一时期，西藏依然是封建农奴制，经济形式主要是庄园经济和寺院经济，这两种经济形式是西藏 "政教合一" 制度得以巩固的坚实经济基础。从公元 1260 年西藏建立以萨迦寺为中心的萨迦政权开始，西藏 "政教合一" 制度也正式形成，从此，官家、贵族、寺院成了西藏的上层统治阶层，他们之间也产生了不可分割的利益关系。14 世纪初（元末明初）开始，山南地区建立了许多庄园。这一时期西藏的农牧业生产和手工业技术较之以前有一定程度提高，手工业与农牧业已有明显分工，甚至出现了独立的铁匠、木匠和银匠。由于手工业产品产量提高，除了满足自身需要外，还有一部分可以用于交换。西藏地区虽然存在着庄园经济，但是由于手工业者和领主之间强烈的人身依附关系，西藏的庄园经济并没有像中世纪前的西欧那样，走向专业化和商品化道路。寺院经济也对西藏经济发展产生了严重的阻碍，寺院经济的主要形式有：利用特权向民间进行摊派和无偿 "乌拉" 差役，放高利贷以及从事羊毛、皮张、牦牛尾以及名贵药材的买卖。由于寺院经济的膨胀以及大量资金和土地集中于寺院，妨碍了对于生产和交换的正常投入，因而制约了经济的发展。因此，"政教合一" 制度下的西藏经济发展缓慢，农奴和手工业者生

---

① 以上材料根据拉萨市商局档案资料室 1959 年案卷 12 号调查资料整理，引自中国社会科学院民族研究所编《西藏的商业与手工业调查研究》，中国藏学出版社，2000，第 219—220 页。

② 噶厦是清代到新中国初期西藏地方官署名，即原西藏地方政府。清乾隆十六年（1751 年）置；1912 年至 1959 年间，噶厦成为实际上的西藏地方政府；1959 年，中华人民共和国政府废除噶厦，筹建西藏自治区。

产的劳动成果主要用于满足三大领主阶层的需求，用于交换的商品数量少，种类单一，且主要局限于贵族和寺庙手里，劳动人民不能问津。[①]

到民国时期，西藏的手工业者已经有着职业手工业者和非职业手工业者的区分了。非职业的是以农牧业为主要生计方式，兼搞手工业，而职业者则完全以手工业生产为谋生手段。这一时期，西藏手工业者同领主依然保有人身隶属关系，从一定意义上说，他们是从事手工业生产的农奴，分别属于地方政府、贵族和寺院所有。[②]格桑玉珍家中只有一人，并无农业生产，只制作藏香自产自销，因而她属于职业手工业者，但她还是需要向寺院和地方政府支差纳税，并不是完全自由的劳动者，比如她在大、小传召法会期间可以售香，但是要先向铁棒喇嘛上交一定的售香费以获得售香许可，还要定期定量给寺院送香。因而这一时期的手工业者已经有一定自由可以从事手工艺品的买卖，进入买卖市场的手工艺品自然具有了商品的属性。格桑玉珍的案例告诉我们，至少在西藏民主改革之前，有少量的藏香已经可以进入市场进行买卖。但这时的藏香还是主要流通于上层社会和富贾之家，因为藏香中含有多种珍贵植物和香料，价格不菲，虽然藏族人有藏传佛教的信仰，但是农牧阶层都是附属于领主、没有人身自由的，背负着沉重的支差纳税和高利贷负担，居住环境恶劣，更是没有条件购买藏香焚香敬佛。

表 2-1　1959 年拉萨各行业人口情况表

行业	户数	人数	行业	户数	人数
制鞋	180	387	画画	91	247
缝纫	589	1411	油漆	5	11
纺织	130	522	制皮	65	251
织氆氇	52	70	制金	46	195
梳羊毛	2	7	制银	19	52
织毛衣袜	104	146	制锡	1	1
染色	4	6	制铁	50	189
制铜	20	45	制香	15	47
制木相关	158	528	雕刻	1	2
做泥水	23	75	印刷	11	27
制陶	9	18	做粉条	1	1
造纸	1	4	屠宰	36	176
塑像	1	2	其他	48	106

① 安平：《西藏经济发展研究》，中央民族大学出版社，2010，第 11—19 页。
② 陈崇凯：《西藏地方经济史》，甘肃人民出版社，2008 年 12 月，第 505 页。

    1953 年 9 月 17 日的有关拉萨商业户数的统计资料显示，拉萨有商户 580 户，其中藏香店 5 户。这一统计数字后面有说明：上列商户数仅系门面者，因而可靠性较高。[①] 到 1959 年时，据拉萨市档案馆 1959 年 40 卷有关拉萨各阶层人口情况调查资料载，拉萨有 8263 户，总人口计 31592 人，其中手工业 1662 户，人口 4526 人，如表 2-1 所示。

    但是，1959 年拉萨市市场调查组在调查后所编写的材料中又述，全市有手工业 26 个行业，共 1950 户，5661 人，制香户 45 户。两则调查资料都将拉萨的手工业划分为 26 个行业，但是在行业户数和从业人员数量上差异较大。关于制香户的调查，一说 15 户，一说 45 户，出入较大，无法确定孰真孰假。[②] 根据藏苏回忆，20 世纪 50 年代至 60 年代，八廓街附近比较正宗的制香户只有两家，其中一家就是他的岳父，属于吞巴家族，现在八廓街上的拉让宁巴[③]（藏语音译，也有称"拉章宁巴"）就是过去吞巴家族在拉萨的驻地，后来民主改革之后，他岳父一家的房子[④]也被收回了，所以他们就回到了如今尼木县吞巴乡定居。他的口述中并没有说到拉萨有多少个制香户，也无法佐证档案中 15 户和 45 户哪一个才是准确的数字，但是可以确定的是，此阶段制香人数并不很多。

    随着西藏和平解放、民主改革顺利完成以及政府对西藏的一系列建设，越来越多的人开始进入藏区，了解藏民族文化。受改革开放大潮的影响，从 20 世纪 80 年代开始，尼木县吞巴乡开始建起一个个手工制作藏香的作坊。20 世纪 90 年代开始，一些作坊开始成立公司、注册商标，从而将自己的藏香与其他家相互区分。从那个时候开始，藏香就迈入了现代化、商品化之路。2008 年 6 月 7 日，藏香制作技艺经国务院批准列入第二批国家级非物质文化遗产名录，藏香成为国家重点保护的非物质文化遗产项目，这一举措旨在传承和保护藏族传统文化，但同时也引起了越来越多游客和香客的关注，加速了藏香的商品化进程。

---

    ①   资料来源是商业厅档案室档案，转引自中国社会科学院民族研究所编《西藏的商业与手工业调查研究》，中国藏学出版社，2000，第 22 页。

    ②   中国社会科学院民族研究所编：《西藏的商业与手工业调查研究》，中国藏学出版社，2000，第 210—211 页。

    ③   吞巴大家族曾长期控制着尼木地方，尼木人说吞巴大家族来自尼木县境内的甘旦宗一带，来头可不小，说是吐蕃王朝名臣吞弥·桑布扎的后代。1751 年，设立噶厦地方政府时，吞巴大家族的主要成员之一斯居多吉成为噶厦地方政府的噶伦之一。这样，这一显赫但长期偏处一方的家族积极介入到西藏地方的政治、经济中，其势力也更上一层楼。与其他三个德本大家族一样，吞巴大家族也拥有大量的庄园和巨大的财富。吞巴大家族的拉萨府邸位于八廓街南面，人称拉章宁巴豪宅。

    ④   根据藏苏口述，其岳父家的房子就是现在的根敦群培纪念馆之处。

现如今，拉萨街区尤其是北京路、宇拓路、八廓街等商贸中心，经常可以看到藏香售卖的店。有些是藏香专卖店，如山南敏珠林寺藏香专卖店、优·敏芭藏香专卖店和珠穆拉瑞藏香销售店等；有一些是藏族饰品、工艺品店中兼售藏香，这种店里有些店铺还兼售印度香以及尼泊尔香；还有一些是药店兼售藏香，如自治区藏医院设有藏香店铺，甘露藏药厂的店铺里也有藏香售卖。一位藏香店的老板告诉我，现在八廓街藏香的主要客户群体是全国各地游客和外国游客，他们卖的藏香大多有着较为精美的包装盒，价格也比较高，当地老百姓一般不会购买。在西藏农村地区，人们需要藏香时通常就近到村里杂货铺或者寺院购买。很多寺院在售卖藏香，但有些寺院的藏香并不是由僧人制作，而是找工厂代加工，定制寺院包装贴牌销售而已。而城市人比较认可的藏香，通常是藏医院藏香、甘露藏香、敏珠林寺藏香这些有着较好口碑的品牌。在吞巴地区，因为制香水平以及所用药材不同，藏香销售情况也有所不同。虽然尼木藏香名气较大，但是很多人却觉得它口碑不佳。藏香制作得比较好的家庭，如藏苏家和玛吉家，他们有很多拉萨乃至全国各地的顾客；拉萨周边地区的顾客基本都是通过口耳相传的宣传，得知了他们的藏香品质较好，便成为回头客，其他顾客则是到吞巴景区旅游，购买藏香后成为长期客户。也有一些制香一般的家庭，他们在家中等不到顾客，因此只能将制好的藏香打包，然后坐车去日喀则等地的街道或农村销售。我在吞巴的向导德吉卓嘎家就是如此，她爸爸定期会坐车去日喀则周边的乡村售香。拉萨八廓街上的藏香专卖店或兼售藏香的手工艺品店，在旅游旺季也是门庭若市，各类品牌的藏香不仅在藏区畅销，还被游客们带往了成都、北京、上海、广州等地，甚至出口到尼泊尔、印度、新加坡等国。藏香作为西藏的地方性产物，经过了圣物、贡品、药物等社会角色后，终于以商品的角色走上了更大的舞台。

本章小结

本章主要追溯了藏香的历史以及其社会角色变化历程，通过对流传于西藏地区、关于藏香起源的民间故事的梳理，以及基于史料的分析和合理推断，基本可以得出的结论是，藏香诞生于公元 7—8 世纪，从古至今，藏香存在着民间个体制香、寺院制香和官方制香三大主体，不同主体均认知藏香为宗教圣物，但又有着不同的定义和侧重点：民间制香代表的吞巴地区认为吞弥·桑布扎头发幻化的柏树以及他施以经咒的"不杀生之水"是藏香的关键；寺院制香的代表敏珠林寺则认为德达林巴大师的传承以及僧人的加持是藏香的重要因素；甘露藏药厂认为藏香必须要严格按照医书来配置，并且将藏香定位为老百姓可以消费得起的商品。

从宗教圣物的角色开始，藏香主要经历了药物、贡品和商品的社会角色。人们通过神话故事构建了藏香的神圣性，使其成为重要的宗教物品；同时它又因为自身所具有的神圣性而被选择成为西藏地方政府向中央政府进贡的贡品；成为贡品的藏香还被象征化为权力符号而流通于上层社会；最后随着封建王朝的崩溃，藏香又回到西藏地方继续扮演圣物和药物的角色。事实上，藏香社会角色的变化与人们的主观能动性密不可分。物的变化通常源于人的塑造以及人的行为活动赋予其特定的意义，历史上的藏香如此，现代社会中的藏香同样如此。民主改革推翻了西藏的封建农奴制，20 世纪 50 年代末的西藏已经开始有了商品经济的萌芽，而藏香就是在这样的社会背景中，也开始慢慢具备了商品的属性。

第三章　市场的力量：藏香的商品化与市场化

> 市场让我们（自愿地）从温馨、无聊的小地方脱离出来，成为世界舞台上的自由演员，在世界体系中流动。但让我们自由的同时，也让我们暴露在外。
>
> ——[英] 玛丽·道格拉斯[1]

前文已经阐述，从 1951 年和平解放至 1959 年民主改革期间，西藏仍处于封建农奴制社会形态，少量民族手工业工匠的存在也多是为了满足三大领主的生活消费。由于劳动工具和技术落后，加之社会的原因，民族手工业生产规模小而散，产量极为有限，用于交换的也很少，民间工匠也多为个体制作或以家庭为单位进行生产。西藏地区除了仅有一座 125 千瓦的夺底沟电站和简陋的造币工厂断断续续经营外，没有对社会经济有一定影响的社会化生产经营的工业企业。商业在当时经济中有一定的影响，但比重较小。农畜产品、手工产品及药材等土特产品的交换，主要是通过以物易物的方式进行。对外贸易基本上也是采取以物易物的方式，用运出去的毛、皮，其他土特产品及矿产品，换购回一部分生活和生产必需品。[2] 这一阶段是西藏计划经济体制的初期萌芽阶段。

民主改革扫除了经济社会发展的绊脚石，解放了生产力，使西藏社会主义经济建设得到实质性发展，逐步形成并确立了西藏的社会主义计划经济体制。这一体制不仅提高了西藏人民的生活水平，更是帮助西藏实现了由封建农奴制社会到社会主义社会的大转变。在社会主义现代化建设事业中，商品经济也从萌芽状态进入了遍地开花的绽放状态。从 1984 年起，我国开始对计划经济体制进行全面改革，西藏

---

① Mary Douglas, *Risk and Blame: Essays in Cultural Theory* (London: Routledge, 1992).

② 多杰才旦、江村罗布：《西藏经济简史》（上），中国藏学出版社，2002，第 369—370 页。

的经济社会也有所发展，进而踏上了由计划经济向市场经济过渡和转变的历史进程。[①]

总体说来，西藏的经济改革与国家经济发展框架基本一致，都是以建立社会主义市场经济为主要目标。在国家改革开放和市场经济转轨的整体背景下，政府召开了一系列西藏工作座谈会，对西藏经济的市场化做出了具体指导，而藏香产业的兴起也与此密切相关。

第一节　西藏经济市场化与藏香产业兴起

历史上的西藏是一个以农牧业为主的地区，商业一直不是主要的生计方式。尤其在藏传佛教教义的影响下，西藏传统文化中一直存在着"贱金钱、轻商贾"的思想，甚至视经商者为地位低下的奸诈小人。因此，西藏经济发展长期停滞于农牧业之中，对于商业活动以及产业化发展的积极性与主动性并不强烈。计划经济时代，生活资料、社会资源由国家和政府统一分配，人们在生产与销售方面没有太大的自主权，同时也没有竞争压力，这一时期并没能影响和动摇西藏传统的"轻商贱商"的观念。但是市场经济体制改变了西藏人从事生产活动的观念和方式。在改革开放的热潮中，人们被激发出了生产的积极性，更多人投身于工商业活动之中，并主动参与市场竞争，个体工商户与私营企业发展迅速。1992年，中央政府做出了建立社会主义市场经济体制的重要决策。1993年全区注册登记的个体工商户达42291户，国营和集体企业3586家，私营企业33户，三资企业2户，初步形成国有经济、集体经济、个体经济等多种经济成分并存，公平竞争的多元经济结构，为社会主义市场经济过渡带来了生机和活力。[②]1994年，第三次西藏工作座谈会上决议"在西藏建立社会主义市场经济体制"，此后，西藏一直围绕国家经济体制改革的总目标，积极稳妥地将计划经济过渡至社会主义市场经济。

重要事件是人们标记历史的关键。在西藏地区老百姓看来，和平解放、民主改革、"文化大革命"和改革开放都是他们历史记忆的重要时间节点。不管是在吞巴还是敏珠林寺，制香人都会提道："'文化大革命'那十年，我们停止做香了，改革开放之后，我们又开始做香了。"也是从改革开放开始，西藏藏香的发展呈现出一种产业化态势，越来越多的人参与藏香的生产与交换之中，私营企业、个体户在社

---

① 多杰才旦、江村罗布：《西藏经济简史》（上），中国藏学出版社，2002，第368—369页。
② 多杰才旦、江村罗布：《西藏经济简史》（上），中国藏学出版社，2002，第399页。

会主义市场经济的体制之内，也获得了更多公平和自由的竞争机会。藏香产业作为西藏手工业的重要组成部分，也可谓是西藏经济市场化的重要缩影。

一、吞巴人的制香记忆

与江措的结识是在我来到吞巴的第一天。从尼木火车站出站后步行约 50 米即可到达 318 国道，在路口处左拐往西步行约 50 米便是江措家的藏香店，藏香店旁边还有两家茶馆。因为紧邻 318 国道并且对面是驻村工作队的驻地，其他村组的村民会经常过来开会或参加活动，因而这一区域成了吞巴乡的一个"商贸中心"。吞巴乡为藏香合作社新建的两层楼房就在尼木火车站前往江措家的拐弯处。本想先找到驻村队安顿行李，可看见这家藏香店时还是决定先去看看，因为田野调查工作的素养告诉我不能放过调研中的任何信息。在靠近大门的位置摆有一个藏式沙发和藏式桌子，江措正靠在沙发上，很惬意地喝着酥油茶。在我说明来意后，他便向我介绍了店里的藏香、摆在柜子上的藏香原料，以及他做香的故事。

> 我 1965 年出生，从小就没有上学。家里小孩很多，爸爸妈妈生了 7 个儿子，3 个女儿，家里比较困难，所以我很小就出来干活。我的藏文是自己学的，汉语也是自学的，汉语会一点点，有些听不懂。80 年代，那会儿我才十几岁，就开始做生意了，到拉萨卖衣服什么的，后来生意不好做。我去做生意主要是在改革开放以后，村里有些人去拉萨做生意了，他们回来就说拉萨很多店铺和生意人，容易赚钱，但是我在拉萨待的几年里做服装生意没有赚到什么钱，就想着改行。我爸爸以前在尼木县银行工作，他会做藏香，于是我就想起了做藏香生意。我跟他学了一段时间，自己又摸索了一下，看怎么配料香味会比较好。妈妈的爸爸也是做藏香的，他的配方比较正宗，虽然最开始只有十三四种材料，但是味道也比较好闻，我的藏香卖得比较好。现在材料已经有二十多种甚至三十多种了，种类也很多。我一直在摸索和创新配方，从 80 年代一直做藏香做到现在。

江措的经历是吞巴乡一部分做香人的缩影。20 世纪 60 年代出生的这批村民，在改革开放开始的时候刚好是十几二十岁的年纪，其中头脑活络、敢拼敢博的人在中国改革开放大潮的影响下，顺利掘到了"第一桶金"。在改革开放之前，吞巴的经济形态经历了民主改革前的封建农奴经济制度时期的庄园所有制，以及民主改革后的个体所有制和集体所有制阶段；现阶段，吞巴除了拥有一个藏香制作合作社以外，多数制香人都是个体户，小部分注册了公司成了私营企业。

历史上，吞达村是吞巴家族最大的庄园所在地（吞溪卡），目前该庄园的古建筑遗址还在吞达村。吞巴庄园经过修缮和改造，现已整合进吞巴旅游景区，成为重要的旅游景点。[①] 吞巴家族是吐蕃历史上颇具盛名的贵族，被称为"拉让宁巴"。[②] 18世纪 30 年代之前，尼木宗（县）最为重要的地方首领即为吞巴家族，它拥有着整个尼木宗的管理权。[③] 1959 年前，吞巴家族在尼木地区拥有鲁热溪卡、吞达溪卡、吞普溪卡、格陪溪卡、伦珠溪卡、贡热溪卡等 6 处庄园，土地 6790 藏克[④]，差户680 户，差巴 3360 人，骡马 30 匹，奶牛 16 头。另外在曲水有楚普溪卡、尼普溪卡，在仁布宗拥有巴唐和毕仲溪卡等。上述庄园土地面积约 2220 藏克，差户 128户，差民 500 人左右。[⑤] 1951 年西藏和平解放至 1959 年民主改革之间的这段时间里，吞巴实际上还处于吞巴庄园的经济运行体系之中。1951 年 5 月 23 日，中央政府与原西藏地方政府签订了《中央人民政府和西藏地方政府关于和平解放西藏办法的协议》（简称"十七条协议"），目的在于逐步改革西藏的封建农奴制度并逐步解放和发展生产力，但是这一时期的吞巴依然保留着封建农奴制的生产方式，吞巴村民依然是依附于领主的农奴身份。直到民主改革完成之后，尤其是 1965 年西藏自治区成立后，封建农奴制被彻底废除，吞巴村民分得了土地，并获得了人身自由，吞巴的农牧业在这一阶段得到了较快发展。此时藏香制作业还只是作为村民家庭的副业形式存在着。1965 年西藏成立了第一批人民公社[⑥]，1966 年 3 月，尼木县成立了第一个人民公社，农牧民个体所有制开始逐步转变成农牧民集体所有制。1978年，党的十一届三中全会的顺利召开，改革开放正式拉开帷幕，西藏地区的经济发展也呈现出良好态势。下面是 1981 年 12 月 5 日《西藏日报》采通部编写的关于"吞区藏香发展情况"的记录，来自西藏自治区档案局。从这份档案中，我们可以看出吞巴地区的制香业在改革开放之初经历了怎样的变化和发展。

　　吞区藏香发展情况
　　尼木县吞区生产的藏香，驰名全西藏乃至东南亚很多国家。近两年来，藏

---

① 吞巴旅游公司的藏香售卖点就设在吞巴庄园内。
② 次仁央宗：《西藏贵族世家（1900—1951）》，中国藏学出版社，2005，第 76 页。
③ 拉萨市政协文史编委会：《尼木县简志》，《西藏研究》1990 年第 1 期，第 187 页。
④ 西藏传统重量单位，1 藏克约 28 市斤。1 藏克地即播种 1 藏克青稞种子的土地面积。按照西藏传统习惯计量，1959 年以前，西藏共有耕地 330 万藏克。
⑤ 拉萨市政协文史编委会：《尼木县简志》，《西藏研究》1990 年第 1 期，第 155—156 页。
⑥ [加] 谭·戈伦夫：《现代西藏的诞生》，伍昆明、王宝玉译，中国藏学出版社，1990，第 260 页。

香的生产不仅成为集体的一种重要付（副）业，而且普及到 90% 以上的社员家庭中。1979 年全区集体藏香收入为 5 万余元，占总收入的 17%，人均现金收入 173 元；1980 年提高到 13 万余元，占总收入的 30.9%，人均收入提高到 201 元。1980 年社员家庭藏香收入达 12 万余元。据初步统计，今年比去年增加一倍以上，成为全县六个区中付（副）业收入最高的区。

吞区生产藏香，有其很独厚的条件，原材料基本上能够在本县范围采集，又有历史悠久的民族传统技术。但是由于……付出很多经济代价，在旧社会能够生产的不过几户。民主改革以后，制香户发展到了 65 户。

党的三中全会以后，多年在本区工作的区委书记布穷，决心恢复藏香生产。对于书记的举动，人们不仅自己因怕有后患而不敢响应，而且替他担心。布穷却与此相反，向群众说："现在要紧的是使我们尽快富起来，成功了就算我为人民尽了一份力，出了问题，全由书记我承担。"经过反复动员，人们纷纷响应起来，有一家把家中的一堵高厚墙推倒，现出了一百多块隐藏十余年的香砖（半成品），吞达公社二队制香老人索朗平措首当其冲，承担了制香工作。

在这次制香的前前后后，经过了 5 个多月，到 1978 年 9 月生产出了第一批香株。香株的出售竟然出现了供不应求的局面。布穷接着把藏香的生产扩大到所属各公社、生产队和作业组，专门邀请老技师，从各队推出 24 名人员举办制香训练班。到 1979 年底，藏香生产扩大到了所属三个公社，17 个生产队和 47 个作业组中。1980 年又普及到了 90% 以上社员家庭中。对于劳力困难的家庭，区委帮助他们组织家庭付（副）业小组，从原料、人力等各方面给以大力扶持。

现在吞区河两岸的树林中，有八十多座水利香料磨粉机，其中 80% 以上是社员私人建起来的。

这则档案可以帮助我们勾勒出 20 世纪 70 年代末至 80 年代初西藏藏香生产的图景，并且向我们展现了改革开放开始之后、吞巴人是怎样重新开始藏香制造业的。我认为它至少传递出了这样一些讯息。第一，在 20 世纪 80 年代，藏香已经不再是仅供西藏上层社会人士消费的奢侈品了，不再是身份地位的标识，它已经进入了消费市场成了真正的商品，拥有藏香配方的制香人均可以根据自身的情况进行生产和销售。并且在这一时期，吞巴的藏香在西藏地区和东南亚一些国家已经拥有了一定的知名度。第二，改革开放之初，藏香制造业就已经成为吞巴最重要的副业了,制香户和制香人数较民主改革时期也有较大程度增长。从 1979 年藏香收入占总收入 17% 的份额,到 1980 年的 30.9%,再到 1981 年的增加一倍,制香收入在吞巴总收入中的比重也越来越高。但当时吞巴的主业还是农牧业和林业。第三,党的十一届三中全会召开以后,书记布穷决心恢复藏香生产,很多村民怕有后患不敢响应,这说明在此之前吞巴经历了一个较长时间的藏香生产停滞期,这与中国社会的政治经济局势密切相关。1966 年开始的"文化大革命"的影响也波及了吞巴,藏香作为重要的宗教用品在这一时期是不被允许生产的,因而当 1978 年吞巴书记号召大家重新制香时,村民的犹豫不决是可以理解的,有个村民推倒家中的一面墙露出一百多块隐藏十余年的香砖也可以解释通了。但是这也不能说明当时的吞巴是全员禁香的,像桑果家就一直在悄悄制作香砖和藏香,中间并没有停止过。第四,此时吞巴尚处于人民公社时期。吞巴共有 3 个公社,17 个生产队和 47 个作业组,藏香生产已经推广到了吞巴 90% 以上的社员家庭。从 1980 年开始,西藏开始了计划经济体制改革,在逐步深化改革的过程中,经历了市场机制的引入、计划与市场调节有机结合、向建立社会主义市场经济体制转轨三个阶段[1],制香业作为吞巴的重要产业也不可避免地被纳入了改革洪流之中。

1984 年 4 月 27 日,西藏自治区人民政府发布公告,规定了农牧区有关政策,其中包括"鼓励发展多种经营,扶持帮助各种专业户、重点户。提倡农牧民发展多种形式的联营,集体经营和个体经营的民族手工业、商业、服务业、修理业、运输业、建筑业,准许雇请帮工、招聘技师和学徒,工资待遇由双方决定……准许农牧民串乡、跨县或到区外从事商业和其他经营活动"。[2] 在市场经济的自由竞争机制引入经济发展之后,政府也开始鼓励多种形式的商业和经营活动,允许串乡、跨县或到区外从事商业活动,给像江措这样的个体制香户提供了很多机会,他说:

> 刚开始做香那会儿,我先在家里做香,做了差不多 1500—2000 把后,就去日喀则、那曲、山南那边卖。有些地方是卖钱,有些地方用藏香换东西,再带回尼木来卖。比如在山南农牧局的商店,局长跟我关系好,我一年去三次,我就用藏香来换香烟,一包香烟 4 毛钱,我拿回来可以卖 8 毛钱。那时藏香一把有 20 根,比现在的藏香要细一些、长一些,有些地方卖一块三,有些卖一

---

① 多杰才旦、江村罗布:《西藏经济简史》(上),中国藏学出版社,2002,第 394 页。
② 陈默:《空间与西藏农村社会变迁——一个藏族村落的人类学考察》,中国藏学出版社,2013,第 38 页。

块五，这是零售价格，我卖给山南农牧局是批发价，一块二，所以一把藏香可以换 3 包烟。就这样做了 8 年多的藏香生意。90 年代，我去尼木县工作，那时有乡镇企业，我被请过去做技术员，做了 6 年。以前的领导好，买的都是最好的香料；后来换了一个领导，不懂藏香，香料买得不如之前好，于是我就不干了，就接着自己做藏香，那时大概是 1999 年。最开始的藏香都是手工做的，我加的香料好，所以价格也偏高，那个时候大概卖两块五、三块钱一把。2004 年，我在工商办了手续，可以自己开店，并且还买了一台机器。我贷款了 2 万块，不用一年就还上了（大概 8 个月）。一开始我是在乡政府租的厂房，房子不大。2008 年我自己开办了公司，投资了 30 万元，还注册了自己的品牌。"罗布仁青"是我的藏香品牌的名字，"罗布"是"最好的、宝贝"的意思。2009 年 7 月份，公司批下来了，名字叫西藏拉萨市罗布仁青古藏香有限责任公司。公司办起来后，收入要好一些。2009 年，我盖了现在的房子，从乡政府搬出来了。

从 20 世纪 80 年代开始，吞巴制香产业开始走上个体化经营的道路。江措借着这样的好时机从走街串巷售卖藏香，一步步走上了现如今注册商标、开办公司、门店经营的产业化道路。当然，并不是所有吞巴人都是如此。据江措回忆，在人民公社时期，虽然大家一起制作藏香，但藏香配方只有几个人知道：

> 很久以前，吞巴这边只有三户人家在做藏香。一家是桑果·朗杰，桑果是家户名，他的名字叫朗杰；一家是康色·伍杰次仁；一家是根松厦玛·普。现在就只有桑果家还在继承做藏香，其他两家都不做了。1959 年民主改革之后几年里，康色·伍杰次仁和根松厦玛·普相继去世了，他们的后代没有继承他们的藏香配方，后来也就不做藏香了。桑果·朗杰是 1968 年去世的，但是他的后代继承了藏香配方。他们与吞弥·桑布扎都没有亲属关系。我可以很确定地说，藏香是在吞巴发明的，其他很多地方也制作藏香，但是都是从我们这边学的，我们算是老师。

集体生产、集体劳动的时代结束之后，吞巴百姓就要各凭本事吃饭了，有些人家继续做香，有些人家则放弃做香转而从事其他行业，还有些人家以前并无做香传统也无藏香配方，却嗅到了商机开始做香，比如 1947 年出生的索朗江措，他说：

我爸爸以前是制作藏香工具的，做牛角、木框和水磨，他在整个吞巴是最好的。我爸爸名字叫吞巴，他手艺特别精巧。跟我年纪差不多的人，都知道我爸爸手艺好，谁家要是做水磨的话，都会邀请我爸爸去做。我就跟着他学，后来就继承了我爸爸的事业。现在吞巴也有其他人做水磨，但是他们都是跟我学的，我是他们的师父。

我是从 1978 年才开始参与做香的，那个时候几乎家家户户都会以制香为副业。以前经济落后，自己想做好的藏香，但是也做不出来。刚开始做的时候，只用了三种草药。我想去外地购买其他药材，但是也没有那么多钱。一种是"邦布"，是草地上长的，以前很多，现在变少了；一种是"玛奴"，以前很少，但是现在变多了，这个是人们种的；还有一个是"阿荣"，阿荣不在我们这边长，只在牧区有，这个味道比较浓，如果只放前两种的话，一般没什么味道，就会放阿荣。还有就是柏树了。大部分人是在 1982 年开始独立做香，也开始在藏香中大量使用柏树。那个时候交通变好了，以前村里面都是山路，车子也比较少，去外地的路也慢慢变好了，后来买柏树也方便了。我们这边有些人家不仅做藏香，还专门做香砖卖给那些没有水磨的人。普次仁家就做香砖，还卖给过敏珠林寺。一开始的藏香比较简单，后来人们对香的需求越来越高了。没有柏树的藏香，价格也比较低。敏珠林寺和日喀则那边有产藏香的，他们不买柏树，直接过来我们这边买香砖。所以我们除了卖藏香以外，还售卖香砖给一些寺院做香。

改革开放以后，吞巴有越来越多的村民开始从事制香业。显然他们的制香配方与吞弥·桑布扎并没有什么联系，各家各户都是凭着自己对味道的喜好以及家庭经济情况来选择藏香原料。条件好些的家庭，会在原料中加入檀香、贝甲、藏红花等名贵药材；条件不好的家庭只选用基本的香草。但是外出兜售时都会说自己卖的是尼木藏香，可是香的品质却是参差不齐，致使现在一提到"尼木藏香"时，人们对它的评价还是褒贬不一，不过藏香制作业给当地百姓带来了更好的生活却是显见的事实。就这样，在改革开放的大潮中，藏香开始进入商品市场，被彻底商品化成为具有使用价值和交换价值的商品。

西藏尼木县吞巴乡民间手工生产的藏香，其原料采自山间植物，做工精细，枝长、柔韧、价格低廉，包装具有浓郁的藏文化特色，点燃后散发出淡淡紫丁香气息，受消费者青睐，在拉萨、日喀则、山南等地市场成为抢手货。许多在西藏工作的内地人将该藏香带回家乡作为馈赠亲朋好友的佳品。该县有关部门对吞巴藏香的产销给予了一些优惠政策，努力扶植其发展。[①]

以上这则摘自于《中国国内贸易年鉴》的新闻报道描写的是 20 世纪 90 年代尼木藏香在进入商品市场后广受欢迎的情况——不仅在西藏地区成为热销产品，甚至被人们带回家乡作为馈赠礼品。市场经济是市场在资源配置中起基础作用的经济。随着尼木藏香市场需求量的增大，制香人对尼木藏香中的主要原料柏树的需求量也愈发增大，但是对柏树的大量砍伐又对生态环境造成了巨大打击，因此，吞巴有的民间制香人会用其他木材或锯末、报纸等代替柏树。这个曾经属于吞巴家族领地的传统村落在置身于现代化大潮之中时开始发生变化，制香人和用香人的观念，藏香原材料、配方、制作工艺，以及盛产藏香的藏乡都不可避免地发生了变化。

二、改革开放与敏珠林寺藏香厂建立

自民主改革到改革开放，再到确立社会主义市场经济制度，几十年间，中国发生了很大的变化。西藏民间制香的主体和代表——吞巴的最大变化，就是将制作藏香变成了家家户户主要的生计来源。尤其改革开放之后，自由的宗教信仰政策带动了藏民族对藏香使用的需求，市场的力量促使吞巴藏香越来越商品化。作为西藏寺院制香主体和代表的敏珠林寺，在这段时间也经历了颇具时代特色的故事。

除了敏珠林寺的建立和扩建外，在寺院僧人和周边村民的记忆中，"文化大革命"和改革开放就是重要的时间坐标了。在与僧人聊天之前，原本以为他们会谈到民主改革对寺院经济和宗教信仰的影响，但是他们几乎没有提及这些。这可能与被访者年纪有关，我在寺院中的报告人大部分都是 20 世纪 60 年代以后出生的人，民主改革时他们尚未出生，而在"文化大革命"期间，他们已经拥有深刻记忆，有的已经出家为僧了。还有一种可能就是，民主改革虽然推翻了寺院对农奴的人身控制和经济封锁，但并没有触碰和限制藏族的宗教信仰。谭·戈伦夫（Tom Grunfeld）认为在整个 20 世纪 60 年代，中国的政策是允许宗教继续活动的[②]，而到了 1966 年，情况似乎发生了变化。当曲·旦增回忆道："那个时候寺院是空的，僧人都不穿袈裟，整个西藏都是这样。有些僧人还俗了，有些则在家里修行，不能穿僧袍。'文

[①] 中华人民共和国国内贸易部主编：《中国国内贸易年鉴（1998）》，1998，第 68 页。
[②] ［加］谭·戈伦夫：《现代西藏的诞生》，伍昆明、王宝玉译，中国藏学出版社，1990，第 259 页。

化大革命'时期，很多寺院都受影响了。"目前，敏珠林寺制香收入主要用于僧人
生活以及修缮寺院，但寺院维修工程浩大，仅靠制香收入并不能完全支付，因此，
政府还大量拨款用于寺院各项修护工程。

表3-1 敏珠林寺维修工程款项及进度表

拨款时间	拨款金额 （万元）	维修项目	完成进度
2012 年	2068	敏珠林寺保护维修工程	完成祖拉康、桑阿颇章、廊房及院内外地面等四项工程的全部施工
2013 年	1600	敏珠林寺防洪工程	已完成
2015 年	367	敏珠林寺安防工程	已完成
2015 年	80	敏珠林寺保护规划编制工作	正在进行中
2015 年	153.7	敏珠林寺电气进行改造	已完成，待验收
2016 年	859	曲果伦布拉康，朗杰拉章保护工程	正在进行中

资料来源：根据敏珠林寺驻寺干部提供的文件整理

　　历史上的敏珠林寺命运多舛。18世纪初因为准噶尔部对西藏的侵扰，敏珠林
寺建筑主体及内部装饰部分被毁，后经颇罗鼐出资进行修复。1718年，蒙古军官
才朗珠布下令禁止宁玛派信仰，西藏地区的宁玛派寺院几乎全部被毁，敏珠林寺
也未能幸免。寺中的活佛、经师、译师多数死于战乱，佛殿、佛像、壁画、经书、
圣物也遭到毁灭性破坏。1720年在七世达赖与僧俗官员的倡导下，宁玛派信仰被
恢复，各地被毁的宁玛派寺庙也得以修复。"文化大革命"期间，敏珠林寺遭到毁
坏，寺院几乎成了废墟，除个别房屋用作公社仓库得以幸存外，多数僧房、经堂、
佛殿及其佛像、佛经、佛塔均遭到破坏。[1]虽然遭到了极大破坏，所幸寺院基本格
局得以保存，为20世纪80年代开始的寺院修复打下了良好基础。参观敏珠林寺时
看到，寺院主体建筑是祖拉康和大经堂，里面供奉的佛像以及壁画等都经历了长时
间的修复，另外一些佛殿和经堂还在重建过程中。从寺院西北角的小门进入寺院后
院，那里有很多忙碌的工人正在施工。寺院重建和修复工作不仅花费了大量的金
钱，而且还需要很长一段时日才能完成。作为宁玛派的重要寺院，敏珠林寺的名气
较山南地区的另一座寺院桑耶寺还有一段差距。访谈僧人的过程中了解到，过来拜
敏珠林寺的外地游客并没有很多，人们通常都会选择去拜桑耶寺，因为桑耶寺是藏

---

[1]　达尔查·琼达:《藏传佛教宁玛派》，西藏人民出版社，2007，第39页。

族历史上第一座"佛、法、僧"俱全的寺院，名气比较大。有些旅行团也把上午宝贵的朝拜时间留给了桑耶寺，转完桑耶寺后，下午他们才会带着游客来敏珠林寺，到敏珠林寺之后并没有停留很长时间就着急赶回拉萨了。当曲·旦增认为这与敏珠林寺被毁严重有关。现在的敏珠林寺确实规模小，还有点旧。1948 年出生的洛桑诺布的回忆也提到，"文化大革命"期间，不仅寺院被毁，连村子也被迫改名，"敏珠林"三个字在当时似乎都成了一种禁忌而不能被提起。

> 这个村子以前叫敏珠林村，"文化大革命"的时候改的名字，这个地方属于解放乡，不允许叫寺院的名字。2008 年以后改名字为塔巴林村。1966—1976 年，藏香几乎不能使用，不被允许。佛堂里的佛像和唐卡被毁、被没收，僧人被迫还俗。
>
> 我小的时候老百姓家里很少使用藏香，老百姓更是买不到敏珠林寺藏香，老百姓家里用的都是杂牌香。一直以来，敏珠林寺藏香相较于其他藏香而言是比较贵的，小时候我就听大人说敏珠林藏香以前是专供给贵族和喇嘛的供品。我记得好像从 1959 年开始，藏香生产就中断了，那个时候村民大部分用的是日喀则的香。1982 年寺院重建，敏珠林藏香才开始重新生产。日喀则的香在我小时候就有，现在也还有，大部分会在藏历新年之前来卖，日喀则过来的卖香人还挺多的，一年会来一至两次。

塔巴林村另一位村民、同样出生于 1948 年的央珍与洛桑诺布的回忆非常接近，她也说到"文化大革命"期间敏珠林寺是停止做香的，并且那个时候他们用的是日喀则藏香，但是现在几乎没有外人再过来卖香了，她家也不怎么购买其他品牌的藏香。两位老人在回忆时都提及的日喀则藏香，让我有些许疑惑。历史上日喀则地区只有扎什伦布寺有做香传统，而且扎什伦布寺藏香通常都是直接供应给政府、贵族和喇嘛的。文献中记载，"西藏各货汇集，藏佛、藏香，扎什伦布为最"[①]，"藏香以班禅院中制者为上，取诸香屑杂以异树之皮"[②]，都说明了历史上扎什伦布寺所制藏香品质好、地位高，绝非普通百姓可以轻易获得。而且在民主改革和"文化大革命"时期，扎什伦布寺也应该是停止做香了的，那么村民提到的日喀则藏香究竟是什么香？

---

① 张海：《西藏纪述》，《丛书集成续编》（第 240 册），新文丰出版公司，1989，第 227 页。
② 陈克绳：《西藏竹枝词》，载《中华竹枝词》，北京古籍出版社，1997，第 3647 页。

我向洛桑诺布追问道:"那个时候有尼木人过来卖香吗?"洛桑诺布好像突然明白了什么似的说道:"我之前一直说的日喀则藏香,其实就是尼木藏香。日喀则仁布县那边离尼木比较近,村民会去购买尼木藏香再带到我们这边来卖。一开始藏香卖得比较多的就是尼木那边的,跟敏珠林寺藏香比起来,药材少,味道相差比较远,我们能闻出来。闻多了,感觉只有烧了的树的味道,没有药的味道。但是跟敏珠林藏香比起来,它的价格要便宜很多。"这么一来,便彻底清晰了,"文化大革命"时期,寺院的藏香制作是被完全禁止的,僧人如果需要用香的话,可以自己少量制作,但不会流通于寺院以外的市场;而塔巴林村村民的用香需求则是由吞巴个别制香人来满足。这与吞巴制香人达瓦杰布的说法也是一致的。他说以前仁布县帕当乡的村民会来吞巴低价收购藏香,再卖到山南,从中间赚取差价。那些村民为了提高销量就说自己是吞巴的,说藏香是他们自己制作的,也是这个原因,让很多用香人混淆了尼木藏香和日喀则藏香。

访谈中,当曲·旦增说,"文化大革命"期间敏珠林寺是停止制香的,有一位老僧人之前就在做香,藏香配方只有他都知道,中间的十年多没有做香,1981—1982年又开始准备做香。我问他藏香配方是如何传承的,传承人的筛选是否很严格时,当曲·旦增表示他也不是很清楚。他说:

> 以前是怎么传承的,谁是第一代、第二代传人什么的,这个我不知道。我只知道之前做香的老僧人叫根丹·曲扎,他在1981—1982年把秘方教给我之前的那位寺庙住持江白·降参。江白·降参是敏珠林寺藏香第二十二代传承人,在他2010年退下来之前,把配方教给了我。我们没有正式的传承仪式,上一代传给下一代时就是要把配方背诵下来,是口传心授的。但是我们的藏香配方是最好的,是一代代传承下来的。

1983年敏珠林寺恢复藏香制作,僧人们在坚持着传统配方和制作工艺的基础上逐步开始了半机械化的生产线。在敏珠林寺正门对面东北方向的拉姆山下,是敏珠林寺藏香厂的厂房。2013年敏珠林寺藏香厂成立,并注册了西藏自治区著名商标。同年,敏珠林寺藏香制作工艺被列入自治区级非物质文化遗产名录。半机械化生产后的藏香厂年均销售总额达到了500余万元,年均利润可达200余万元。藏香厂总投资659万元,其中藏香厂自筹资金600万元,国家资助59万元。新的厂房里有制香车间、粉碎室、贝甲研磨室、晾晒间、储藏室等大小房间10余间,800

余平方米，员工 50 余人。过去敏珠林寺藏香从加持，到研磨、混合、搅拌原料，到制作藏香，都是由僧人亲力亲为，但是在藏香厂开办以后，除加持和配比以外，大部分工作都由附近村庄的村民来完成了。当曲·旦增说，引进制香机器和请村民过来工作的主要原因都是敏珠林寺藏香供不应求。以前纯手工制作时，产量有限，手工研磨一斤贝甲壳就需要半个月的时间，并且是两个人同时用石头在石板上碾压；而现在使用机器研磨，可以同时磨制几十斤、上百斤的材料，大大提高了生产效率。但是，当曲·旦增也说有些原料必须要在石头上磨制，不能使用机器，如佛手参，一旦机器研磨就会破坏它的香味和药性。

敏珠林寺藏香厂的贝甲磨制机器

2005 年，青藏铁路全线贯通。青藏铁路的开通给西藏的旅游业带来了前所未有的商机，也为西藏特色名优产品的流动提供了极大的便利。也是在这样的背景下，敏珠林寺藏香开始走上了产业化和市场化的道路，不仅在生产上实现了人工和机器相结合的半机械化生产方式，还顺应市场需求，开起了网店。目前，敏珠林寺藏香在拉萨、山南和成都都有专卖店销售；考虑到很多顾客的购买需求，敏珠林寺还决定尝试网上销售。当曲·旦增说："第一次的合作人是北京的一个朋友，他做了几年淘宝，但他在北京，我们之间结账什么的比较复杂。现在是由藏族的一个老板来负责的，名叫达瓦，他原来在八廓街卖民族工艺品，也在淘宝上卖东西，后来把敏珠林藏香也加进去了。他就在拉萨，会方便很多。他还专门雇了一个人来做客服。如果淘宝店有订单，他在网上沟通，确认订单后，我们会送到淘宝店那边，然后他再寄给客人。"

在市场化的背景下，敏珠林寺走上了"以寺养寺"的道路。寺院在保证藏香配方和制作工艺严格传承的基础上，也在不断尝试改变。这种改变源自寺院传承和弘扬藏香文化的内在需求，以及西藏和全国各地人们用香需求增大的外部原因。现在的敏珠林寺依然很少见到外地游客，但是几乎每隔 3—5 天，寺院的货车就会装满一车藏香拉往拉萨的专卖店。敏珠林寺藏香就这样跟随着游客流通到了全国各地。当问到村民对敏珠林寺建厂以及藏香被商品化的看法时，人们也多数表示理解。洛桑诺布就说过："敏珠林寺藏香在我们心目中是最好的香，材料珍贵，闻起来也很香。"但是因为名气越来越大，价格也越来越高。他还说："1982 年、1983年敏珠林藏香刚恢复生产的时候，1 捆 9—10 元，那时就非常贵了，老百姓很少使用。2015—2016 年，藏香价格上涨特别快，对于我们这些经济情况不怎么样的家庭来说，平常是用不起的。"但是他也认为，敏珠林寺藏香一直都比较贵，并不是商品化和市场化之后的情况："我小的时候，大部分藏香都是贵族和寺庙才能使用。当时还是噶厦政府时期，比如说寺院要扩建需要资金，僧人就会把藏香送给噶厦政府官员，这样事情就能解决了，说明当时的政府官员十分看重敏珠林藏香，送 1 捆50 根就差不多了。"洛桑诺布对于藏香被商品化并没有太多抵触的情绪，他代表了塔巴林村中众多经济条件一般的家庭。这些村民认为敏珠林寺藏香被越来越多的人知晓并认可是一件好事，说明有更多的人认可藏香文化和藏传佛教宁玛派。但是唯一让他们无奈的就是，即便就居住在敏珠林寺附近，依然觉得敏珠林寺藏香离自己生活很远。

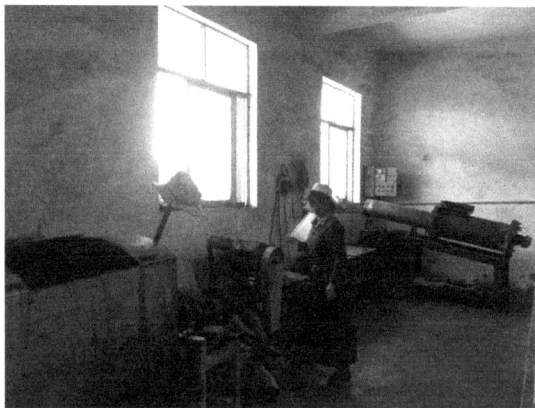

敏珠林寺藏香厂制香车间

包扎藏香的女工们

对于敏珠林寺建立藏香厂这件事情，周围村民持比较支持的态度，主要有以下两个方面的原因：一是藏香厂的收入可以用来支持敏珠林寺的修建工作，老百姓觉得这是功德无量的事情；二是因为藏香厂给周围村民提供了参与制香的机会。2016年8月，我初次到敏珠林寺藏香厂时，只有8位村民在工作，当天是进行藏香的包扎和装盒工作，所以需要的员工并不多。在对员工卓嘎的访谈中了解到，藏香厂最忙碌的时候有20多位村民过来帮忙，他们中有些是寺院僧人的亲戚，僧人会帮他们推荐一下；家里不忙的时候，他们就会过来工作。卓嘎觉得能来藏香厂工作还是不错的，虽然工资（一个月2000多元）不如在外地务工，从早上9点到晚上7点（中午休息1个小时）的重复劳动会让人觉得有些枯燥，但是比起其他人来说，"这个工作不怎么需要体力，离家近，而且又是在帮寺院做事，没什么不好的"。就这样，寺院制香的代表敏珠林寺在社会主义市场经济体制的指引下，将制造藏香带来的经济效益与传播藏文化的文化价值有效结合，让作为西藏地区传统社会力量的寺院也进入了现代化进程之中。

三、甘露藏药厂的改制与转轨

在市场化的大潮中，身为国有企业的甘露藏药厂的发展动力稍显不足。在甘露藏药厂的田野调研中，我曾试图找一些关于藏香销售量和销售地的资料。尼玛主任给出的答案是产量都在他的脑海中，比如2015年销售量300万左右，2016年280万左右，而准确数字就得到总公司财务部门查询。但是他也表明，总公司的数据统计可能也就只有这几年的，因为甘露藏药厂2012年改制重组，之后花了将近三年的时间，直到2014年才将工厂搬迁到现在位于堆龙开发区的新厂址，西藏甘露藏药股份有限公司也正式揭牌成立。

尼玛说以前的资料保管得没那么仔细，改制期间更是有点混乱，而且又经历了三年的搬家，很多资料都找不到了，直到搬了新厂区，各项管理才慢慢规范起来。我有些不解地问道："甘露不是国企吗？为何存在这种情况？"尼玛主任回答道："以前我们是西藏藏医院下属的单位，是事业单位下的企业单位，这样的体制十分尴尬。我们企业的领导班子没有决策权，在很多事项上没有决定权，比如人才引进、市场化改革等，都需要层层上报、层层审批，行政色彩太浓了。所以很多时候我们都是与市场脱节的，藏香品种少，现代化发展速度也比较慢。"我说现代化速度慢其实也挺好，这样可以更好地保留传统藏药和藏香文化，尼玛立马反驳道："我们是企业，毕竟是要盈利的嘛。国家之前就一直控制价格，原材料涨价了但是藏香价格也不能上涨。说实话，藏香到现在都处于亏本状态，甘露藏药厂的经济收入主要依靠的是藏药珍珠七十味那些。"

从尼玛主任的话语中，我也可以感受到在生存、发展受到极大限制时，西藏自治区藏医院制药厂不得不必须面对市场化大潮的影响，将国有企业改制组建为非上市、国有控股的股份有限公司，从而解决了企业发展动力不足的问题。改制后的甘露藏药从藏医院的下属单位身份中独立出来，也拥有了更多的自主权与决策权，不仅可以充分发挥和调动职工的积极性和主动性，还能吸引各方投资，带来更多的收益与利润。2012年时，甘露藏药的主要身份还是自治区藏药厂的制剂车间，现在已经成为全国规模最大、历史悠久、技术力量雄厚的传统藏药生产企业，甘露藏药在资产总额、营业收入、利润总额等各方面都实现了质的飞跃。

为了顺应现代市场的需求，甘露藏药厂也在不断地发展与创新，并且逐步将西藏地区常见的藏药丸剂改良成了人们更为喜欢的胶囊、冲剂；藏香方面，尼玛也表示要开始开发高端香品，还要打造木质礼盒包装，预计在2017年8月份推向市场。目前藏香车间已经完成了新产品大小木盒套装各500套的生产任务，下一步的主要工作就是宣传和营销。但是甘露藏药厂生产的藏香一直走的都是中低端路线，尼玛表示他们生产的藏香90%都是供应给西藏老百姓，要先保证老百姓的日常使用。其他少部分由游客带往全国各地，全国市场并不是甘露的主体市场，"我们在区外没有做过宣传，不像有些藏香品牌的广告都打到国外去了。但是全国市场确实有很大的商机，我们的木盒包装主要也是针对国内和国外市场开发的，现在处于试验推广阶段，希望能有好的效果"。有一天我正在车间观察和访谈，尼玛主任就带着一位客人（手里拎着两大盒珍珠七十味）过来了。客人说他是来厂子里买藏药的，也很喜欢藏香，刚才听工作人员提到了藏香就想过来参观下。于是尼玛主任亲自上阵进行宣传，他说甘露藏香质量和口碑都很好，但是就是在全国各地缺乏宣传，接下来藏香部还会在各地推广上多动脑筋。

第二节　藏香药用价值与民间智慧

藏医药学是一个复杂而又庞大的体系，它是在长期与疾病斗争中形成与发展起来的。远古时期，世居在青藏高原的藏族先民在游牧和狩猎生活中不断摸索总结出饮开水治疗消化不良，用酥油止血，用新杀动物胃中糜物热敷消肿，用酒糟热敷止痛等许多自然疗法；公元前几世纪，就懂得"有毒就有药"的道理，掌握了许多植物、动物、矿物具有治疗病痛的作用。[1] 藏香被认识并认可主要是因为它的药用价值。它所使用的材料主要包括三大类[2]，分别是珍宝类药材、动物类药材和植物类的草药，它们都来源于大自然。自然赋予了药材不同的药性，例如，同样的药材生长在山脉的东、西面向上，药性就会有所不同；不同时间如日出和日落时采摘的药材，药性也会有不同。

藏香是藏族人民智慧的结晶，主要表现在以下几个方面。第一，藏香的配方十分考究，基本都是来自藏文经书中的记载，制香人会结合藏医药理论提炼藏香配方。不同药材对身体的不同器官产生功效，如肉蔻是心脏良药，竹黄是肺脏良药，红花是肝脏良药，丁香是命脉良药，豆蔻是肾脏良药，砂仁是脾脏良药等。[3] 第二，藏香制作过程中的炮制工艺非常讲究。比如要通过炒制、浸泡等方式祛除动物药材上的血和肉；还要将某些植物上的毒性全部去掉，只保留并发挥植物的药性和功能。第三，有些对身体无益的药材，根据藏医药理论相互配伍之后，就可以相互消毒，最后变成对身体有益的藏香成分，比如藏香中麝香的使用。

---

[1]　西珠嘉措：《浅谈藏医疾病特征与亚健康》，载《世界中医药学会联合会亚健康专业委员会首届世界亚健康学术大会论文集》，2006，第 75 页。

[2]　藏药原料通常分为植物药、动物药和矿物药三大类，其中矿物类分为珍宝类药物（如玉、珊瑚、金、银等 57 种）、石类药物（如银矿石、铜矿石、精石等 62 种）、土类药物（红土、禹粮土等 17 种），以及盐碱类药物（25 种）。整理自仁青当知、陈玉德《藏药矿物药的分类和炮制特点》，《卫生职业教育》2014 年第 16 期，第 153—154 页。

[3]　根据玛吉的笔记翻译整理。

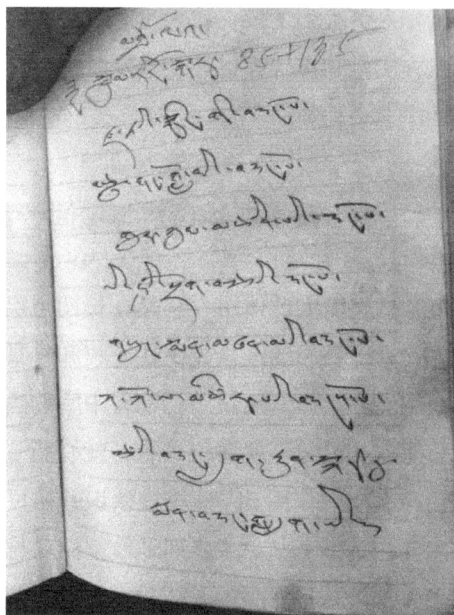

制香人手写的藏香配方

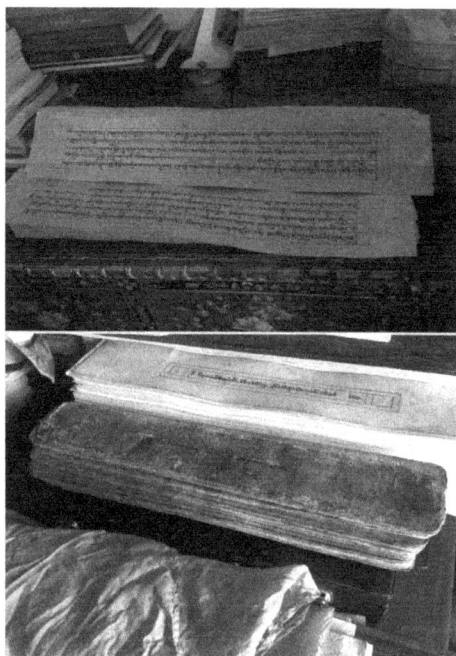

制香人收集的藏文医典

麝香味道极香，是藏香中的一种重要材料。在人们的认知体系中，通常认为麝香对女性不好，尤其是对怀孕的女性不好，现在很多品牌的香水都为了避免可能带来的人体伤害而在香水中使用了人工麝香来替代天然麝香。在吞巴时，臧苏爷爷曾经拿出一小块麝香向我展示，向导说这是麝香时，我本能地躲避开了，臧苏在旁边笑着说："你们都是这个反应，这个有这么吓人吗？"我向他解释了我的担忧和顾虑，并且也很疑惑将麝香放入藏香中，人们长期闻到这个味道并吸入体内，是否会有害于身体健康。臧苏爷爷说："这个你就想多了。贝甲、麝香、藏红花、祛松这四样配在一起被称为'四合'，本来麝香是有毒的，但这四样在一起就相互消毒了。也就是说，藏香的配方中如果有麝香的话，就一定要加穿山甲、藏红花和祛松。很多游客，都害怕藏香中的麝香对身体不好，我就得跟他们解释，这是吞弥·桑布扎的智慧，也就是藏族人民的智慧。这个保存下来了，没有丢掉。"

在对藏香社会角色变化和藏香文化的研究中，我一直极少关注藏香的配方，因为在与各种制香人聊天时，一旦提到配方，大家就会变得很警觉，说这是商业机密，不能随意向外人透露；有些制香人虽然愿意告知藏香中的主要材料，却不愿说出每种材料的添加比例，而这才是决定藏香香味以及药效的关键。但是通过跟臧苏爷爷的对话，我开始关注藏香原料、配方和炮制工艺中所蕴含着的民间智慧。

吞巴乡人大主席米玛也说过贝甲和麝香必须同时使用。他的说法更有意思，认为某些材料如果单独出现在藏香中，不仅药用价值无法得到有效发挥，还是对神的不敬。他说："要将贝甲壳用油先炒黄，根据自己的手艺和手法来研磨。研磨需要三天三夜，也有七天七夜的，比较讲究。磨得越久，味道越浓越香。这个不能单独放在藏香中，单独使用的话，是对神的不敬。麝香也不能单独用在藏香之中，麝香除了增加香味以外，还是消毒的。如果单独使用麝香，是对'龙'的不敬，所以贝甲壳和麝香必须在一起使用。"藏族认为"龙"是生活在地下的神，大海、湖泊、河流等都是它的住所，龙神可以随时附身于蛇、蛙、鱼、虾、蟹等水生物，给人们带来灾难。如果触犯了龙神，也会招致疾病。通常藏族认为人间四百多种疾病的根源即为"龙"，麻风、疱疮、天花、梅毒、瘟疫、伤寒等病都被称为"龙病"。为了博取龙神的欢喜、避免疾病的降临，人们通常会向其供奉"三甜"（砂糖、蔗糖、蜂蜜）、"三白"（奶、酥油、酸奶）、仙人掌、甘松、菊花、竹叶、藏红花等龙神喜欢的食物。因此制香人会在藏香中加入甘松、藏红花、糖类等，来预防"龙病"的发生。而麝香为何对"龙"不敬，我猜想可能是因为它是动物器官以及香味过于强烈。

"非遗"传承人格桑扎西也提到麝香不能供龙王，并且他的说法比米玛更为深刻。他提到了"如法",即藏香的配料及炮制工艺都要经过佛教经书里的说法来进行。藏香不仅是藏族民间智慧,更是佛家之智慧。

> 麝香和贝甲做出来的香是比较名贵的、也是顶级的,因为这两种材料不易获得,而且价格比较贵。我的香里面会加。有些顾客就会说这些都是动物材料,而且女性在怀孕的时候闻到麝香的味道容易流产。但是在藏文的佛教典籍中记载,麝香和贝甲是藏香中的顶级原料,虽然它们都是从动物身上取下来的,但是它们也是最为珍贵的药材,是被允许放进藏香的。贝甲壳不能供佛,麝香不能供龙王,麝香和贝甲壳再加上山上石头上长的一种草,这三样东西加在一起磨成粉就会被允许。贝甲壳也要经过炮制才能加进药材之中,要先把上面的肉剔除,放在沙子或油里面炒,趁热的时候将贝甲壳泡到青稞酒里,把它的毒性逼出来,最后再磨成粉,要磨 21 天,工期特别长。但是经过这些工序后供佛、供龙王就都是可以的,对身体也是没有坏处的,因此藏香的制作一定要如法,这些都是藏医药以及佛教的智慧。

在由地方向外流动时,藏香的药用价值是获得人们认可的重要因素,而这其中蕴含的民间智慧又是藏族传统文化的重要组成部分,我们不能割裂藏香与藏医药的关系。虽然现在的藏医药非常发达,但是我们也不能忽视长时间以来藏香在西藏所扮演的"药品"角色。从"吞弥·桑布扎造香说"中,藏香治好了流行于当地的瘟疫便可见藏香的药用价值。现如今很多藏族也会有随身携带香包、香粉的习惯,当他们觉得身体不适时,就会点燃一些香粉来舒适自己的身心。也正是因为藏香所具有的这些药用价值让它获得了大量的关注,从而帮助藏香拓展了市场,也加速了藏香商品化的进程。

第三节　佛教用品的商品化与藏香市场的扩大

佛教用品是与佛教活动相关的物品,主要包括两大类:一是信众用于供奉佛菩萨以及佛事活动中的吉祥物品,如佛龛、佛像、佛塔、佛香、宝盖、香炉、唐卡、佛旗、酥油灯、坛城、哈达等;二是佛教僧众在日常宗教行为中会使用到的物品,如经书、念珠、转经筒、僧衣、袈裟等。这些物品都是信众在宗教活动和日常生活中的必需之品,因为有着较大的需求市场,进而慢慢形成了专门制作和销售佛教用品的行业。进入经济市场的佛教用品因为可以被自由买卖而被商品化，市场需求是宗教用品（佛教用品）商品化的外部原因；宗教用品商品化的内在原因是宗教的市场化。现代社会是一个文化多元的社会，人们不仅有宗教信仰的自由，也有着改宗和改派的自由，因此不同的宗教和教派也开始对自身进行"包装"和"行销"，人们通过交易宗教用品而获得商品背后无形的宗教服务和宗教价值。北京雍和宫前的雍和宫大街就是典型的佛教用品商业街，拉萨大昭寺周围的八廓街也是如此，它们都因具有紧邻佛教圣地的地缘优势而聚集了许多信众和顾客。商业街里的佛教用品种类繁多、质量参差不齐，佛像、藏香、唐卡、念珠等是最受欢迎的物品。也正是在佛教用品商品化的经济环境中，藏香的市场也逐渐变大。

一、制香主体增多与藏香市场扩大

在田野过程中，总是听闻制香人说到类似的话语："现在做藏香的人越来越多，因为市场需求大，很多人都看到了商机。"在拉萨中心城区尤其是宇拓路和八廓街上，到处可见藏香的身影，不仅有企业开设的藏香专卖店，更有不少民族工艺品店兼售藏香。西藏自治区工商局的资料显示，自 2002 年 1 月 1 日至 2018 年 1 月 8 日，全区生产经营藏香的市场主体共 8726 户，其中企业 739 户（私营企业 663 户，内资企业 74 户，外资企业 2 户）；个体工商户 909 户；农民专业合作社 7078 户。在农村地区，农民合作社和个体商户是制香主体；而在城市，藏香企业从规模、销量、名气方面来说都更具有影响力。但是在市场经济的竞争环境下，他们都有着各自的优势与劣势，比如藏香企业通常将顾客群体定位于中高端消费人士以及游客，因此他们的收入较高，但也要承担着更多研发、包装和宣传方面的压力；个体户和合作社的产品一般是为了满足中低端消费群体尤其是西藏本地人的用香需求，因而他们制作的藏香通常是较为简易的包装，成本较低，也难以获得很高的经济收益。尽管如此，西藏地区制香的主体依然呈现出逐年上升的趋势。

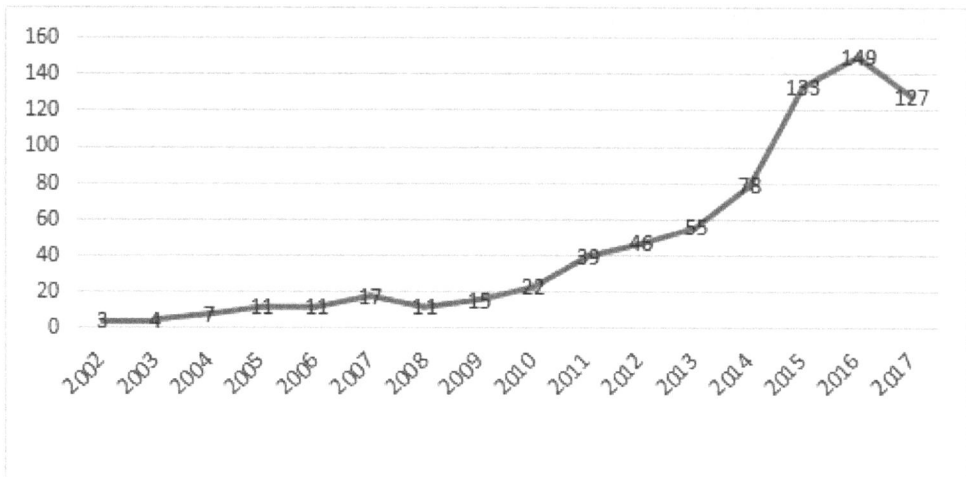

2002—2017 年西藏地区藏香企业增长趋势表（数据来源：西藏自治区工商局）

2008 年以前，西藏地区藏香企业数增长较慢、增长趋势也有反复；2009 年以后，则呈现出直线上升的态势；到 2017 年时，虽然增长量较 2015 年和 2016 年有所回落，但增长数绝对值依然高于前面许多年。这种变化趋势可能由以下两方面造成。第一，2008 年藏香制作技艺被列入国家级非物质文化遗产名录后，电视、媒体、网络大量报道藏香，本意是想弘扬藏族传统文化、激发群众的民族自豪感，却也让很多生意人看到了藏香市场的前景和商机，这与访谈中"很多人认为'非遗'的影响力吸引了更多人进入藏香行业"也是契合的。第二，近两年，西藏藏香市场让有些企业和商人望而却步。除了甘露藏香、藏医院藏香、优·敏芭藏香、珠穆拉瑞藏香等比较知名的品牌外，市场上还充斥着诸多由个体户制作的无牌香，这些香品售价低，很难获得游客和中高端顾客群体的青睐。因此，有些企业转而选择其他土特产品如乳制品、青稞酒、牦牛肉的生产与制作，目前这些健康产品的受众群体较大。不管怎样，藏香制作主体逐渐增多，越来越多的寺院、个体户和企业都开始涉足藏香制作。

制香主体增多，用香人群更加多元，藏香市场的扩展也呈现出了一种"西藏—全国—世界"逐步往外辐射的趋势。像甘露藏药厂制造的意乐藏香有 90% 都被西藏当地老百姓购买，在访谈中，尼玛主任也说过他们的主要市场是自治区内。目前甘露藏药在拉萨有 11 家直销店、2 家专卖店，在成都有 1 家甘露藏药营销中心，打造成都营销中心就意在打开自治区外市场。因为甘露藏药以藏药销售为主，藏香的种类还不够丰富和多元、包装也比较简单，除了在甘露藏药店销售以外，就没有其他的销售途径了。现阶段藏香车间准备先从包装着手，2017 年 8 月正式推出新产品大小木盒包装，希望通过更精美的包装来吸引外地游客的注意。尼玛主任说后期也会考虑投放更多的广告，向全国各地市场多做宣传。另外，大多数制香个体户和寺院藏香的销售范围都比较有限，他们的消费群体主要是周边区域的居民和村民，总体说来，还是局限在自治区内。

比较知名或者产量较大的制香主体，都有较大的全国顾客群体，比如尼木藏香中的代表以及敏珠林寺藏香等。乔巴的江措说自己就有挺多外地顾客的："他们以前在我这里买过，再需要的时候就会给我打电话，一次可能要一两件吧，一箱有七八百把，一把有 30 根的、50 根的和 70 根的。"江措边说边掏出手机向我展示他之前发货的视频，那个视频是他跟顾客进行确认时拍摄的。敏珠林寺藏香除了在西藏和四川等地开有实体店面外，还在淘宝上开起了网店，方便各地顾客购买。除了敏珠林寺以外，日喀则地区的藏香制作技艺传承人普布也有淘宝专卖店，他的藏香品牌是德勒藏香。网店平常是由其女儿负责的，普布还在淘宝网页上注明"厂家直销"，以避免有人冒用品牌。因为是网络销售，所以网店销售的 79 个订单很有可能是由非自治区顾客完成，其中销量第二的是 1500 元一箱（共 110 捆）、单捆售价 14.5 元的特价藏药香，订单情况显示有 5 位顾客购买了一箱、4 位顾客购买了一捆，其他订单不详。仅这一种藏香的销售额保守估计就已达 7558 元。因此，网络销售这种新型的营销方式，大大缩短了空间距离，使顾客在遥远的他乡也可以购买并使用到产自于西藏的藏香。

还有些制香人表示自己的藏香有着更大、更多元的市场。"楚布净化香"的制作人从噶玛噶举派的主寺楚布寺还俗，他的藏香深受一些信仰噶玛噶举派的佛教人士喜欢；而另一品牌"楚布寺藏香"的负责人梅朵曾在西藏做导游近二十年，有大量的顾客资源，在转行做香后，曾经的客人也成了她的藏香的购买主力。她在访谈中说道：

> 来西藏旅游的人大多都是对藏文化感兴趣或有一些了解的，我在对他们进行讲解时会准备得很充分、增加很多有意思的内容，并不是照着稿子去背，游客们认为我说得很好，也很信赖我，后来我也跟很多人都成了好朋友。转行成立文化传播公司是想让更多的人了解藏族文化，而藏香是藏文化的代表。我们公司还跟故宫博物院合作，定制了一款故宫珍藏版礼盒，包括我们的特级香以及故宫现藏雍正书拓本《金刚般若波罗蜜经》以及乾隆写本《般若波罗蜜多心经》。现在我

们不仅有全国各地的客人，也有一些新加坡、马来西亚、泰国那边的客人。

　　但是规模较小企业的市场销售依然存在着不确定性，他们多数没有相对固定的消费群体，也没有明确市场行情分析和销售记录，在销售策略上也稍显被动。优格仓公司作为比较成熟的藏香制作企业，从 2005 年成立之时就比较明确地定位了消费群体和市场，并积极向自治区外和海外扩展。现阶段，优格仓生产的优·敏芭藏香在西藏地区共有 12 家直销店和专卖店，其中，拉萨 6 家，林芝 3 家，山南 1 家，日喀则 1 家，昌都 1 家。针对全国各地顾客的则是网络销售和特许专卖店，网络销售由公司掌握，淘宝、天猫、京东都有销售，特许店是通过招代理形式完成的。"我们的目标是每个省都发展一个总代理，省级总代理去发展市级代理。目前为止，我们只对代理商授权了实体店。整个中国大陆市场的零售价是完全统一的，公司在福建厦门、上海徐汇、四川成都、云南大理、广东珠海及台湾台北等地有 23 家①特许专卖店。"普巴经理表示，网络销售和游客购买带回去的部分，他们并没有进行统计，优·敏芭藏香的实际流动范围应该广于专营店的市场范围。

　　普巴在访谈中还说到了优·敏芭的台湾专卖店。"我们在台湾有个总部，在台北永康街，2005 年开办的。上次工商局开会时说，我们的藏香已经通过了 BCC②检验认证，这个是我们国家、英国、意大利、卢森堡等一些国家都认可的。我们注册了一个国际商标，不用办进出口的手续就可以直接出国了。现在优·敏芭藏香已经销往了日本、韩国、新加坡、马来西亚，基本是亚洲国家，欧洲也有，比如意大利。"

　　西藏众多藏香品牌中，目前，优·敏芭藏香的销售渠道最为多元、销售范围也

----

① 特许专卖经营店分别是：北京市朝阳区专卖店、台北市专卖店、广东省广州市番禺区专卖店、广东省深圳市宝安区南路店、广东省深圳市南山区欢乐海岸店、广东省深圳市罗湖区笋岗店、广东省深圳市罗湖区东门店、广东省深圳市福田区八卦岭店、广东省东莞市世博广场专卖店、广东省珠海市扬名广场专卖店、广东省珠海市星海湾专卖店、西藏优·敏芭古藏香内蒙古总店、贵州省贵阳市南明区专卖店、江苏省徐州市云龙区开明老街专卖店、福建省厦门专卖店、上海市徐汇专卖、四川省成都大邑安仁古镇专卖店、四川省成都文殊坊专卖店、云南省昆明市专卖店、云南省昆明市翠湖公园莲花禅院店、云南省昆明市五华区优·敏芭工艺品店、云南省大理古城专卖店、云南省丽江古城专卖店。

② BCC 是北京新世纪检验认证有限公司的简称。自 1994 年成立以来，BCC 在国内 16 个省、市及美国、日本等国，和东南亚、欧洲等地区设置了分支机构，BCC 获得了中国国家认证认可监督管理委员会（CNCA）、中国合格评定国家认可委员会（CNAS）、美国国家标准协会 – 美国质量学会认证机构认可委员会（ANAB）、国家质量监督检验检疫总局、北京市质量技术监督局、APMG（英国）等机构的许可/认可，并与 NQA（英国）、SA（英国）、KIWA CERMET（意大利）、SNCH（卢森堡）等国际认证机构建立了战略合作关系，利用全球网络资源为客户提供本土化服务。

最大。普巴同时表示，每年来西藏旅游的国内和国外游客很多，他们将购买的藏香带去了更多地方，优·敏芭的市场并不仅仅局限于直销店和特许专卖店。海外市场方面，已经有明确销售记录的是日本、韩国、新加坡、马来西亚、芬兰、意大利等国。显然，伴随着藏香的商品化和市场化，藏香的顾客群体经历了由藏族向非藏族的扩张，藏香的流动范围也开始从西藏向全国和世界范围延伸。

二、从西藏到尼泊尔：穿越喜马拉雅的藏香

正如安东尼·吉登斯所言，我们必须要从文化角度关注全球化的到来。[①] 在当今的全球化洪流之中，空间和文化的界限也被越来越频繁的人口、商品、资本等的流动冲破，任何人与物都不是孤立存在的。每个人都在全球化的大潮中，不可避免地与外界、与他者发生牵连，不同民族、国家的对外文化交流和文化交往也越来越带有全球性质，同时文化全球化[②]的背后又蕴含着更为强烈的民族性。我们在进行人类学、民族学研究时，有将文化局限在某一地区或某一民族进行研究的传统。如在全球化和市场经济的推动下，如今的少数民族地区已经发生了巨大变化，若还使用传统的民族学方法和视角来作研究，则会显得有心无力。如20世纪80年代以前，城乡之间，不同民族之间，东、中、西部之间都比较缺乏流动，全国的流动人口数仅数百万，而现在全国的流动人口已超过2.5亿。不仅中国存在着大量的人口流动，全世界也存在着这样的趋势，即伴随着第三世界国家开放度的提高，越来越多的贫困人口开始向发达国家尤其是西方国家迁移，这就带来了更多的文化交流和冲突。[③] 因此，现阶段进行民族研究时，也需要具有全球视角。

历史上的西藏一直与中原地区及周边国家有经济和文化上的接触，经济方面主要是贡赐和贸易，文化上则是佛教的传入和传播。在藏香的空间流动上，目前国内比较集中于北京、上海、广州、深圳等地，国外则是尼泊尔、印度等国，和东南亚及欧洲等地。在世界古代史中，人们认为东西方经济和文化交流的过程中，主要依

① ［英］安东尼·吉登斯：《失控的世界——全球化如何重塑我们的生活》，周红云译，江西人民出版社，2001。
② 当前学术界普遍关注全球化的同时，对"全球化"尤其是"文化全球化"的看法产生了较大的分歧：一种观点认为不存在"文化全球化"，"文化全球化"是对"全球化"概念的泛用；第二种观点认为，"文化全球化"就是"文化趋同化趋势"，或者说是"文化的同质化"；第三种观点认为，"文化全球化"意味着"文化的殖民化"；第四种观点认为，"文化全球化"正在消融着"民族文化"。而笔者更倾向于将"文化全球化"理解为国家、民族或地方文化在全球范围内的流动，这种流动的影响是双向的，既与流入地的原生文化产生碰撞，流入地的文化也对国家、民族、地方文化产生影响，使其发生变化。
③ 杨圣敏：《民族学如何进步：对学科发展道路的几点看法》，《中央民族大学学报（哲学社会科学版）》2016年第6期，第5—23页。

靠的是古代"丝绸之路"和"海上丝绸之路"两条贸易路线:"丝绸之路"是从今天的西安(或洛阳)起,经甘肃的张掖、酒泉、武威、敦煌等地西出阳关(或玉门关)至新疆哈密,然后分南北两道(即天山南北两路),到达葱岭,越过中亚细亚,到达东地中海地区;"海上丝绸之路"是指我国同中亚、地中海沿岸诸国在海上的交通途径,很多学者认为这条通路主要进行的是香料贸易,更应该被称为"香料之路"。近年来,根据对东西交通的研究成果,有学者提出了第三条甚至是第四条"丝绸之路"的说法:第三条即"丝绸南路",第四条即"麝香—丝绸之路",这两条通路都与西藏有着直接关系[1],尤其是后者。"麝香—丝绸之路"主要分为三段[2],分别从青海格尔木、四川甘孜出发,经由拉萨,最后达到日喀则,并且在到达日喀则后,都继续延伸出了到达印度和尼泊尔的交通线,其中日喀则至亚东的交通路线会经过江孜,江孜曾作为商埠向英国开放[3],也因为如此,它一直是西藏重要的对外贸易窗口,曾输出藏香、麝香等物品。[4]史料中记载了西藏与周边国家如尼泊尔和印度等国的商贸情况。如清乾隆五十七年(1792年)十二月,大学士公福康安等就曾会奏了唐古特与外番贸易的情形。

> 今据福康安等奏称,贸易一事,廓尔喀[5]资于藏地之物无多,而藏番日用,必需边外物件,如米石、布匹、果品、香料、铜铁等物,均需向外番购买,似有难于禁绝之势。又据称,济咙、聂拉木抽收税课……唐古特番民零星贩出盐斤,每包亦抽取一木碗,该营官复将所收盐斤,向巴勒布[6]易换制版藏香之料。[7]

---

① 常霞青:《麝香之路上的西藏宗教文化》,浙江人民出版社,1988,第193页。

② "麝香—丝绸之路"主要分为以下三段:第一段由格尔木,经昆仑山、五道梁、乌丽、沱沱河沿、朵尔曲沿、温泉、唐古拉山口、安多、荡青、那曲、拿隆嘎木、当雄、白仓、羊八井、拉萨、达竹卡,到达日喀则,由日喀则向南、向西南可至印度;第二段由甘孜出发,经昌都、丁青、昌木宫、索县、那曲、拿隆嘎木、羊八井、拉萨到达日喀则;第三段也是由甘孜到达日喀则,但是在昌都往西后,经过怒江、波密、林芝、工布江达、林芝等到到达日喀则。引自常霞青:《麝香之路上的西藏宗教文化》,浙江人民出版社,1988。

③ 1904年,"江孜保卫战"失败,清政府被迫签订了不平等的《拉萨条约》,其中规定江孜为向英国开放的商埠。

④ 江孜1960年设县。该地区农业发达,出产青稞、豌豆、小麦和油菜籽等;手工艺品以藏毯、氆氇、藏裙等出名。参见常霞青《麝香之路上的西藏宗教文化》,浙江人民出版社,1988,第202—213页。

⑤ 廓尔喀位于尼泊尔中部,是廓尔喀王朝的发祥地,位于加德满都西北80千米处。

⑥ 西藏西南三千里外,巴勒布部有三汗:一名库库木,一名颜布,一名叶楞。此三土邦在清初文献中称为"巴勒布"(Palpa,藏文,bal po)。

⑦ 西藏研究编辑部编:《西藏志·卫藏通志》,西藏人民出版社,1982,第331页。

　　这则奏疏不仅记载了西藏对尼泊尔物品的需求量之大，还提到了营官课收盐税用于交换藏香制作原料的情况。《钦定廓尔喀纪略》卷四十九中也有类似记录："该营官复将所收盐斤，向巴勒布商人易换制办藏香之香料及纸张、果品等物，运交商商。"① 《西藏纪游》卷一中记载，"红花不知产于何地，藏中人云出于甲喀尔大西天"，此产地指的即今印度。② 这些史料都佐证了本研究中的一个观念，即藏香是聚集了藏族文化及外来文化的文化复合物。藏香的出现与佛教从印度传入西藏有关，也与历史上我国西藏地区与印度和尼泊尔的商贸有关。在吞巴调研时，臧苏、玛吉、江措、顿珠等制香人都表示藏香中的很多药材都来自印度和尼泊尔。臧苏说过藏木香、金丝草是我国西藏地区本地产的，乳香和木香是其他省的，丁香是印度和国内都有（国内的丁香比较大），红花、檀香、小蔻（火锅里会经常放这个）、海泡是印度产的，豆蔻、甘松都是尼泊尔产的。他对藏香原料来源的表述中，虽然对一些印度和尼泊尔产的药材有些混淆，但他的主要观点是，历史上就有商人从外地将原材料带到西藏，现在他们是通过拉萨的药材中间商进行购买。玛吉的说法更有意思，他说他不太了解历史，"这是我自己的猜想。如果换作我们，去全国各地，认识了各地的朋友，在我们回来的时候，朋友们就会送我们一些当地特产。吞弥·桑布扎去印度学习，印度的朋友可能也会送他一些名贵的药材比如檀木，并且告诉他药材的用处，再经过吞弥自己的想法，而设计出藏香的配方"。普巴经理也说过，以前优格仓公司在尼泊尔设有专门的香草种植基地（种植了9种香草），由于只有董事长龙日江措才有护照，所以每年由龙日江措去尼泊尔收购香草，但出国及进出口程序比较麻烦，最后将种植基地搬回了国内。制香人的说法都传达出一种多元的态度：如果缺乏全国各地、印度和尼泊尔等地的材料，藏香也没法成为我们今天所认知的藏香。他们并非将藏香看成是西藏独有的物产，而看见了藏香所凝结的多区域、多民族、多国家的智慧，这种态度也为藏香的"散"奠定了基础。

---

① 清方略馆编：《钦定廓尔喀纪略》，中国藏学出版社，2006，第749页。
② 周霭联：《西藏纪游》，中国藏学出版社，2006年，第5页。

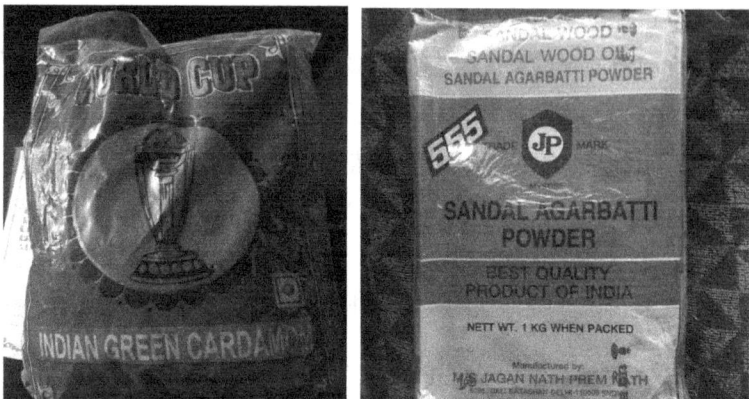

制香人使用的印度进口香料

通过对藏香原料来源的调查可以发现，现如今我国西藏地区与印度和尼泊尔依然有着频繁的贸易往来和文化交流。尼泊尔有大量藏族人居住，加德满都形成了较大的藏族人社区，尼泊尔在文化上与西藏呈现出"一衣带水"的关联性，藏香在尼泊尔应该也有着较大的市场。带着这样的假设，我于2017年8月份通过陆路的方式到了尼泊尔，进行了为期半个月的田野调查。在尼泊尔的调研，也可以成为藏香具有流动于全球趋势的重要佐证资料。

从拉萨到吉隆口岸，车辆行驶了16个小时。下午2点钟过海关，又经过8个小时的车程到尼泊尔。离开拉萨24个小时后，我穿越了喜马拉雅。尼泊尔宗教信仰多元，有印度教、藏传佛教和伊斯兰教，而我的研究对象则是信奉藏传佛教的尼泊尔藏族人。我在尼泊尔的调研主要集中于加德满都的藏族人社区（博达哈大佛塔周边的社区）以及派勒瓦镇郊区的蓝毗尼圣园①中的藏传佛教寺院。

博达哈大佛塔（Boudhanath Stupa）位于加德满都市中心以东7千米左右，是尼泊尔式藏传佛教佛塔，具有1600多年历史，也是联合国世界文化遗产。2015年的尼泊尔大地震，博达哈大佛塔也未能幸免，其主体部分建筑的顶部裂开，副塔也坍塌了。在政府和民间资金的支持下，经过一年多的时间，佛塔已经基本修缮完毕。围绕佛塔建造的民居住的大多是藏族人，即"博达哈大社区"，民居的底层商

---

① 蓝毗尼（梵语：लुम्बिनी，Lumbinī 或 Lumbini），又译岚毗尼、腊伐尼、林微尼，共占地约770公顷，划分为3个部分：以阿育王石柱、菩提树、水池、摩耶夫人庙等遗址为主的花园圣地，各国佛教组织兴建的寺院区和以种植树木为主的绿化区，是佛祖诞生的花园圣地。位于尼泊尔南部蓝毗尼专区的鲁潘德希县，是世界著名的佛教圣地。蓝毗尼靠近印度的边境，距加德满都280千米。公元前623年，相传释迦牟尼佛诞生于古印度迦毗罗卫国，因此成为佛教四大圣地之一。1997年被入选世界遗产。

铺出售的也多为藏传佛教的法器、念珠、唐卡等。在逛博达哈大佛塔以及周边商铺时，从早到晚可以见到许多藏族人和喇嘛，让我恍惚以为还在拉萨。这里的藏族人通常左手持念珠，很少持转经筒；匍匐磕长头的情况也不多见；博达哈大附近没有煨桑炉，所以这里没有西藏大昭寺前烟雾缭绕的景象；人们通常也是顺时针围绕着佛塔念经和祈祷。尼泊尔藏族人在宗教习惯上基本与西藏一致，但也有些许变化。如果从正门进入博达哈大社区，需要 200 卢比的门票，可能因为田野中已经晒黑了的肤色以及手持佛珠避免像游客的装扮，我很顺利地进入了博达哈大。后来在一位访谈对象的帮助下找到了一条小巷，可以绕进社区而避免了每次都要从正门进入，也方便了后期的调研。

博达哈大香品店　　　　　　尼泊尔藏族人香品店老板与本书作者

　　社区里的商铺多数由藏族人经营，也有一些是由尼泊尔人经营。这些商铺的店主都可以说英语，因此，我在尼泊尔的调研基本都是使用英语交流，只在其中一家店铺遇见了会听说汉语的藏族人。根据走访，博达哈大周围有至少 10 家店铺在售卖藏香。其中一家为香品专卖店，但是藏香只是其中一部分，店里还售卖尼泊尔香、印度香、不丹香以及一些小的香炉，而且这家店的店主是尼泊尔藏族人的第二代；其他家都是工艺品店兼售藏香，有三家商铺的店主是尼泊尔当地人，其他都是藏族人。香品专卖店的店主名叫卓玛，已经快 50 岁了。她说她出生在尼泊尔，父母是 1959 年从西藏过来的，她不会说藏语，只会说尼泊尔语和一些英语。这家香品店开了有十几年了，"因为这里是藏族人社区，大家会在家里烧香，有这个需求，所以我就开了这个店"。我问她是不是只有藏族人来购买香品，她立马否认了。卓玛说："这边也居住着一些尼泊尔当地人，而且有些尼泊尔当地人也信藏传佛教，所以并不是只有藏族人来买香。过来的藏族顾客也并没有只买藏香，尼泊尔顾客也不是只买尼泊尔香，大家都是根据自己的喜好来购买的。并且，我家的这个藏香也不是从西藏过来的，而是在尼泊尔当地生产制作的，是当地人根据藏香配方做出来的。"

说完之后她把藏香找出来给我看，上面的英文写着"Made in Nepal"。看见这几个单词的时候我内心觉得有些失望，当时的想法是自己的研究设想"西藏制造的藏香已经开始向全球流行"可能是错误的、不成立的。但幸运的是，我在另外一家店里看见了一款西藏制作的藏香，这款藏香包装简易，与西藏地区常见的藏香类似，用塑料包装纸对藏香进行捆扎，并在里面加进一张印有藏文介绍和电话号码的广告。有意思的是这家店铺的老板是一位尼泊尔人，我问她这款藏香是不是从中国西藏过来的，她说是，有人从西藏吉隆口岸那边带过来的，因为她认为尼泊尔的藏族人可能会更喜欢从西藏过来的东西。我看了上面的电话号码，确认是中国的电话号码。尼泊尔商铺里一捆十分不起眼的藏香，却是从西藏穿越了喜马拉雅而来，进入了尼泊尔藏族人的生活，可以说，这是（西藏生产的）藏香走向全球的第一个表现。

加德满都机场偶遇的法国佛教徒

在博达哈大藏族人社区以及蓝毗尼圣园藏传佛教寺院的田野调查还让我意识到另外一个问题，即藏香文化在尼泊尔地区的传承实则是藏香走向全球的第二个表现。虽然尼泊尔藏族人使用的藏香多数不是西藏生产而是当地制作的，但藏香文化依旧弥漫在他们日常生活和宗教活动之中。在去往派勒瓦小镇的飞机上，我偶遇了两位法国人，其中的男士身着藏传佛教僧袍，因此我猜测他们应该也是要去往蓝毗尼圣园。下了飞机之后我便赶紧上前询问是否可以一起拼车，得到的答案是肯定的，于是我们便一起前往圣园。路上的聊天得知他们要去圣园里的法国寺禅修，便更加确定他们是佛教徒。顺着这个话匣子我问他们在生活中是否会燃香，男士答道

"of course"，但是他们并不确定使用的香品是否来源于西藏，准确地说是以前并没有关注过，然后他笑着说回国以后要仔细看下。到了蓝毗尼圣园，我们便分道扬镳，他们去法国寺，我去中华寺，因为中华寺可以免费接待中国人，而藏传佛教噶举派寺院却不接待外人。中华寺是汉传佛教寺院，也有着严格的供香仪轨。在解释香文化时，中华寺的客堂师父妙言师父说道：

> 燃香可以静心凝神。除此之外，古人有燃香计时的习惯，像"一炷香""两炷香"这样的概念起源于僧人打坐。僧人通常以燃香时间来标记打坐时间，通常一炷香燃尽需要半个时辰，也就是一个小时。佛教燃香有很多讲究，像禅宗对打坐要求就比较严格。打坐的时候燃香不能中断，只有在休息的时候，香才能停。在打坐期间如果燃香中断的话，就会有不好的事情发生，所以，我们要接香，要用棉花把香接起来，保证燃烧的时候不中断。通常寺院用香是有刻度的，比如要在佛前燃香一个小时，那我们使用的香品要刚好可以燃烧一个小时，可以比这个时间稍微长一点，但不能短。现在很多人燃香都喜欢燃大香，觉得时间越久越好，计时的这个概念就慢慢淡化了。
>
> 藏传佛教燃香和汉传佛教燃香也有所不同。就像你说的，汉传佛教一般是将香插在香炉里，我们用的香下面有一根竹签，还有香座；但是藏传佛教用的香就是直接放在香盒里，是可以直接燃尽的，这个就是文化的差异和地域习俗的差异。但是也有相似之处，比如一般都是燃香三根，代表敬"佛、法、僧"或者"戒、定、慧"。不同时间燃香的意义不同，比如你在做佛事的时候燃香，这个时候的香就是供养"佛、法、僧"的；如果你个人在禅修时燃香，这个时候代表的就是"戒、定、慧"。一般是燃三根香，也可以是一根香，说法是"万法归一"。"戒、定、慧"是佛教的根本教理，是佛教的一个分支，我们修佛的最终目的是回归诸法实相，万法归一，所以每次燃一根香也是可以的。

在熟悉完入住须知、回答完关于寺院戒律的提问以及办理完入住之后，我在中华寺彻底安顿下来，稍做休息之后是作晚课与吃晚餐。晚上7点中华寺准时关门，人们便不能再随意进出。夜幕很快降临，来到蓝毗尼圣园的第一天也悄然而过。第二天凌晨4点半开始早课，随后与师父们一起拜园。上午的仪式结束之后，我便直接去了噶举派寺院了解相关情况。

噶举派寺院的负责人叫顿珠，2017年时28岁，他说自己来到尼泊尔快20年了，不会说藏语，只会说尼泊尔语和英语。起初我以为他与中华寺的僧人一样来自西藏的某一座寺院，在尼泊尔一段时间后就会回国，聊天过程中才发现这里与中华寺不同，这座寺院是尼泊尔藏族人修建的。顿珠说自己从小就在这个寺院了，他现在是寺里年纪最大的僧人，寺院里其他的 22 位僧人年龄都在 10—15 岁之间，他负责教这些小僧人，而这些小僧人基本都是在尼泊尔的藏族人的第二代或第三代。在聊到寺院的烧香仪轨时，顿珠表示他们这里没有煨桑的习惯，只是在念经之前会燃烧藏香。而且有意思的是，他们的香盒并没有置于佛像之前，而是置于经堂的门口。每天早上 5 点、中午 11 点和下午 3 点是小僧人们集中诵经的时间，在念经之前由小僧人点燃藏香后将其放入香盒之内。小僧人们轮班燃香，一人负责一个星期。我问他这些藏香是不是来自西藏，他说："不是，我们用的藏香基本都是尼泊尔的藏族人制作的。偶尔会有从西藏过来的信众，他们有些人会带来一些西藏产的藏香，但是很少。"虽然藏族焚香文化在尼泊尔藏族人中有所改变，比如减少了煨桑，但是燃烧藏香的习惯还是在尼泊尔保留并传承下来了。

蓝毗尼噶举派寺院的小僧人　　　　　摆放在佛殿门口的香盒

在尼泊尔的调研经历让我明显感觉到藏香和藏香文化的流动，已经不再限于西藏地区或者国内各地，它已经穿越了喜马拉雅。在尼泊尔和印度都可以看见藏香出现在商品市场，而日本、韩国、蒙古等东亚国家，新加坡、马来西亚、泰国等东南亚国家，都已经成为藏香重要的海外市场。自 2008 年藏香制作技艺进入非物质文化遗产名录以来，藏香受到了越来越多人的关注，尤其是国内外信众对此颇为推崇，加之"一带一路"倡议的实施，都促使了藏香由西藏向国内各地和国外输出。

本章小结

本章主要探讨的是在西藏民主改革之后，尤其是改革开放、市场经济体制转轨对藏香商品化和市场化的影响。在社会经济形势转变的过程中，不管是传统制香村落还是寺院，都逐渐迈上了藏香产业化的道路，藏香从圣物到商品的角色变化也开始牵动藏香向更大范围流动，这也意味着藏香制作主体的增多和藏香市场的扩大。基于人类共同的心理，全球各地的人们对藏香的功能与价值在某种程度上达成了共识，并形成了一套独特的藏香知识体系。通过藏香原材料的流动以及藏香的贸易网络，藏香与多元的文化系统结合起来，在不同地方社会展现出不同物性，形成了价值和意义的流动。例如，藏香在西藏既具有神圣的宗教象征意义，又是与养生和治病相结合的药品；在古代中国的中原地区，藏香则是一种奢侈品，作为社会身份的象征物；现如今，在中国、尼泊尔等国，和东南亚、欧洲等一些拥有大量藏传佛教信众的地区，藏香更多还是以宗教用品和商品的身份出现。因此，通过这些复杂意义的叠加，经过这些牵连不同时空脉络的文化元素的不断糅合，藏香也被塑造成了现代人们认知的重要商品。

第四章　国家在场：藏香的去商品化与再商品化

如同我所清楚地阐述的，国家是一个令人苦恼的机构，一方面它保护我们的自由，另一方面又限制我们的自由……（而）在一般情况下，国家并非如此残酷，但是我们需要权衡国家干预所带来的利益和付出的代价。

——［美］詹姆斯·C. 斯科特[①]

如果说前文探讨的是在经济体制变化的背景下，藏香是如何实现商品化的，或者说人们是如何选择并整合社会文化资源的优势、通过制香产业将自身投入改革开放大潮中的，那么这一章，我想通过由外而内的研究路径，探讨国家力量对藏香和制香产业带来的影响。对于我们所生活的共同体来说，国家与社会的关系是一对最基本也最复杂的关系。近年来，以研究"国家意志"与"民间社会"互动关系为基础的"国家在场"理论正成为学术界关注的热点。这种"在场"表现出较宽泛的含义，既表现为国家行政力量对地方社会、文化和艺术发展的主动参与，也表现为地方社会对国家意志的迎合与接纳。需要强调的是，国家与地方社会并非对立的存在。我们通过仪式能够最清楚地看到，个人、社会和国家与其说是分立的，不如说是共生的：个人在社会中，在国家中；社会在个体，在国家中；国家在个人中，在社会中。[②] 这是国家与社会连接方式的一种视角，把国家置于社会中来看待，即"国家在社会中"的视角。

"国家在场"主要表现为政治性话语的力量与影响，如国家在民族文化保护过

---

① ［美］詹姆斯·C. 斯科特：《国家的视角：那些试图改善人类状况的项目是如何失败的》，王晓毅译，社会科学文献出版社，2011，第 8 页。

② 高丙中：《民间的仪式与国家的在场》，《北京大学学报（哲学社会科学版）》2001 年第 1 期，第 42—50 页。

程中所倡导的政策与方针的制定和实施。国家通过参与民族和民间事务，促成国家意志与民族文化之间的互动与融合，在顺应其文化模式和文化逻辑的前提下，形塑各民族或各群体的文化行为和文化心理，引导其对国家意志的接纳和对国家的认同[1]；同时，民族民间事务和行为，也会因为国家力量的"庇护"而表现出更为强大的正规性和合理性。因此，"国家在场"并非国家对社会的单向输入与影响，国家力量以一种柔和的方式参与进地方社会进程之中，地方社会也表现出了对国家力量的接受与遵守。在对待藏香文化时，国家通过将其制作技艺纳入非物质文化遗产名录实现保护的目的，同时又通过标准化的方式赋予其更多的经济价值，一来一往间，国家力量得以强化，藏族传统文化也发生了相应改变与重新适应。

第一节　西藏传统文化保护与非遗项目

一、现代化与西藏传统文化保护

20世纪50年代，人类学家就已经开始关注传统文化保护问题，尤其关注西方工业文化对非西方传统文化的影响与破坏；还有更多人类学家通过田野工作的方式，搜集并记录下了许多濒临消失的"原始文化"事象。美国耶鲁大学的"全球人种民族志资料库（HRAF）"收集保存了主要通过人类学家田野调查获得的6000种文化资料，涉及全球各个地区365个族群的文化，这是人类文化传承得以生生不息的精神源泉。[2] 同一时代，在华夏这片大地上，政府也开始了对各少数民族民间文化的记录调查工作，并基于调查工作出版了"民族问题五种丛书"[3]。丛书原版共计402本，1亿多字，内容涉及民族史、民族经济、文学、宗教、医药、体育、舞蹈、绘画等内容，是研究中国民族问题、记录中国各民族传统文化的百科全书。为了响应联合国教科文组织对非物质文化遗产保护的号召，我国于2004年8月正式加入《保护非物质文化遗产公约》，至今一直积极致力于文化遗产的抢救与保护工作。由文化部、国家民委、中国文联等在20世纪80年代共同发起的《中国民族民间十部

---

① 何明、陶琳：《国家在民族民间仪式中的"出场"及效力——基于傣尼人"嘎汤帕"节个案的民族志分析》，《开放时代》2007年第4期，第117—127页。
② 马莉：《非物质文化遗产与历史变迁中的地方社会——以歌谣为中心的解读》，人民出版社，2011，第2页。
③ 国家民族事务委员会从1958年开始组织编写《中国少数民族简史丛书》《中国少数民族语言简志丛书》《中国少数民族自治地方概况丛书》三种丛书。"文化大革命"期间，此项工作被迫中断。1978年，国家民族事务委员会在报请党中央、国务院批准后，决定继续组织编写以上三种丛书，并增加编写《中国少数民族》和《中国少数民族社会历史资料丛刊》，合名为"民族问题五种丛书"。

文艺集成志书》^①的编纂出版工作，也于 2009 年 9 月全部完成。可以说，自中华人民共和国成立以来，政府部门投入了大量的人力、物力和财力，开展了针对少数民族地区的大规模的民族传统文化的普查、搜集和抢救工作，西藏自治区也积极投身于民族传统文化的保护工作之中。

藏族社会文化的发展、变迁与西藏的现代化历程不无关系。目前学界基本形成的共识是，自 1959 年西藏民主改革到改革开放 20 年间，西藏的现代化走过的是一条以国家为主导的外源性发展道路^②，即西藏在经济、文化、教育、医疗卫生等各项事业上取得的成绩，很大程度上依赖于政府的财政支持和政策倾斜，这种"输血式"的经济发展模式对西藏地区产生了巨大影响。但藏族社会生活深受藏传佛教影响，在西藏的现代化过程中，传统文化的作用也不可小觑。中国学者在"发展"与"现代化"研究方面的观点基本一致，即在追求经济发展的同时要处理好传统文化与现代化之间的关系。改革开放以来，藏族传统文化面临着一系列现代化因素的冲击，主要表现在经济市场化、生活世俗化、交换商品化、农牧区城市化等几个方面，这对藏族传统文化的保持和传承产生了一定的影响。^③藏族文化是中华民族传统文化的重要组成部分，我们可以从中窥探出历史的社会和现实的社会。在现代化和全球化的影响下，藏族传统文化发生了很多变化，比如在国家"安居工程"的推广和实施下，西藏农区的民居建筑在空间设置和功能发挥上都发生了一定的变化，在放弃了部分传统文化的基础上又增加了许多现代生活空间；电视、网络的进入，让人们认识到了更大的世界，但同时也带来了观念的改变，很多年轻人进城务工、适应并习惯了城市生活，放弃了传统生计方式，有些人甚至因为离开藏地生活淡化了自己的宗教信仰。但是我们也可以感受到在社会变迁的背景下，藏族对传统文化的坚持和信仰，比如对"雪顿节"和藏历新年的重视；在大型的传统节庆中，人们通过藏戏表演、宗教活动（如晒佛）、传统体育赛事（如抱石头、赛马）等形式来

---

① 《中国民族民间十部文艺集成志书》共有 4.5 亿字、298 部省卷（450 册），主要包括：《中国民间歌曲集成》《中国戏曲音乐集成》《中国民族民间器乐曲集成》《中国曲艺音乐集成》《中国民族民间舞蹈集成》《中国戏曲志》《中国民间故事集成》《中国歌谣集成》《中国谚语集成》《中国曲艺志》。

② 余振、郭正林主编：《中国藏区现代化：理论、实践与政策》，中央民族大学出版社，1999，第 18—34 页。

③ 根据以下文章进行整理：

《中国藏学》记者：《中国西部大开发与西藏及其他藏区现代化学术研讨会综述》，《中国藏学》2002 第 1 期，第 27—36 页；索林：《西藏现代化与主体素质的提高》，《西藏研究》1996 年第 4 期，第 37—46 页；拉巴朗杰：《关于西藏现代化建设的几点思考》，《西藏大学学报》1992 第 2/3 期，第 78—80 页；沈阳：《西部大开发中的西藏现代化发展》，《西藏民族学院学报（哲学社会科学版）》2002 年第 3 期，第 4—18 页。

强化传统文化在人们心中的地位；老一辈也会通过口口相传的方式来诉说历史人物如"格萨尔王"的丰功伟绩，从而强化民族认同感和自豪感。

自西藏和平解放以来，中央政府和西藏地方政府投入了大量人力、物力、财力，致力于西藏传统文化的保护与发展。20 世纪 50 年代，大量文艺工作者进入西藏民间采风，收集了许多在民间广为流传的音乐、舞蹈、民间故事等资料，这些文化事项都是濒临灭绝且极其珍贵的，很多都已被列入现在的"非遗"名录了。20 世纪 80 年代，西藏自治区六地一市相继成立了抢救民族文化遗产领导小组，召开全区抢救民族文化遗产工作会议，并且成立"西藏自治区十大文艺集成志书"编辑部，对西藏民族民间文化遗产进行大规模，有组织，有计划，系统地查普、搜集、整理、研究和编辑出版，使西藏许多民间文化得到有效的抢救和保护。对于民族传统文化的保护，很大程度上源自人们害怕失去自己的历史和身份的担忧与恐惧，这也是民族主义产生的重要原因。自中华人民共和国成立至今，政府对各民族地区的文化保护工作，也是为了应对全球化的深化与加速、建构与强化"民族—国家"认同的必然之举。

20 世纪 90 年代中期以来，人们开始对非物质文化遗产概念产生浓厚兴趣，并且通过借助无形文化的表达来增强民族性，非物质文化遗产项目的实施恰恰满足了各个民族国家的需求，因为它不仅蕴涵了历史根源，更体现了民族的价值。[1]2003 年 10 月 17 日，联合国教科文组织（UNESCO）通过了《保护非物质文化遗产公约》，该公约成为指导非物质文化遗产传承和保护工作的重要国际性文件，它对非物质文化遗产（以下简称"非遗"）的定义是："指被各群体，团体，有时被个人视为其文化遗产的各种实践、表演、表现形式、知识和技能，及其有关的工具、实物、工艺品和文化场所。各个群体和团体随着其所处环境、与自然界的相互关系和历史条件的变化，不断使这种代代相传的非物质文化遗产得到创新，同时使他们自己具有一种认同感和历史感，从而促进了文化多样性和人类的创造力。"

因此非物质文化遗产是与人民群众密切相关的、有着深厚历史底蕴的文化事项，它经过人们世世代代的传承一直保留下来，更需要进行创新，使其焕发出更为强大的生命力。"非遗"是凝聚着民族认同和文化认同的重要符号，是人类历史发展过程中各国或各民族的生活方式、智慧与情感的活的载体，是活态的文化财富。[2]

① 马莉：《非物质文化遗产与历史变迁中的地方社会——以歌谣为中心的解读》，人民出版社，2011，第 15 页。
② 何星亮：《非物质文化遗产的保护与民族文化现代化》，《中南民族大学学报（人文社会科学学报）》2005 第 3 期，第 31—36 页。

它不是古人刻意制造的艺术品，而是具有地域特色、实用性很强的生产和生活方式，一些戏剧、舞蹈表演、节日民俗等"非遗"项目，与先民们的日常生活具有血肉相连的密切关系。比如藏族羌姆表演最早用于祭祀，望果节则是庆祝丰收、感谢神灵庇佑的大型集体活动。西藏自治区的"非遗"普查工作开始于 2006 年，截至 2014 年，"非遗"中心共计在西藏地区采访民间艺人 1 万多人次；收集各种照片 1 万多张，各种录像资料 100 多盘，录音带 500 多盘，各种音乐、歌曲、曲艺 1 万多首，文字资料 1000 万字；初步摸清自治区"非遗"项目 1000 余项；发表有关藏民族传统文化学术论文 1000 多篇；出版民族文化研究专著 30 多部。① 西藏地区的"非遗"保护工作取得了一定进展，对于西藏民间传统文化的保护起到了巨大作用。

二、作为"非遗"项目的藏香制作技艺

基于联合国教科文组织通过的《保护非物质文化遗产公约》，2005 年 3 月，《国务院办公厅关于加强我国非物质文化遗产保护工作的意见》颁布，2005 年 12 月，《国务院关于加强文化遗产保护的通知》颁布。这两份文件的颁布标志着我国国家级"非遗"项目的申报和评审工作在全国范围内正式拉开帷幕。2011 年 6 月 1 日，《中华人民共和国非物质文化遗产法》的实施，使我国"非遗"保护工作开始走上制度化道路。目前，我国主要通过从上至下的方式大力推进文化保护工作，通过政府主导、社会参与等多种途径，建立起了国家、省、市、县四级非物质文化遗产名录保护体系，同时也认定、命名了一批"中国民间文化杰出传承人"和"国家级、省级非物质文化遗产代表性传承人"。② 目前藏戏和格萨尔已经入选联合国人类非遗代表作名录，西藏自治区藏药厂（现甘露藏药）被文化部命名为第一批"国家级非物质文化遗产生产性保护示范基地"。西藏自治区入选国家级"非遗"项目 88 项（共计四批）③，国家级"非遗"代表性项目代表性传承人 96 名（共计五批）④。西藏

① 西藏自治区群众艺术馆、西藏自治区"非遗"保护中心编：《西藏自治区非物质文化遗产名录图典》，西藏人民出版社，2015。

② 张传寿：《"非遗"视角下的传统手工艺人保护》，载陈华文主编《非物质文化遗产研究》（第六辑），学苑出版社，2013，第 45 页。

③ 2006 年第一批 23 项，其中民间文学 1 项，传统舞蹈 6 项，传统戏剧 7 项，传统美术 2 项，传统技艺 5 项，传统医药 1 项，民俗 1 项；2008 年第二批 36 项，其中传统音乐 1 项，传统舞蹈 12 项，传统体育、游艺与杂技 1 项，传统美术 2 项，传统技艺 6 项，传统医药 5 项，民俗 9 项；2011 年第三批 16 项，其中民间文学 2 项，传统舞蹈 7 项，传统技艺 2 项，民俗 1 项，传统音乐 1 项，传统戏剧 1 项，传统美术 2 项；2014 年第四批 13 项，其中传统美术 2 项、民俗 1 项、传统音乐 2 项、传统舞蹈 6 项、传统技艺 1 项、传统医药 1 项。（数据来源：中国非物质文化遗产网）

④ 第一批（2007 年）9 人，第二批（2008 年）22 人，第三批（2009 年）22 人，第四批（2012 年）15 人，第五批（2018 年）28 人。（数据来源：中国非物质文化遗产网）

自治区"非遗"名录共四批 323 项①，自治区级"非遗"代表性传承人第一批、第二批 227 人，第三批 123 人，共计 350 名②。市（地）级"非遗"项目 289 项，县级"非遗"项目 1153 项，市县级"非遗"传承人 467 名。

藏香历史悠久，既是藏族人心中的神圣之物，也是日常生活中必不可少的日用品，人们一方面用它朝圣拜佛、驱魔辟邪，另一方面也用它净化空气、祛除病菌。藏香通常采用佛经和医学典籍中记载的古方，按照严格的成分配比和炮制方法进行制作，因其选料、配方、炮制、制作过程中蕴含着藏族民间智慧和藏族文化的精髓，所以被选入非物质文化遗产名录。目前，藏香制作技艺进入"非遗"名录的情况如下：尼木吞巴藏香制作技艺和直贡藏香制作技艺于 2007 年被列入自治区第二批非物质文化遗产名录，并于 2008 年被列入国家级第二批非物质文化遗产名录，编号Ⅷ-141；朗县朋仁曲德寺藏香生产技艺于 2011 年被列入自治区级第三批非物质文化遗产名录；敏珠林寺藏香制作技艺、优·敏芭古藏香制作技艺、楚布净化香制作技艺、德勒勉崇藏香制作技艺也于 2013 年被列入自治区级第四批非物质文化遗产名录。③

表 4-1　西藏自治区非物质文化遗产名录之藏香制作技艺

序号	分类	项目名称	申报地区或单位	批次
1	传统手工技艺	尼木吞巴藏香制作技艺	尼木县吞巴乡	第二批
2		直贡藏香制作技艺	墨竹工卡县直贡梯寺民管会	第二批
3		朗县朋仁曲德寺藏香生产技艺	林芝地区朗县文化局	第三批
4		敏珠林寺藏香制作技艺	山南地区扎囊县文化局	第四批
5		优·敏芭古藏香制作技艺	西藏优格仓工贸有限公司	第四批
6		楚布净化香制作技艺	西藏朗达商贸有限公司	第四批
7		德勒勉崇藏香制作技艺	日喀则地区文化局	第四批

藏香制作技艺中所蕴含的藏族传统文化的价值要远远高于制作技艺本身。直贡藏香是以直贡噶举派创始人觉巴·吉天颂贡仁钦贝特制的《七支法》祭祀（供佛）秘方为基础，因独特的配方、珍贵的可再生植物原料、严格的手工工序和宗

---

① 第一批 38 项，第二批 83 项，第三批 101 项，第四批 101 项。（数据来源：西藏新闻网）

② 于 2008 年、2010 年和 2014 年公布，包括民间文学类代表性传承人 19 人，传统音乐类 17 人，传统舞蹈类 124 人，传统戏剧类 23 人，曲艺类 7 人，传统美术类 30 人，传统技艺类 75 人，民俗类 24 人，传统医药类 31 人。（数据来源：西藏自治区"非遗"保护中心）

③ 西藏自治区群众艺术馆、西藏自治区"非遗"保护中心编：《西藏自治区非物质文化遗产名录图典》，西藏人民出版社，2015，第 445 页。

教开光程序以及不添加任何动物香料而备受崇敬。^①朋仁曲德寺藏香是由朋仁曲德寺创建人朗杰温勋（又名芒玉洛丹或索朗森格）研制并命名，它的特点是使用当地的桦木、黑香、白檀香、乌毒、藏红花等 40 多种纯天然药材香料精制而成；现如今依旧采用口口相传的方式传授藏香配方和制作技艺，制作藏香所需要的药材都由僧人亲自上山采摘；并且僧人还会根据药材生长的季节，用当季最好的药材制作藏香。楚布净化香以第一世噶玛巴的头发洒落地楚布纳嘉丘木神山（注：藏文音译）所生长的帕鲁香草（即烈香杜鹃）为主要原料；在第四世噶玛巴柔培多杰时，楚布寺开始了传法的习俗，噶玛巴通常带领 300 多名随从到藏区各地传法；在随处迁徙的日子里，僧众们也依然在居住的营帐中定时焚香，每逢吉日就点净化之香举行盛大的煨桑仪式。德勒勉崇藏香制作技艺是后藏藏香制作技艺的代表，作为藏族制香的一大派别，在历史上有着很大的影响，如酿香过程中，必须要用头道青稞酒酿制七天七夜，还要加入青稞酒、酒曲等，使香味更加地道；制作后藏藏香的一般步骤为释毒、调配、捣磨、蒸煮、酿方、挤线、上卷、包捆等；传统后藏藏香制作也是以可食用为标准，所以必须对一些具有毒性的制香原料进行释毒。^②

入选国家级和自治区级"非遗"的项目都是具有独特的民族文化特征，具有珍贵的历史、艺术、科学等价值，它们依附并现存于特定民族、群体、区域或个体生活之中，尤其是富有民族传统特色的制作技艺，这些技艺通常只是由少部分人掌握，但却是整个民族智慧的结晶，是惠及整个民族利益的重要文化事项，一旦技师离世，这种技艺就面临着消失的危险，因此，对于具有民族特色的制作技艺的抢救和保护是非常重要且必要的。藏香制作技艺也是如此，它的配方和制作工艺都有着严格的讲究，配方通常由寺院或藏医掌握，传统制作工艺是由民间手工艺者掌握，他们共同传承着独具西藏特色的藏香文化。目前，藏香制作技艺拥有 3 位国家级"非遗"传承人，9 位自治区级"非遗"传承人（其中 3 位同时拥有国家级"非遗"传承人称号）。

---

① 西藏自治区群众艺术馆、西藏自治区"非遗"保护中心编：《西藏自治区非物质文化遗产名录图典》，西藏人民出版社，2015，第 157 页。

② 西藏自治区群众艺术馆、西藏自治区"非遗"保护中心编：《西藏自治区非物质文化遗产名录图典》，西藏人民出版社，2015，第 444 页。

表 4-2　国家级藏香制作技艺传承人名单（藏香制作技艺Ⅷ-141）

序号	姓名	性别	民族	出生年月	申报单位	批次
1	次仁平措	男	藏族	1946 年 5 月	西藏自治区墨竹工卡县	第三批
2	次仁	男	藏族	1956 年 5 月	西藏自治区尼木县	第四批
3	旦增·曲扎	男	藏族	1979 年 1 月	西藏自治区尼木县	第五批

表 4-3　西藏自治区级藏香制作技艺传承人名单（第二批，2010 年）

序号	姓名	性别	民族	出生年月	项目	申报单位
1	次仁平措	男	藏族	1946 年 5 月	直贡藏香制作技艺	拉萨市文化局
2	次仁	男	藏族	1956 年 5 月	尼木吞巴藏香制作技艺	拉萨市文化局
3	顿珠	男	藏族	1958 年	尼木吞巴藏香制作技艺	拉萨市文化局
4	贡觉维色	男	藏族	1968 年	直贡藏香制作技艺	拉萨市文化局

表 4-4　西藏自治区级藏香制作技艺传承人名单（第三批，2014 年）

序号	姓名	性别	民族	出生年月	项目	申报单位
1	旦增·曲扎	男	藏族	1979 年 1 月	尼木吞巴藏香制作技艺	拉萨市文化局
2	普布	男	藏族	1969 年 1 月	德勒勉崇藏香制作技艺	日喀则文化局
3	当曲·旦增	男	藏族	1967 年 10 月	敏珠林寺藏香制作技艺	山南文化局
4	格桑扎西	男	藏族	1967 年 3 月	楚布净化香制作技艺	西藏朗达商贸有限公司
5	龙日江措	男	藏族	1966 年 7 月	优·敏芭古藏香制作技艺	西藏优格仓工贸有限公司

《国家级非物质文化遗产项目代表性传承人认定与管理暂行办法》中明确要求，申请或被推荐为代表性传承人的人必须掌握某项国家级非物质文化遗产，在该区域或领域内被公认为具有代表性和影响力，并且语言表达能力强，可以积极开展传承活动、培养后继人才。根据传承人认定与管理暂行办法的要求，藏香制作技艺传承人必须经过申请、专家审核并上报到文化行政部门进行 15 天的社会公示，最终审定并予以公布。2014 年 3 月 31 日，西藏自治区第十届人民代表大会常务委员会第九次会议通过了《西藏自治区实施〈中华人民共和国非物质文化遗产法〉办法》，该法规在国家"非遗"法的基础上增加了对丧失传承能力的原代表性传承人的人文关怀，即"对丧失传承能力的原代表性传承人，文化主管部门可以授予其荣誉传承

人称号，人民政府适当给予生活补助"。这条规定是考虑到西藏的特殊区情以及传承人曾经对文化保护的贡献，最终确定的更有针对性、更符合西藏自治区情况的"非遗"传承人保护法规。事实上，这也反映了国家力量在向地方进行影响时，对地方实际情况与文化差异的考量与尊重，也是国家力量与民族文化保护之间良性互动的体现。

另外，非物质文化遗产是一个民族或区域内较大数量人群所共享的文化资源，而传承人则是其中小范围内的具体个人或人群，因而传承人身上的责任相当重大。在田野过程中，我与9位"非遗"传承人中的6位（旦增·曲扎、顿珠、贡觉维色、普布、当曲·旦增、格桑扎西）进行过较为深入的访谈与交流，他们有些是寺院僧人，有些曾在寺院进行过长时间的学习，有些是村落中的资深手工艺人和知识精英，还有事业较为成功的商人。在对他们的访谈中，可以明显感受到的是，他们作为传承人所拥有的责任感和压力，同时也能感受到"传承人"这一荣誉给他们事业带来的切实帮助。

三、传承人称号背后的荣誉和利益

在吞巴听仁增说过一件关于能否使用"非遗"传承人身份进行宣传的事情。

> 之前旅游公司就想跟我合作。我是县级"非遗"传承人，可是一直没有证书，他们就说可以帮我去要一份证书，但是前提是我要跟他们合作。他们要我帮他们宣传，说他们店里的藏香都是我做的，这样游客会更愿意购买。但是我没有同意，因为旅游公司卖的香是从老百姓家低价收购的，加上精美的包装以后就卖到几十元甚至上百元，那些香并不是我做的，我不愿意做假。

这件事情让我开始思考"非遗"项目以及"传承人"的荣誉称号给制香人究竟带来哪些影响。首先，传承人都十分认可自己获得的荣誉，也十分有自豪感。我曾访谈的国家级和自治区级藏香制作技艺传承人，在交流过程中都很兴奋地向我展示他们的荣誉证书。日喀则的普布还将他获得的相关荣誉挂在墙上，指着证书跟我说："我儿子现在在学藏医，但是我希望他以后也能做藏香，因为我是传承人，对他以后做藏香也会有所帮助。"而同样是自治区级"非遗"传承人的顿珠则有些无奈，他有两个女儿，大女儿在上大学，将来打算当老师，小女儿还在读高中，目前都没有做藏香的想法和计划，"我没有儿子，女儿们也不打算做香，我以后可能会招徒弟吧。如果有人对藏香很感兴趣，我也可以把配方都传给他，去年（指2015

年）北京那边有学医的大学生就在我家住了很久，是来学习技术的"。

　　其次，被评为传承人的制香人都是经过申请、筛选、审核、公示等程序而最终被认定的，他们通常都有着较为严格的藏香配方传承、掌握着传统的制香技艺，是可以传承和发扬民族文化的地方知识精英，他们制作和售卖的藏香也有着比较多的"粉丝"。九位"非遗"传承人，有两位是寺院僧人，一是敏珠林寺僧人当曲·旦增，一是直贡梯寺僧人贡觉维色；有三位曾经是僧人、在寺院进行了长时间的学习，分别是直贡梯寺的次仁平措、楚布寺的格桑扎西以及如巴寺的旦增·曲扎，他们三人现在都注册成立了藏香制作公司，成了商人；次仁和顿珠是吞巴地区熟练掌握尼木水磨藏香技艺的制香人；普布曾经是日喀则地区有名的藏医，现在还在家中开有诊所，上午给病人看病，下午做藏香。

　　对于他们来说，"非遗"传承人是一个锦上添花的称号。在对自制的藏香进行推广时，他们几乎都会强调自己的"传承人"身份，从而获得了更多的顾客，也获得了更多的经济收益；另外，"传承人"的称号也像是一面镜子，更多人的关注也在时刻提醒他们要认认真真做香。他们十分乐意分享、传授自己所掌握的制作技艺，但是对于藏香的配方，他们都会视为"商业秘密"。格桑扎西说过，他做的藏香产量是比较少的，但是传承下来的要求比较严格，因为做出来的香主要用来供佛，请了香之后不可能把它们点到厕所里面，所以特别有讲究；但他也同时表示："我的上师在教给我藏香制作（工艺）的时候，就是特别严格的。对我来说这些都是商业秘密，但传给别人也是可以的，因为这个是传统文化。"当曲·旦增也说过："藏香的配方是秘密，不能告诉别人，敏珠林寺藏香的配方现在只有我一个人知道，每次厂里做藏香，添药材那些都是我自己来做，只有加工那些事情会请老百姓帮忙。"商业秘密就意味着对自家品牌藏香的垄断，也意味着更多的经济收入。在田野调查中，我也可以明显感受到"传承人"称号与经济利益之间的密切关系：一旦某位制香人被授予"传承人"称号，他的藏香品牌知名度就会提高，从而带来更多的利润，可以进行更大规模的生产和宣传，而他们也有机会获得更多的政府资金支持。

　　"非遗"传承人可以申请专项发展资金用于技艺的传承、培训场地的扩建、生产基地的扩大等。如直贡藏香制作技艺传承人次仁平措就在 2013 年向自治区工信厅、财政厅申请了一笔 50 万元的"中小企业（非公有制企业）发展专项资金"用于直贡藏香的发展；楚布净化香传承人也于 2014 年申请了"自治区财政非物质文化遗产专项经费保护补助"，主要用于调查研究，抢救性记录和保存、传承活动以及出版宣传资料。总之传承人有多个途径可以申请文化保护的项目资金，但是项目资金需要申报、筛选和审核，并非每个传承人都能获得。

藏香制作技艺国家级代表性传承人证书

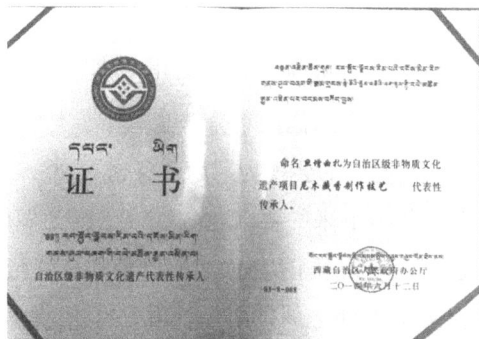

藏香制作技艺自治区级代表性传承人证书

　　除此之外，政府明确要求"非遗"传承人有义务开展传习活动，并对传承人开展传习活动进行资金补助。自 2008 年起，中央财政对国家级"非遗"代表性传承人开展传习活动予以补助，标准为每人每年 8000 元；2011 年补助标准提高至每人每年 1 万元。2016 年 3 月 30 日，文化部第一季度例行新闻发布会透露，自 2016 年起，国家级"非遗"代表性传承人补助标准升至每人每年 2 万元。《西藏自治区非物质文化遗产保护和开发利用专项资金管理暂行办法》中也明确规定，为了激发传承人的荣誉感和自豪感，调动他们传习的积极性和自觉性，对自治区"非遗"传承人也进行每人每年 5000 元的补助。2016 年 8 月，这一标准提升至每人每年 1 万元，并且要做到及时足额发放、确保专款专用。① 自治区级"非遗"项目保护专项经费从 2008 年的 20 万元逐步提高为 300 万元（2009 年）、1000 万元

---

　　① 西藏自治区文化厅与财政厅联合印发《关于提高自治区级代表性传承人补助的通知》。

（2013 年）和 1200 万元（2015 年）。① 这些都表明了国家对西藏"非遗"项目和"非遗"传承人的保护和重视，在给传承人带来名气的同时，也带来了更多的经济收益。

有些制香人看见了"传承人"身份带来的实际利益，也想从中分取一杯羹。但是"传承人"的选拔过程是十分严格的，虽然每一批次都有很多人进行申请，但"非遗"保护中心依然秉持着高标准、严要求的宗旨进行选拔。在吞巴的田野调查过程中，我还听闻了另一件"有意思"的事情。2008 年以前，吞巴制香人都是按照自己的配方制香，然后将制好的藏香带到拉萨和日喀则等地售卖，每一家都各凭本事吃饭，谁家藏香品质好、售卖本领强，谁家收入就更高。但是这种"平静"似乎在 2008 年以后发生了变化，因为吞巴的次仁在 2008 年 2 月入选了国家级"非遗"传承人，顿珠也入选了第二批自治区级"非遗"传承人，从那个时候开始，他们就开始享受政府给予的补贴。并且他们因为有"藏香制作技艺传承人"这一特殊身份，制作藏香收益也越来越多，村里的其他制香人便开始颇有微词，觉得他们占了很大的"便宜"。

这实际上反映了一种情况，即现如今的制香人都十分看重"传承人"这一称号带来的名誉和经济收益等实际好处，可能并没有意识到传承人需要承担的责任。

"非遗"项目是"国家通过行政体系实施的，是专家不能代替的，有财政部强大的支持，由国家的行政体系由上而下进行层层布置"，最终上升为政府行为、法律行为，形成"政府主导、民间参与、相互协作、形成合力"的科学体系。② 国家实施这个政策的目的是对文化资源的保护，希望借由该体系让更多人关注流传于西藏各地的、濒临消失的民族民间文化，在实施结果方面虽然没有偏离初衷，但却被人们解读出了更多经济目的。当藏香制作技艺从吞巴民众的主要生计方式变成了非物质文化遗产保护项目、从个人活动变为国家公共文化时，当制香人的个人身份被国家赋予传承人称号而拥有更多公权力时，藏香制作技艺似乎已经不再是单纯的文化事项，而是一个牵涉到申报者、传承人、政府文化部门、评判者以及拥有该文化事项的群体等利益相关者之间关系的复杂关系体。"非遗"项目保护和认定"非遗"传承人的意义是，通过官方层面整合传统资源、打造文化形象，从而对藏族传统文

① 西藏自治区文化厅：《西藏自治区级"非遗"代表性传承人传习补助标准位居全国前列》，《西藏艺术研究》2016 年第 4 期，第 93—94 页。
② 冯骥才：《保护传承人就是保护非物质文化遗产》，载冯骥才主编《灵魂不能下跪》，宁夏人民出版社，2007，第 43 页。

化进行保护和发扬。在这一层面上，藏香作为藏香制作技艺的产物实现了藏香的去商品化，目的是使人们更多关注到藏香身上所蕴含的文化意义。但是在具体实施过程中，经济利益总是更加地引人注目，藏香作为商品这一属性所具有的经济价值又冲淡了其文化价值，而使藏香又迈上了再商品化的道路。尤其是藏香标准化的实施，更加重了藏香的商品属性。

第二节　藏香标准化的利与弊

某天，为了帮助吞巴的一位制香朋友进行宣传，我在微信朋友圈发布了一则藏香图文广告，大概不到两分钟的时间，制香人梅朵姐姐就给我留言了。她说："抱歉，你的朋友可能很懂藏文化和藏香文化，但是他的这个藏香是不符合标准的。你看，他的藏香包装盒上没有藏文标识，也没有规格和尺寸。"梅朵姐姐的留言让我意识到，"藏香标准化"的影响力越来越大，许多制香单位都会以"符合藏香标准化"作为自己的标签，以证明自己品牌的藏香在质量上是有保障的。回想田野调查经历，第一次听闻"藏香标准化"一词是在对优格仓公司普巴经理的访谈中，他说藏香标准化是由他们公司首先发起的，言语之中颇为自豪。后来在对甘露藏药厂的尼玛主任进行访谈时，他说甘露公司也是藏香标准化的发起人——西藏知名度较高、生产规模较大的几家企业一起发起了藏香标准化的诉求，并参与调研，最后由西藏自治区质量协会和这些企业共同制定了藏香标准，这并不是哪一家企业的个体行为。目前，西藏地区通过质量协会的质量检测、符合藏香标准化的企业共有17 家。

一、标准化的背景与原因

藏香标准化工作的推进是内外因共同影响的结果。外因是国家标准化体系建设对燃香行为的规范和管理，内因是制香企业为了扩展国内外销售市场的盈利需求。

2009 年 6 月 18 日，由国家旅游局、国家工商行政管理总局、国家质量监督检验检疫总局、国家宗教事务局、国家文物局、国家标准化管理委员会共同发布了《关于进一步规范全国宗教旅游场所燃香活动的意见》（以下简称《意见》），目的是对宗教场所尤其是宗教旅游场所的燃香活动进行进一步的规范和监管，并且明晰了各主管部门的具体任务和职责。各地宗教部门要加强对宗教活动场所燃烧香烛的管理和规定，在著名宗教旅游场所开展文明燃香的提倡和试点，规范燃香地点、敬香数量、规格和形式，如禁止将燃着的香品带入佛殿、禁止使用易燃的香品等；各地文物部门则要将文明燃香作为保障文物安全的重要措施之一，全面落实文物安全主体责任制，要增设防火灭火设施，一旦出现火情，可以迅速扑灭，将损害降至最低；各地旅游部门、旅游协会要通过宣传文明燃香的意义、内容和方式，来促进国民旅游文化素养的提升；旅游行业从业人员要对游客进行引导和教育，帮助他们树立起保护旅游资源的意识。而《意见》中也对宗教活动场所中所用香品的质量以及制定香品标准化要求有明确的叙述，对标准化行政主管部门以及各地质监部门的工作职责有所要求，如第七条、第八条：

（七）制定香类产品质量及宗教活动场所燃香安全要求的国家标准。国务院标准化行政主管部门进一步完善香类产品质量标准，以满足人民群众身体健康需要。同时，为保护生态环境及宗教活动场所的安全，研究制定燃香安全规范，为规范燃香活动提供技术支撑。

（八）加强生产环节的监管。各地质监部门要广泛宣传香类产品质量及宗教活动燃香安全国家标准，并组织对宗教旅游场所用香产品生产企业执行香类产品质量及燃香安全国家标准的情况进行检查，督促生产企业根据国家有关法律法规和标注要求生产产品。

《意见》中明确要求对香品质量和宗教活动中的燃香安全制定国家标准。国家标准化管理委员会与中国轻工业联合会、全国家用卫生杀虫用品标准化技术委员会、中国日用杂品工业协会等有关部门，成立了国家标准制定工作起草小组，制定并发布了《燃香类产品安全通用技术条件》（GB 26386-2011）、《燃香类产品有害物质测试方法》（GB /T 26393-2011）和《宗教活动场所和旅游场所燃香安全规范》（GB 26529-2011）三项国家标准。国家标准颁布与实施目的在于从生产源头上把控香品的质量，从事前预防的角度尽量避免因香品质量问题带来的环境污染、安全隐患和灾害，从而加强对宗教文物、文化资源和生态环境的保护。藏香作为藏传佛教中的重要香品，"藏香标准化"的起草与制定也是在国家标准化体系建设这样的大背景下开始的，国家政策层面的要求是藏香标准化工作推进的外部动因。

近年来，随着藏香的广受欢迎，一些制香人为了经济利益，以次充好、以假充真，使得藏香市场愈加混乱，藏香品质无法得到保证，这不仅侵犯了消费者的合法权益，燃烧劣质香品（包含大量化学香精）之后产生的香烟被人体吸入后，还会对人的身体颇有害处。另外，劣质藏香非常易燃，如果发生火灾，对文物古迹会造成严重的损害。敏珠林寺的驻寺干部次仁巴中就说过，现在已经不允许把点燃的香品带进寺院了。

　　　法律或者文件没有明确规定不能带点燃的香品进佛殿，但是根据西藏当地的情况，虽然老百姓要烧香拜佛，但是寺院也有文物保护的需求。以前的话，我们小时候经常到寺庙朝佛，那个时候都是可以带的。所以还是要考虑安全问题，现在一个佛殿要是烧了的话，损失就会非常大，里面的佛像有可能是有几千年历史的，是价值连城的。前年（2014 年）的时候，琼结县有个寺院就着火了，烧了一个佛殿，就是因为点酥油灯的缘故。有些藏香点了之后烟很大，属于易燃物品，这种藏香有安全隐患，要是引起火灾就麻烦了。

有些商家甚至更为夸张，他们会将价格低廉的尼泊尔香和印度香"改头换面"、包装成藏香进行销售，这种行为不仅仅是欺骗消费者的经济行为，更让广大消费者无法识别和甄选真正的藏香，让游客对藏香产生误解，如果再将这种误解带回全国各地或者带到国外，对于藏族文化的传播便会起到负面作用。因此，虽然藏香产业已经逐渐成为西藏的一个特色产业，藏香制作工艺也已经进入非物质文化遗产名录，但是藏香市场依然存在真假难辨、良莠不齐的情况。在这种情况下，藏香产业行业规范的出台就显得尤为重要了。2010 年，西藏自治区质监局启动了《藏香地方标准》的前期准备工作，具体工作由西藏自治区质量协会①负责。在两年的调研之后，研究组获得了有关藏香生产制作和工艺要求等方面的翔实资料；2012 年年底，编制小组（共 11 家企事业单位）开始着手《藏香地方标准》的起草和编制工作；2014 年 7 月上旬，《藏香地方标准（送审稿）》通过相关专家技术审查；2014 年 8 月正式颁布实施。2014 年 8 月 14 日，西藏自治区质量技术监督局发布了西藏自治区地方制作标准（DB54/T0080-2014），对藏香的配方、原料、制作工艺、尺寸、安全性能、使用性能、包装、运输和贮存等方面进行了规范和制定了标准，以期能够逐步改善藏香市场上鱼龙混杂、价格悬殊、

---

　　① 西藏自治区质量协会，简称西藏质协。西藏质协是由西藏自治区境内致力于质量管理与质量创新事业的组织和个人自愿参加的，具有法人资格的非营利性、全区性科技社团组织；是政府推动质量管理、质量振兴事业的助手；是广泛联系行业、企业、科研院校及广大质量工作者的纽带。

品质参差的混乱局面，这一标准的发布也意味着"藏香生产销售今后要按标准执行"。2015 年 1 月 29 日，《藏香地方标准》宣传贯彻培训班正式开班，培训内容主要是由西藏质监部门带领藏香生产企业负责人对《藏香地方标准》进行深入解读。此后，西藏质监部门多次举办培训会议，带领藏香企业分阶段、分版块学习《藏香地方标准》，进一步规范藏香产业的发展。每次培训都围绕"标准"展开，比如这次是围绕原材料的使用、把关，讲的是藏香的原材料里有些忌讳的、不允许标出来的东西；下一次就是关于藏香的包装、要求和标识，每次培训的内容不一样。如 2017 年 11 月 3 日举行的拉萨市藏香标准体系建设工作推进会，主要议程是通报当时藏香标准体系建设的实施情况，并且由藏香生产企业和藏香协会进行交流发言。

　　除了制定藏香地方标准，西藏自治区还进行了藏香团体标准的建设。藏香团体标准的编制和实施是以西藏土特产健康产业标准体系建设为基础的。到 2017 年 12 月，拉萨市已经制定了藏鸡、天然饮用水、藏香、奶牛、藜米、藏毯六大产业的团体标准，建立了从养殖选料、生产加工、包装运输、检验检测等方面全产业链的标准体系。特别针对藏香产业发展，制定了西藏自治区首批团体标准，包括《藏香用料规范》《藏香用料储存通则》《藏香生产技术规程》和《藏香包装设计要求》。但是这些都是针对团体和企业进行标准建设的要求，对于个体制香户的辐射力度尚不够强，因此自治区和拉萨市质检部门依旧在强烈呼吁，希望更多的制香企业和制香个体可以按照藏香地方标准制香，通过地方标准检测的藏香也可以进入超市和商场，从而获得更大的市场。

拉萨市藏香标准体系建设工作推进会

《藏香地方标准》起草单位荣誉证书

但是地方标准的推广并不是一种强制行为。政府号召藏香生产企业递交质监申请，由质量协会牵头对申请企业进行质量检测。通过质量检测的企业，将会获得一份由西藏出入境检验检疫局检验检疫技术中心依据《进出口藏香检验规程》[1]检测之后出具的检测报告，这份检测报告是藏香走出国门、走向世界的重要通行证。优格仓的普巴经理也说过，当初公司积极参与地方标准的起草，就是因为他们想把优·敏芭藏香销售到国外尤其是欧洲一些有藏传佛教信仰的地区，但是因为缺乏质监的报告，不能通过由《中华人民共和国进出口商品检验法》规定实施的进出口商品检验[2]，因而无法通过正常渠道出口并进入国外的商场和超市进行销售。因此，制香企业为了企业发展的目的，要求制定藏香地方标准，是该项工作得以推进的内部原因。

可以看出，《藏香地方标准》起草和发布的过程实际上是一种由上而下政府号召与由下而上诉求得以满足的二合一的过程。它虽然由政府主导实施，但又并非强制行为，在工作推进的过程中还兼顾了制香企业的诉求。西藏质量协会的罗布说，这个地方标准只是一个框架，是一个比较基础的标准，是对藏香内外品质的最低要求；但是目前来申请质监的企业依然少之又少，这可能是由于流通于西藏市场的绝大多数藏香都是不符合《藏香地方标准》的；质监部门对登记在册的制香企业进行监管；但西藏多数藏香制作方都是私营企业与个体作坊，这些制香人制作的藏香质量缺乏统一标准。《藏香地方标准》在实施和推进中依

---

① 《进出口藏香检验规程》有两个版本，分别为《进出口藏香检验规程（SN/T 0963-2000）》以及《进出口藏香检验规程（SN/T 0963-2010）》，2010 年的新标准已代替了 2000 年的标准。

② 进出口商品检验制度是根据《中华人民共和国进出口商品检验法》及其实施条例的规定，国家质量监督检验检疫总局及其口岸进出境检验检疫机构对进出口商品所进行品质、质量检验和监督管理的制度。商品检验机构实施进出口商品检验的内容包括商品的质量、规格、数量、重量、包装，以及是否符合安全、卫生的要求。

旧困难重重。

二、从地方到国家：标准化背后力量的变化

自《藏香地方标准》发布三年多时间里，在实施方面似乎并没有取得太大成效。

> 现在藏香是一种日常品，但原先藏香被定性为药品，《四部医典》中也写过藏香是藏医药的一个分支。定性为药品的话，要通过 GMP 认证①才行。对于小作坊来说，GMP 认证是没有可行性的，认证之后也实施不了。因为老百姓买藏香都是一捆一捆地买，一捆 10 块钱那种，它的成分、材料那些是很难符合 GMP 标准的。所以为了便于藏香的生产、制造，我们就制定了《藏香地方标准》，其实这个标准也是最基础的框架，然后要求大家按照这个标准来做。我们怕不按照这个标准来做，会毁了藏香的品牌。所以我们就必须先形成标准，让形成规模的制香企业都按照这个标准来实行，没有形成规模的最起码不要超过这个底线。符合地方标准的企业，我就建议他们把检测报告缩小放到包装上。

罗布说现在有 17 家企业符合地方标准已经很不错了，像寺院自己做的那些藏香只有敏珠林寺藏香已经通过质检，其他寺院暂时都还没有申请质检；质检协会的意见是寺院制作的藏香尽量不要投入市场，最好能将销售控制在一定的范围之内，如限定在寺院附近的村民和老百姓间销售，如果要进入市场的话，就必须先进行质量检测。罗布认为地方标准虽然只是非常基础的标准，但是对很多个体制香户来说依旧难以企及；比如藏香标准里对藏香的外包装和包装箱都有具体要求，但是吞巴很多制香户制作的藏香根本就没有外包装，只是用红线简单缠绕而已，因为一旦增加包装就会增加成本；至于标准里对原料的要求，"以柏树粉末为主，以带黏性植物的皮、枝干、根茎的粉末为黏合剂，加以草果、杜鹃叶、甘松、丁香、肉豆蔻等制成"，对于多数制香户来说，更是不易达成。

---

① GMP 标准（药品生产质量管理规范）是一套适用于制药、食品等行业的强制性标准，要求企业从原料、人员、设施设备、生产过程、包装运输、质量控制等方面按国家有关法规，达到卫生质量要求，形成一套可操作的作业规范。简要地说，GMP 要求生产企业应具备良好的生产设备，合理的生产过程，完善的质量管理和严格的检测系统，确保最终产品的质量（包括食品安全卫生）符合法规要求。GMP 所规定的内容，是药品加工企业必须达到的最基本的条件。

所以,《藏香地方标准》的制定和发布原是为了保证藏香品质、规范藏香市场、发扬并传承藏香文化的政府手段,但是因为其具有非强制性,并未取得令人满意的效果。但是西藏规模较大的制香企业却是比较推崇《藏香地方标准》,甚至因为有销往境外的需求,还希望能够建立藏香国家标准。

西藏质监部门 2014 年 8 月发布的藏香标准是只适用于西藏自治区的地方标准,并不适用于甘肃、青海、四川和云南另外四大藏区。但是,藏香是藏族人宗教生活和日常生活中的重要物品,并不局限于在西藏地区使用,其他藏区也有很多藏香生产企业和比较知名的藏香品牌,如甘肃拉卜楞古藏香,云南迪庆香格里拉藏香厂、迪庆州藏药厂生产的藏香以及个人品牌松林藏香,青海塔尔寺古香,四川亚青寺藏香和藏哇寺藏香等,其中藏哇寺藏香制作技艺已经入选四川省省级非物质文化遗产名录[①]。我们所说的"藏香"是以藏族宗教文化、医药文化为基础的,具有浓郁藏族特色的香品,藏香中的"藏"也不仅指"西藏",而是指藏族以及藏族文化。当然,藏香从作为流通于藏族间的地方性物品到成为流通于全国各地、世界各地的商品,自然要符合国家和国际相关质检标准。

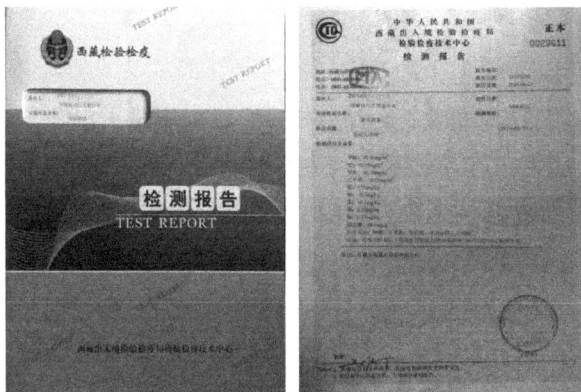

甘露药厂意乐药香检测报告

由拉萨市质监局提出并主导制定的藏香国家标准,于 2017 年 12 月 19 日通过了中国国家标准化管理委员会的初审并正式立项,这标志着藏香标准化工作取得了巨大突破。藏香是藏文化的重要载体,国家标准制定和实施的目的是规范藏香市场、提升产品竞争力,保护藏香文化及其品牌价值,使藏香走向更大的舞台。拉萨市质监局全权负责并主导藏香国家标准工作的开展,具体过程包括:选取代表性地

---

① 2014 年 6 月 23 日,四川省人民政府公布了第四批四川省非物质文化遗产,其中传统技艺 Ⅷ -129 是阿坝藏族羌族自治州壤塘县藏哇寺的藏香制作技艺。

点开展实地调研，基于调查结果进行分析，确定标准框架并制定具体技术内容，召开专家研讨会、邀请行业专家对标准化内容的科学性和合理性进行论证，委托检测机构对相关指标进行验证，修改不合理指标，再次验证直至确保定量技术指标标准和合理，最后发布、实施。但是目前，国家标准尚处于立项阶段。

> 国家标准已经立项了，2017 年年底就已经立项了。立项的意思是藏香的国家标准已经可以制作了，国家标准化管理委员会已经认同并授权拉萨市质监局来制定藏香国家标准了。既然要制定国家标准，那就是五大藏区都要使用这个标准，这是我的理解，至于具体的情况，我就不是很清楚了。上次我们开会的时候，只说要制定标准，具体还要看发布的时候怎么说。原先我们（西藏质监协会）也想制定一个行业或者一个团体的标准，后来就由拉萨市质监局来做了，他们也想为藏香产业做出一些贡献，他们也想做一些具体的事情，对企业、对老百姓有利，那我们也是赞同的，所以我们协会就暂时搁浅了做行业标准和团体标准的计划。

罗布的话里暗含了国家标准的制定主体由西藏质监协会到拉萨市质监局的变化，他对这种变化虽然无奈，但也欣然接受。我问他，是不是本来应该由协会来制定国家标准，但是现在却由拉萨市质监局来制定了？他立马反驳道："不不不，只要有利于西藏的产业、能给老百姓带来便利，谁来制定这个标准都可以。既然他们能够承担这个工作，肯定也会形成比较专业的团队，这是我的想法，毕竟我们都是一个'娘家'，我们也会积极配合他们。现在我们还在一直推行地方标准，国家标准肯定会跟地方标准有所差异，但是也要在地方标准这个框架里面。"

从地方标准到国家标准，藏香标准化的制定和实施主体经历了从专业协会到政府部门的变化，意味着政府对标准化工作的重视。在地方标准实施的这三年里，制香企业的参与度并不是很高，当话语权转移到政府部门时，我们似乎也可以窥探出标准化工作中强制力增强的趋势。为了藏香产业持续、有效的发展，标准化建设似乎势在必行，但是藏香文化是蕴含着宗教、医药、祭祀、神话故事等各方面内容的地方性知识，每个藏区、每个寺院、每个制香人对藏香文化的理解以及对藏香配方的传承都有所不同，因此，藏香可否被标准化、在哪些方面可以被标准化、标准化的利与弊，都需要进一步思考和讨论。

三、反思"标准化"

有学者认为,"'标准化'是大工业生产方式的核心技术力量,它根本排斥并竭力消除所有的'文化差异性'"[①]。最初听闻"藏香标准化"一词时,我就开始思考藏香能否被标准化,也十分担心"标准"对藏香多元文化的限制和影响,但是通读了《藏香地方标准》(DB54/T0080-2014)后,发现它只是对藏香产品的术语和定义、原料、分类、技术要求、试验方法、出厂检验、标志、包装、运输、贮存等方面进行了标准化,这些项目指标基本都是对藏香形式和外在的要求。比如按烟尘量大小将藏香分为无烟香、微烟香、有烟香;按形状将藏香分成末香、线香、瓣香、盘香等;比如对寺庙、家庭、办公场所用香尺寸的规定,线香可燃部分长度不得超过600毫米且直径不得大于8.0毫米;比如要求对产品的主要成分、规格、数量、检验合格标识以及注意事项、警示语"点燃后注意安全"等进行标识。这些标准是藏香作为流通于市场的商品应该具备的基本品质,也是藏香区别于市面上的印度香和尼泊尔香的重要手段。据罗布回忆,2003年以前,拉萨市场比较多见的是印度香、尼泊尔香,人们经常把这些香误认为是藏香,因为印度香、尼泊尔香的包装上没有中文标示,很多游客也不认识藏文,就会把印文和尼文误认为是藏文。

全国各地的人过来旅游,他们不知道什么是藏香,有些店主为了多卖些钱就将印度香和尼泊尔香说成是藏香。像我们去尼泊尔的时候,发现那些香就是点在卫生间里的,里面有很多化学香精,跟藏香完全不一样。那些香进入西藏之后,游客觉得这个味道好像跟藏香也差不多一样,他们也比较喜欢那种香香的味道;另外有些地方比较潮湿,人们会在衣服里放樟脑丸,但是樟脑丸味道并不好闻,很多人觉得那印度香也可以啊,可以放到衣服中,闻起来很好闻,也不会长虫子。所以就把印度香、尼泊尔香那些当成了藏香,并开始向别人宣传。后来,人们才知道藏香是有药用价值的,可以净化空气、预防感冒、提神醒脑等,才慢慢把藏香和印度香、尼泊尔香区分开来。

[①] 吕品田:《重振手工与非物质文化遗产生产性方式保护》,《中南民族大学学报(人文社会科学版)》2009年第4期,第4—5页。

拉萨街头售卖的尼泊尔香和印度香

八廓街上的香品摊位

因此，藏香标准化可以对藏香品质起到基本的把控作用，也可以让消费者知晓什么是真正的藏香，在选购时避免与印度香和尼泊尔香混淆，这是对藏香品牌的保护、宣传和推广，这是实行藏香标准化的第一个好处。藏香标准化的第二个好处是便于政府对藏香产业的管理。

詹姆斯·C.斯科特（James C. Scott）认为："固定姓氏的创建，度量衡的标准化，土地调查和人口登记制度的建立，自由租佃制度的出现，语言和法律条文的标准化，城市规划以及运输系统的组织等看来完全不同的一些过程，其目的都在于清晰化和简单化。在所有这些过程中，官员们都将极其复杂的、不清晰的和地方化的社会实践取消，如土地租佃习惯和命名习惯，而代之以他们制造出的标准格式，从而可以集中地从上到下加以记录和监测。"[①]他传达出的观念是，国家为了加强管理，会采用多种措施，其中之一就是通过标准化来实现清晰化和简单化。斯科特以德国科学林业运动为例，他认为当森林从自然资源被当成商业木材时，它就变成了一个财政学概念，而政府为了提高经济效益就会采取商业化的种植方式和精确的技术指导，如种植单一的树种、实行整齐地排列、实施大型机械化操作等来进行标准化处理。但是，当森林的经济意义成为人们关注的焦点时，森林的文化意义就被消磨了。政府实施藏香的标准化与此类似，试图通过这一措施规范藏香市场、便于藏香产业管理，毕竟目前藏香品牌鱼龙混杂、质量参差不齐，但标准化的推行实质上是用"一刀切"的方式规定了什么是藏香、什么不是藏香，如果国家标准比地方标准拥有更大强制力的话，只有经过质监部门检测的藏香才能进入商品市场，那么进入了商品市场的藏香，体现出来的更多是其经济价值。

---

① ［美］詹姆斯·C.斯科特：《国家的视角：那些试图改善人类状况的项目是如何失败的》，王晓毅译，社会科学文献出版社，2011，第2页。

2007 年 6 月文化部发布的《文化标准化中长期发展规划（2007—2020)》，是根据国家标准化管理委员会《标准化"十一五"发展规划》和文化部《文化建设"十一五"规划》制定的文化产业规划，沿着文化产业的路径将传统文化与现代科技紧密结合，从而推动文化创新和繁荣文化事业。太多的实践经验告诉我们，这种"文化搭台、经济唱戏"的形式最终还是会倾向于去发掘特色文化中的经济价值，而忽略文化的原真性和多样性。藏香文化也是如此，不同的制香主体对藏香有着不同的认知，即使藏香品质、外形、包装等可以被标准化，藏香文化也不能被标准化。如不同寺院属于不同派别因而藏香配方也有着不同的传承，敏珠林寺藏香源于德达林巴大师对藏医药的智慧，直贡藏香源于噶举派经文《七支法》，楚布藏香又与噶玛噶举派大师噶玛巴颇有渊源；不同地区的藏香也有自己的特点，尼木藏香因与吞弥·桑布扎的关系而必须使用水磨柏树和吞巴河水，扎什伦布寺藏香因历史上曾为朝廷贡品而具有浓厚的政治色彩。因此，蕴含在藏香之中的文化意义不能被标准化，藏香的不同文化意义应该被保护。

国家地理标志保护产品和商标

我认为，"地理标志保护产品"这一标识是对西藏特色文化产品的有效保护。地理标志产品保护是世界贸易组织针对特定地域的名优产品实行的一项知识产权保护制度，是不同国家、不同地区的特色产品进入市场的国际通行证。国家地理标志保护产品，是指产自特定地域，所具有的质量、声誉或其他特性本质上取决于该产地的自然因素和人文因素，经审核批准以地理名称进行命名的产品。凡是通过地理标志认证的产品，都可在其产品的包装上印刷地理标志的图样，从而与其他类似产品进行区分。这种认证避免了标准化对产品特色的限制，对于产地以及与产地相关的自然因素和人文因素的关注，实则是对其背后文化价值的重视。

目前，西藏向国家质检总局申报并获批保护的地理标志产品已有 28 个①，其中尼木藏香（吞巴藏香）于 2014 年 9 月通过国家地理标志产品认证，这种认证对尼木藏香（吞巴藏香）的产地范围、专用标志的使用以及质量技术要求有了严格的限定。尼木藏香（吞巴藏香）产地范围为北纬 29.300°至 29.517°，东经 90.151°至 90.362°，这一区域涵盖了尼木县吞巴乡、塔荣镇、普松乡的大部分行政区划。在这一地理范围内的生产者可向西藏自治区拉萨市质量技术监督局提出使用"地理标志产品专用标志"的申请，经相关质检部门的质量检验与审核，符合标准的尼木藏香（吞巴藏香）将上报国家质检总局核准后予以公告。而质量技术要求中也明确规定，尼木藏香（吞巴藏香）必须使用吞巴河水、产自产地范围内的藏木香、当地水车研磨而成的木泥等，这种要求不仅从地域上圈定了尼木藏香（吞巴藏香）的范围，保护了当地制香人的权益，还强化了该藏香所具有的特殊的文化内涵。因此，尼木藏香（吞巴藏香）所具有的地理禀赋以及文化内涵不仅无法被标准化、不能被复制，更是其在藏香市场上有力的竞争筹码，而国家地理标志产品保护也是国家和政府在应对全球化时对地方文化有力的保护措施。通过了国家地理标志产品的认证，对于尼木制香人来说绝对是一个利好消息，因为除了符合《藏香地方标准》以外，尼木藏香还可以通过"地理标志产品"这一标签来提升自己的影响力。事实上，被认证为国家地理标志产品也是"标准化"的一种形式，但是这种形式显然是将地理特质和文化特质视为共同认定的标准，并且对地理位置的限定也是基于尼木吞巴所具有的藏香传统文化。因此，基于文化的标准化似乎更能兼顾特色产品的经济价值和文化价值。

第三节　藏香的去商品化与再商品化

上述两节内容主要叙述的是政府通过"非遗"项目保护、认定"非遗"传承人以及实施藏香标准等措施，实现了国家对藏香以及藏香产业的主导，本节我想对上述两部分内容进行总结和概括。"非遗"与"标准化"是国家为了保护藏香文化和

---

① 28 个地理标志产品分别是：西藏那曲虫草、西藏藏药、藏毯（西藏产区）、曲玛弄矿泉水（以上 4 个产品为"十二五"之前获批的地理标志产品）；扎囊氆氇、尼木（吞巴）藏香、古荣糌粑、林芝天麻、林芝灵芝、日土山羊绒、岗巴羊、盐井葡萄酒、索多西辣椒酱、隆子黑青稞、隆子黑青稞糌粑、泽当哗叽、多玛羊肉、多玛羊毛（以上 14 个产品为"十二五"期间获批的地理标志产品）；林芝松茸、林芝藏香猪、墨脱石锅、米林藏鸡、加查核桃、亚东黑木耳、艾玛土豆、八宿荞麦、类乌齐牦牛肉、嘉黎牦牛（娘亚牦牛）（以上 10 个产品为 2015 年获批的地理标志产品）。

规范藏香产业而实施的措施，它是政府层面的行为，在实施过程中具有政治效力；但是如果将藏香作为物或商品来看，从人类学角度出发，国家这两项政策的实施，则影响并促进了藏香的去商品化和再商品化。

一、"非遗"的人类学解释

马克思说："商品首先是一个外界的对象，一个靠自己的属性来满足人的某种需要的物。这种需要的性质如何，例如是由胃产生还是由幻想产生，是与问题无关的……每一样这样的物都是许多属性的总和，因此可以在不同的方面有用。"[①] 这里强调商品是具有使用价值的独立的个体，商品的使用价值是由生产过程赋予的。而阿尔君·阿帕杜莱认为，商品是特定情境下的物，商品仅仅是物的生命中的一个阶段，它不是一种特殊的物品。他认为不同的物在其生命历程的不同阶段都有可能因为某些元素的影响而成为商品，这就打破了马克思对商品认知的局限，而开始让人们的关注点从关注物自身，扩展到关注物的生产、交换和消费的整个生命轨迹。[②] 比如他认为库拉交易并不是简单的礼物交换，礼物流动的结果可以帮助人们获得财富、权力和声望，是互惠互利关系的体系，它并非全然不具商业性；而他同时又说到社会通过限制或控制，使某些物排除在商品交换之外，仅为部分人所垄断，比如象征权力的王室之物都是被限制流通的，在这种情况下，物是不具有商品性的。所以，阿帕杜莱关注的是物的商品化和去商品化路径以及造成转变的社会文化动因，同时，在对物的商品化和去商品化的过程进行解释时，阿帕杜莱认为政治是促成价值转变和商品特定流动路径的关键，他认为"对物的象征化控制是为了垄断权力之政治化"[③]。

伊戈尔·科普托夫（Igor Kopytoff）认为不仅仅只有物可以被商品化，人也可以被商品化，因此他主张用"文化传记"的形式来记录物的商品化，其隐含逻辑是物品总是被文化不断界定之后被投入到使用过程中去。经济学认为商品是被生产出来、用于交换的、具有价值和使用价值的物，而科普托夫主张从文化的角度来理解商品，即商品是带有文化印记的，"文化是对抗商品化这一潜在冲击趋势的力量。商品化使价值同质化，而文化的本质在于区别。在这个意义上说，过度的商品化是反文化的。文化确保一些物品具有无可置疑的特殊性，并抵制其他物品商品化，有

---

① [德]卡尔·马克思：《资本论》，中共中央马克思恩格斯列宁斯大林著作编译局译，经济科学出版社，1987，第9—10页。

② Arjun Appadurai, ed., *The Social Life of Things: Commodities in Cultural Perspective* (New York: Cambridge University Press,1986), p.13.

③ 黄应贵主编：《物与物质文化》，"中研院"民族学研究所，2004，第4页。

时也会把已经商品化的物品再特殊化"①。科普托夫强调了文化对物的重要作用，文化的差异性和多样性是将商品去商品化的一个手段。他还认为，每个社会都有不同的交换系统，如对偶然进入商品领域随后又被特殊化的艺术品的收藏，和国家使用禁令使某一物品非商品化，通过这样的交换使物的价值远远高于其使用价值。马克思没有看见商品被社会和文化赋予了一种神物般的权力，而科普托夫看见了被文化赋予了特殊性的去商品化的物，因此，除了政治因素外，文化因素也影响并建构着物的生命传记。在这一层面上，科普托夫的理解和认识似乎比阿帕杜莱更为深刻和全面。

回到我的研究主体藏香。藏香制作工艺被选入国家非物质文化遗产名录，是国家希望通过政治权力来达到对藏香文化进行保护的目的，这一措施的目的并非仅仅关注藏香本身，而是希望让更多的人认识并了解藏香文化及其所代表的藏族文化。燃香并非是没有意义的香品消费行为，它代表的是藏传佛教中人与佛的互动，以及互动传达出的文化意义和观念，即"好运好命观"。麦尔福·史拜罗（Melford Spiro）在对缅甸南传上座部佛教进行研究时，从意识形态方面将佛教分类为涅槃佛教（究竟解脱的宗教）、业力佛教（一种接近解脱的宗教）和消灾佛教（以法术消灾庇佑的宗教）。涅槃佛教关心如何从苦难的轮回中彻底解脱；业力佛教相信轮回之苦是暂时存在的，通过积累福德可以消除业障，从而获得较好的来生；消灾佛教也叫祈福佛教，即通过修行来获得人生当世的福利和好处，改善当下的情况，如求财求子求健康、驱邪避鬼算吉凶等。史拜罗也指出，涅槃佛教要求信徒进行禅修，业力佛教要求信徒进行布施和持戒等传统修行，而消灾佛教要求人们使用念经、持咒、使用护身符等方法来祈求好运。藏传佛教信仰也是如此，高僧大德通常通过禅修、持戒等方式来获得最终的涅槃解脱，而普通信众则是通过念经、磕头、煨桑、燃香来祈求现实的利益，其中的燃香行为更是直接沟通人佛、人神的桥梁。我们也可以这样认为，燃香更具有文化意义，"香经由火的燃烧转化成烟、气、灰、烧过的香枝残留等等不同的面貌，使香的物性得以涉及灵力、修行、神的食物等不同的文化意义"，香烟与香味也成为供奉给神佛的礼物。因此，对于藏香制作技艺的保护实则是从源头上对燃香文化进行保护，只有将具有藏族特色的香品保存并传承下去，才能保证基于燃烧藏香的藏族焚香文化不被湮没在历史发展的洪流之中。

---

① Igor Kopytoff, "The Cultural Biography of Things: Commoditization as Process", in Appadurai, ed., *The Social Life of Things: Commodities in Cultural Perspective* (New York: Cambridge University Press,1986),pp. 64—73．

另外，"非遗"实施的主要目的就是保护濒临消失的民族传统文化。因而在入选的项目中，涵盖了拉萨、山南、林芝、日喀则等地区的不同寺院的藏香制作技艺，它们都有着各自的配方、技艺和历史传承，代表了藏族传统文化的多样性和丰富性。这些基于文化保护的政策，旨在消除藏香身上的商品化属性，而让人们将更多关注力置于藏地的焚香文化。另外，文化必须通过创造符号表意系统，去追寻超越于"物"的精神内涵[①]，很多人工制品也必须通过文化的象征化过程，成为更有文化生命力和文化魅力的物，因此，在某种社会情景之下，物的文化意义要远远高于物的商品属性。"非遗"政策的实施原意是推动藏香的去商品化、强调藏香的文化内涵，但是因为"非遗"的宣传，让藏香受到国内外广大顾客的欢迎，在2008年以后，西藏出现了越来越多的制香主体，藏香利润也越来越高，如尼木吞巴，2008年、2009年和2010年的藏香收入分别为826.8万元、875万元、1136.51万元[②]，在尼木藏香制作技艺进入"非遗"名录以后，吞巴乡的制香收入也有了较大幅度的提升，"非遗"反而又促进了藏香的商品化。

二、去商品化与再商品化的双向互动

去商品化的目的在于把短暂的经济消费上升到文化消费，因为人们的消费行为中既包括如衣食住行的基本物质需要的满足，也包括含有符号意义的文化需要的满足，也就是说，商品的使用价值与社会价值无法完全割裂。科普托夫假设了两种极端类型的社会形态，即完全商品化和完全去商品化的社会，但是这两种极端的情况在现实中并不太可能存在，因为没有一个社会处于两个端点，通常都是摇摆于两者之间，每个社会都有自己特定的位置。[③] 现代社会中的物也是如此，并没有哪一个物可以做到完全的商品化或者去商品化，在不同的场合和语境下，物的商品化和去商品化都有可能发生，甚至会发生相互转换。藏香就是如此，如果只将它视为宗教仪轨中的圣物，完全避开它的生产、交换和消费，那么此时它是只具有文化意义的物；但是一旦涉及制作与买卖，藏香便不再是独立的个体，而变成了与人相牵连的商品。进入了商店这个场域、被顾客选购的藏香，不管是将其视为工艺品、药品还是礼物，此时都是具有经济属性的商品。

前文所述的"非遗"项目，意在强调文化属性，从而完成藏香的去商品化，但

① 黄应贵：《经济、社会与文化》，《中国人类学评论（第8辑）》2008年12月，第74页。
② 资料来源：尼木县吞巴乡乡政府。
③ 舒瑜：《物的生命传记——读〈物的社会生命：文化视野中的商品〉》，《社会学研究》2007年6月，第223—234页。

结果却并不能使人满意。虽然藏香文化以及藏族文化越来越引人关注，但这种宣传却直接导致了藏香需求大增。在现代社会中，藏香开始出现在更多的场合里，而并非只用于寺院或家庭宗教活动，比如，因为其药用作用而被很多人当成生活中净化空气、杀灭细菌的必备用品。在生活场景中，藏香的文化属性开始逐渐减弱，藏香的商品性逐渐增强。而《藏香地方标准》的发布就是对商品的质量进行规范，国家地理标志产品的认证更是为藏香进入国内外市场奠定了基础。普巴经理说过，2011年的时候他曾到深圳去参加展览，当时有好几家家乐福超市都有意向售卖优·敏芭藏香，但是当时西藏还没有藏香标准，家乐福说没有质检报告就不能进店销售，这对他触动很大。所以回来之后他就开始跑自治区质监局，提出要制定藏香标准的诉求，最后优格仓也成为《藏香地方标准》的主要起草单位。他说："没有制定标准之前，整个西藏藏香企业很少，从业人员也很少。自从藏香标准发布以后，藏香企业数量猛地上涨，现在有近千家，从业人员也有七八千人。以前西藏的藏香是按特色产品的方式走市场，没有标准的话，很多店面不愿意接受。北京、上海的大型超市都不愿接受藏香，他们要我们出示检测报告，没有标准怎么可能会有检测报告。"普巴的说法佐证了藏香标准发布对藏香商品化的影响。显见的情况是，国家出台的政策一方面希望凸显藏香的文化价值，一方面又将其推向了市场舞台。因此，在国家政策层面，藏香实现了去商品化与再商品化的双向互动，这种结果与我们在很多文章和新闻中看到的"文化搭台，经济唱戏"类似，即将文化转化为资本。通常文化资本泛指任何与文化及文化活动有关的有形及无形资产。[①]

在阿旺老师的介绍下，我参观了"中国西藏·扎西德勒"第一届西藏文化外宣创意产品交易展。这次活动在拉萨泰和国际文化广场举办，于 2017 年 8 月 19 日开始，27 日结束（这段时间也是西藏的雪顿节，交易展活动想借助雪顿节的影响力获得更多的关注），交易展包括了"开幕式""西藏文创产品交易展""西藏'非遗'衍生产品展"及"文化美食广场"四个版块的内容。交易展上有尼木藏香（尼木古宝藏香、合作社的吞巴圣香）、楚布寺藏香和墨竹工卡的扎雪藏香等传统民族用品展出，还有颇具藏族特色的旅游纪念品和工艺美术品等。让我印象最为深刻的是"西藏'非遗'衍生产品展"，主办方组织了区内各级"非遗"项目[②]保护单位和传习基地等进行现场展演和推介，并邀请市民和游客参与唐卡绘画、藏香制作、手工

---

① ［法］皮埃尔·布迪厄、［美］华康德：《实践与反思——反思社会学导引》，李猛、李康译，中央编译出版社，1998，第 8 页。

② 涵盖了传统技艺、传统美术、传统医药、传统饮食类等"非遗"项目。

串珠等活动，目的是宣传和推广藏族文化，同时又希望借助这个活动将西藏文创产品、"非遗"衍生产品推广到国内外。主办方自治区文化厅将此次活动定位为"突出西藏地域文化特色，展现西藏近年来特色文创产品的多元化发展"的成就展和交易展，但最终却又落脚于"进一步推动西藏特色文化产业转型升级，提升西藏文化走出去的影响力和竞争力，在更大范围内推广西藏文创理念，从而增加经济效益"。因此，国家对藏族传统文化的保护，呈现出的是"文化搭台"的方式，它力图展现商品的去商品化过程；但在传统文化面对现代化潮流时，又必须以创新型的文化创意产业形式注入新的生命力，最终完成了"经济唱戏"的效果，推动了物的再商品化。

本章小结

波兰尼认为，经济活动无法完全从社会中脱嵌出来；并且他论证了自由主义市场经济的不可持续性，自由主义市场经济的崩溃会导致一系列灾难性后果；因此他将"国家"引入了市场及社会关系之中，分析了国家在市场和社会关系中的重要作用和角色。市场的发展、推动和调节从来都需要国家的帮助，同样，解决市场化发展所引起的问题也需要国家的作用。在面对自由主义市场的扩张时，国家（政府）会利用诸如社会立法和社会政策等各种方式来进行控制和平衡。

本章主要探讨的是国家在场对藏香产业的影响，即关注国家政治、经济、文化等政策的实施对藏香业的影响以及造成的藏香性质的变化。需要明确的是，在藏香社会角色变化的过程中，国家一直"在场"。元、明、清时，藏香是供奉给中央王朝的重要礼物，它是凝聚着国家力量的、被权力化的物，但在此阶段，藏香的主要角色是宗教圣物和贡品，没有明显的商品性；在民主改革、改革开放尤其市场经济转轨之后，藏香的商品性越发显著，并在国家发展的整体环境下不断经历商品化、去商品化和再商品化。在国家对西藏传统文化进行保护的背景下，西藏有诸多传统文化事项包括藏香制作技艺被列入了非物质文化遗产名录，这在一定程度上促成了藏香的去商品化，同时因为"非遗"对藏香知名度的提高，反而又给藏香的再商品化提供了机会和平台；另外，藏香标准化的实施与推动，为藏香走向更大的市场提供了通行证，更是直接促进了藏香的再商品化。因此，在国家层面上，政策的实施推动，实现了藏香去商品化和再商品化的双向互动。这种双向互动的逻辑前提是，"当今社会中文化与经济密不可分的关系"，文化意味着经济利益，发展经济也要借助于文化。展现经济实力的有力手段之一就是文化，资本主义经济和政治逻辑也可以通过文化的使用价值而"正当化"地表现出来。因此，正如阿帕杜莱所说，一个经历丰富的物通常会经历去商品化、商品化和再商品化的过程，甚至循环往复。藏香就是如此，从作为宗教圣物和朝廷贡品时不具有商品性，到民主改革尤其改革开放之后进入商品市场被商品化，再到国家政策影响下的去商品化和再商品化，它的生命历程和文化传记都显得颇为精彩纷呈。

第五章　从传统到现代：藏香文化的坚守与变化

在现代性中，日常变成了一个动态的过程的背景：使不熟悉的事务变得熟悉了；逐渐对习俗的溃决习以为常；努力抗争以把新事物整合进来；调整以适应不同的生活的方式。

——[英]本·海默尔[①]

第一节　传统文化语境下的藏香

一次我与德吉卓嘎闲聊，聊到了我来吞巴的第一个晚上。刚到吞巴的第一晚，我住在驻村工作队的会议室里。前两天在会议室里刚举办过一个活动，桌子上和墙角里零散地摆放着好几个茶杯，里面还残留着一些酥油茶和甜茶。因为驻村干部没能及时清理，所以引来了很多苍蝇。在西藏农村，苍蝇是每家每户的常见之物，这与老百姓的饮食习惯、卫生习惯以及宗教信仰不无关系。藏族习惯喝酥油茶和甜茶，喜肉类，如果不及时清理有残渣的杯子和碗盘，自然容易招来苍蝇。另外有些人不愿杀生，最多只是驱赶苍蝇。2016年夏天的吞达驻村工作队大院里，住着四位藏族（三位是驻村干部，一位是乡里的下沉干部）干部，一位汉族干部。其中一位藏族干部江央，不仅不杀生，还食素多年。中午阳光很好的时候，她就会把宿舍房门打开，然后用一条毛巾来驱赶屋中的苍蝇，她说："这个时候外面温度也高，苍蝇比较容易赶出去哦。我是不会拍苍蝇的，也不会用那个苍蝇纸去黏苍蝇。"后来我才知道，江央所说的会用苍蝇纸黏苍蝇的人是汉族驻村干部刘康和吞巴景区大

① ［英］本·海默尔：《日常生活与文化理论导论》，王志宏译，商务印书馆，2008，第5页。

门口经营超市的汉族人。入住第一天，天色将晚的时候我便开始驱赶会议室的苍蝇，恰巧被江央看见，她先是过来帮忙，然后又回屋里取了一捆藏香，抽出一根点燃后放进了会议室的香炉里。她说藏族有早晚燃香的习俗，而且有客人过来的时候，也要燃香。她还嘱咐我晚上睡前可以再点一根，因为藏香可以安神助眠。点了藏香的会议室里，很快便充满了我熟悉的味道，有趣的是，屋里的苍蝇也开始"晕晕乎乎"起来。本想把它们赶出屋，可是在藏香的氤氲下，它们的飞行速度明显变缓，呈现出仿佛醉酒般状态，于是我也作罢，放弃了驱赶它们。就这样，我度过了田野调查中的第一晚。

我把这件事说给德吉卓嘎听。她说："是啊，藏香在我们的生活中经常会使用，家里佛堂要点，请僧人来家里要点，像我们过望果节的时候，跳藏戏之前也要点。"很长一段时间里，我都在观察藏族生活中的用香习俗，也一直在等待村里的望果节。后来在对报告人旦增·曲扎进行访谈时，我提到了跳藏戏前点香的仪式，他赶紧纠正道："那个不是烧藏香，那个是煨桑！"回想起来，田野时经常会遇到藏族将"桑"与"香"混为一谈的情况，这可能由几个方面的原因造成。第一个原因是我拙劣的藏语表达，经常词不达意，在我比画出线香的形状时，老百姓才会明白我所说的是"茹"。第二个原因可能是，除了形状和材料不同以外，在藏族社会中，香与桑的使用和文化意义具有一定的重合性，煨桑和烧香都是藏族焚香文化中的重要组成部分，这也导致了许多人对桑和香的混淆。7月底吞巴的望果节上邀请了堆龙觉木隆藏戏队来表演，据演员噶玛说，他们从堆龙带了一个铜质的桑炉和松柏枝、青稞，在表演之前进行了煨桑。我曾经在拉萨市的次觉林观看过《文成公主》大型史诗剧的表演，在舞台的右侧后方有一个煨桑炉，升起的袅袅桑烟从表演开始之前到整场演出结束，一直持续了近两个小时。我认为那个舞台上的桑炉和桑烟，既是藏族歌舞表演之前祈祷演出顺利的一种仪式，同时也成了《文成公主》表演设计中的重要符号。

所以阐释清楚"桑"与"香"的区别十分必要，这也是我在研究设计之初就存在的疑惑：桑在藏族社会的出现要远远早于香，那么公元7世纪因何缘由又产生了燃香的习俗呢？我试图从传统乡土社会中藏族煨桑和燃香的习惯和目的着手，来探讨二者的不同。

史诗剧《文成公主》舞台一侧的煨桑仪式

吞巴村民院落中的煨桑炉

一、桑与香：供神与供佛

作为一名民族学专业的博士研究生，在田野调查中的很多时候，我都显得非常"无知"。这种"无知"并非完全贬义，我想陈述的是我们经常会用自己的惯常思维去解释田野调查中发现和发生的各种事物，这种主观预设有可能会在田野调查中得到验证，也有可能会被推翻。我是带着"煨桑与燃香是不同的宗教仪式，体现的是不同的焚香观念"这个假设进入田野调查的。我也必须承认，在调研之初我有些操之过急，我会直接问被访者"桑与香有何不同"这样的问题，而被访者给我的答案都是类似的，那就是"没什么太大区别。桑的烟比较大，只能在室外点；而香的烟比较小，适合在屋子里点"。大概在我问了三个或者四个被访者，都得出了类似同样的答案后，我的向导扎西拉姆终于"爆发"了，她说："姐姐，这个没有什么好问的啊，我们的情况就是这样啊。没有人会把桑放到家里点，那个烟太大，我们煨桑和燃香都是为了供佛！"我仍旧心有不甘，也觉着这并非是真正的答案，直到洛桑诺布爷爷的一段话，让我突然明确了思考的方向。他说：

> 香的烟供给自己家的佛像。自己家佛堂摆放的佛像与自己信仰的教派有关，我们这边是宁玛派，所以家里供的主要都是宁玛派的佛像。还有，家人去世，可能会有转世，僧人算命能够算出来他转世以后就相当于哪个佛，僧人会算出并说出一个佛的名字，家人们就会去请那尊佛像。藏香用在家里面，供给佛堂的佛像。我们还相信有天上的神。桑的话，烟有点大，桑是供给天上的神，或者说是供给除了佛堂佛像以外的其他神。

洛桑诺布的解释中出现了两个重要的关键字，那就是"佛"与"神"。事实上在藏族社会中，佛与神代表了两个不同的信仰体系。

远古藏族人坚信万物有灵，他们认为天地之间到处皆有神灵，雍仲本教就将整个宇宙认知为天神居住的天空、念神（即山神）居住的中间，以及鲁神所居住的地下，三界之中均生活着不同的神灵。而人们要通过桑烟与神灵之间建立联系，这种联系表现为两方面：一是在迎请神灵之前必须要通过焚香的手段来祛除人间的污秽和瘟疫；二是桑烟是供神灵享用的美食。久而久之，焚香便成了原始宗教的一种祭祀仪式。这种香烟祭祀的对象也是多元化的，最常见的是祭山、祭水、祭屋顶神、祭诞生神等。煨桑还有一个重要的对象即护法神，如岭国总管在梦到格萨尔王降生人间后举行了大型煨桑活动："仲夏月初这一天，岭尕部落的大众们，在玛底雅达堂来聚齐，礼赞畏尔玛，煨桑祀战神。直叫得日月不敢头上跑，直惊得高山峻岭不安宁，直吓得四境仇敌胆战心又惊，直乐得六亲九眷皆沸腾。"[①]藏族人也普遍相信煨桑时所升起的浓烟可以绝通天地，通达神灵，使神灵可以在烟雾缭绕中冉冉降临，以享供品、赐福百姓。这种仪式就类似于弗雷泽在《金枝》中所描绘的，"努力通过祈祷、献祭等温和谄媚手段以求哄诱安抚顽固暴躁、变幻莫测的神灵"[②]。另外，文献对格萨尔王出兵征讨北雅尔康魔国时有过这样的描述：

---

① 刘立千译：《格萨尔王传·天界篇》，西藏人民出版社，1985。
② [英] 詹姆斯·乔治·弗雷泽：《金枝——巫术与宗教之研究》，徐育新、汪培基、张泽石译，大众文艺出版社，1998，第 84 页。

> 阿琼吉和里琼吉，
>
> 你俩不要贪睡快快起，
>
> 放开最快的脚步去，
>
> 去右边的山顶采艾蒿，
>
> 从左边的山顶采柏枝，
>
> 艾蒿柏枝杂一起，
>
> 好好去煨一个"桑"。
>
> 煨大"桑"要像大帐房，
>
> 煨小"桑"要像小帐房，
>
> 给格萨尔的战神、保护神煨一个"桑"，
>
> 给岭国的天、龙、山神煨一个"桑"，
>
> 给天母宫荫捷姆煨一个"桑"，
>
> 给长寿白度母煨一个"桑"，
>
> 给管走路的道路神煨一个"桑"，
>
> 让这些神灵都佑护在我身旁。①

　　用桑烟供奉世间神体现出了一种世俗的目的，因为西藏人普遍认为，煨桑是一种行之有效的达成愿望的手段，只要你虔诚地召唤并进行祈祷，神灵就会来帮忙。如人们祭祀山神、河神，是为了祈求风调雨顺、庄稼丰收；祭山口神是祈祷神灵保佑旅途平安；祭舟神是求神灵保佑人们平安渡过江河；祭屋顶神是为了祈求家宅安康；祭诞生神是为了祈求身体健康、无灾无难。敏珠林寺对面的神山叫拉姆山，"拉姆"是仙女的意思。央珍奶奶说因为有拉姆山神居住在那座山上，所以那座山才叫作拉姆山的；拉姆山神是那座山上最大的神；除了拉姆山神以外，山上还居住着吾金地大林巴（有点类似地神）以及她的诞生神阿妈丹巴久尼（注：藏语音译）。

　　一般每个月的初八、初十、十五和三十都会过去点桑。有时候去转山上的塔，有时候就转路边的一些小的塔，每个月都去转，如果是新年的话，整个村子一起去转，每家每户都要派人出来。我的诞生保护神是阿妈丹巴久尼（"久尼"在藏语中是"十二"的意思），出生在这个村子里的所有人的保护神都是

---

① 赵秉理：《格萨尔学集成》（第五卷），甘肃民族出版社，1998，第3769—3770页。

阿妈丹巴久尼。山神有很多，但诞生神只有这一个。我们每次去拜的时候，不仅拜保护神，也拜其他一些生活在这个山上的山神，每个吉祥的日子都会去点桑。我们出生之后，就会知道自己的保护神是谁以及它居住在哪里，很小的时候就经常跟家里人一起去拜，所以就潜移默化地都知道了。诞生保护神会保佑我们平安，还有身体健康。平时我们转寺庙，也会去转山。夏天和冬天的时候转山，一年两次，一般是藏历新年初三和藏历六月十五，会带着桑，一路走一路点。

出生在敏珠林寺附近的村民都有着共同的诞生保护神，他们会在藏历的好日子里去拉姆神山上点桑。桑烟不仅要供奉给诞生神，也是供给山神和地神的礼物，通过这种仪式来祈祷平安和幸福。扎西拉姆跟我说："我们藏族每个人都有自己的诞生保护神，但是只有出生在这边（塔巴林村，笔者注）的人，他们的诞生神才是阿妈丹巴久尼。人们要在吉祥的日子里，或者生病的时候去那边神山朝拜，去献香、煨桑、挂经幡。但是我的诞生神就不在那座神山上，我出生在县人民医院，我的保护神就是在扎囊县的神山上，我要是生病的话，就会去那边拜。"

从迎神之前的祛除污秽，到通过桑烟直接向神灵祈祷，桑都是与居住在自然圣地的世间神密切联系的。圣地又以神山最为重要，藏族的诸多祭祀和节庆活动，都是在神山这一神圣空间中进行的。在雍仲本教所信奉的自然崇拜观念中，神山是世界的轴心，是自然与生命主宰者的居所，是一种被高度神圣化了的精神家园。格萨尔王为了获取战争的胜利，就曾在格卓神山上举行过煨桑祭祀；在民间祭"拉则"的习俗中，人们普遍认为"拉则"之中要以这一区域内主要山神或者土地神所居住的那座山最为神圣，甚至大家会视第一个到神山上"拉则"点燃桑烟的人最为光荣①；在嘉绒藏区的大型集体煨桑仪式中，也是围绕着敬山神展开，以祈求神灵保佑农牧业得到丰收。这些煨桑仪式的历史与遗存容易让人产生一种误解，即藏族的烟祭是围绕着神山和山神展开的。但我们必须要清楚的是，藏族重要的信仰方式神山崇拜其实是圣地崇拜或者自然崇拜的一部分，是藏族原始宗教信仰的基础。又如葛兰言所述，节庆不是在河边的这个地方或山脚的那个地方举行的，它们始终是在一幕草木繁茂的山川场景中举行的……因此我们要解释的绝不是对山川本身的崇

① 周锡银、望潮：《〈格萨尔王传〉与藏族原始烟祭》，《青海社会科学》1998年第2期，第98—105页。

拜，而是圣地的存在本身，圣地的每个要素如岩石、水和树木等也是神圣的。[①] 这似乎也就解释了为何人们总说"桑是在房间外面点的"。在藏族的信仰体系中，"外面"应该是泛指神圣的自然空间，而这个自然空间中充满了各类神灵和鬼怪；而人们经常说的在"里面"（屋里面）点的是藏香，其供奉的则是不同于世间神的另外一些应该被供奉的对象。

按照藏传佛教的正统观点来看，向世间神祈求愿望的达成是有悖于佛教宗旨的，人世间的神依然是六道轮回中的三善道之一，没有引导凡俗、济度众生的德行[②]，而赤松德赞时期，藏民族烟祭的习俗开始了由室外向室内的转变。必须承认的是，在自然空间中进行煨桑的焚香习俗并没有消失，反而在藏族的选择和调适下继续存在并且延续至今，祭祀的目的也从祈求现世的好运好命开始转向依照佛教教义教理来行善积德、以求来世解脱。因此，从公元 8 世纪开始，煨桑已经成了受佛教影响的混合型焚香习俗，一直延续至今。但是在藏传佛教真正进入西藏社会后，烟祭的习俗也增加了新的内容，那就是燃香。如果说煨桑是借助滚滚浓烟的升起以达神灵，那么燃香表现出的则是借助"一缕青烟"来进行人佛之间的沟通，这里的佛主要是指藏传佛教中的各类佛菩萨。

煨桑与供香文化意义的混淆跟人们对神、佛的认知偏差有一定的关系。在拉萨时，我曾对年轻制香人旦增·格西进行访谈时，他告诉我："桑和香供的目的都是一样的，我们藏族只有一个佛，就是释迦牟尼佛，即便是在外面烧的桑，也是供奉给释迦牟尼佛的。"我有些困惑，在汉地佛教的信仰体系中，释迦牟尼是作为佛陀形象存在的，"佛"是梵文"佛陀"的音译之略，也译作"浮屠""浮图"等，汉语意思是"觉者""知者""觉"。佛教徒通常将"佛"作为对释迦牟尼的尊称。小乘佛教中用"佛"专门指称释迦牟尼，而大乘佛教中的"佛"泛指一切能"自觉""觉他""觉行圆满"者，除释迦牟尼外，还有过去佛，燃灯佛，未来佛，东方香积世界阿閦佛，南方欢喜世界宝相佛，西方安乐世界无量寿佛，北方莲华庄严世界微妙声佛等。藏传佛教是大乘佛教的一支，在藏传佛教的文化语境中，佛的世界中也并非只有释迦牟尼一位。西藏百姓家中佛堂供奉的通常有释迦牟尼、强巴佛、药师佛等佛像或唐卡，还有就是自己所信奉教派的创立者像以及转世活佛的照片和画像

---

① [法] 葛兰言：《古代中国的节庆与歌谣》，赵丙祥等译，广西师范大学出版社，2005，第 162 页。

② 恰白·次旦平措：《论藏族的焚香祭神习俗》，达瓦次仁译，《中国藏学》1989 年第 4 期，第 40—49 页。

等。有些年轻的藏族人对于煨桑和供香也是不甚清楚，甚至不知道自己信奉的是藏传佛教中的哪一个教派，21岁的扎西拉姆和22岁的德吉卓嘎都是如此。扎西拉姆说她放假从北京回拉萨的时候，会先去转布达拉宫和大昭寺，回到扎囊的话，会跟妈妈一起转敏珠林寺，但是她并不知道敏珠林寺是宁玛派寺院，也不知道宁玛派是什么意思；德吉卓嘎说自己会去转吞普村的强采寺以及尼木县的比如上下寺，但是也不知道自己是信奉哪个教派的。对于家中佛堂供奉了哪些佛像，她们几乎也是一无所知，只知道最中间的一尊是释迦牟尼佛；不过她们知道早晚要去佛堂供水和供香，但是通常都是家中的长辈来做。因此，有些藏族年轻人很坚定地认为自己是藏传佛教信徒，也会按照宗教仪轨来转寺院和拜佛，但是宗教的内核是什么，他们却并不知晓。这样似乎也就可以解释了为何旦增·格西会说藏传佛教只有一个佛，那就是释迦牟尼了。

才仁平措是西藏藏医学院藏医专业毕业的硕士生，又在中国中医药大学获得了博士学位，他对藏香做过较为深入的研究，现在也成立了藏香公司专门研制藏香。他认为桑跟香的用途是不一样的。

> 现代意义上的藏香必须要有药用的功效，要有比较好的药材，像豆蔻、桂皮，藏香要有药用价值。桑则不一样，最初人们只是认识到这些植物有香味，然后慢慢运用到宗教仪式上，并赋予了一些文化色彩，比如某某植物有辟邪的效果什么的，这些都是宗教上的说法。六道轮回里有类似于人或神的神灵，像咱们人类是要汲取各种养分和营养来生存，而他们需要的则是味道、香味，有这样一种说法。像一些山神，他们类似于人，但跟人一样，又没有达到神的境界，是介于人和神之间的生物体，他们所需要的营养就是香味。所以说，桑是这样产生的。老百姓家里佛堂里点的香，是点给佛祖的，它是跟佛教有关系的，为了供养佛祖和其他与佛教有关的神灵。在藏文化中，像没药，就对跟鲁（龙）有关的一类病有驱赶作用（没药对鲁有驱赶作用）。所以藏香是用来供养佛祖和辟邪的，跟桑供养山神还是有区别的，很少有人点藏香来供养山神。像大昭寺那边的煨桑炉，有些人是将松枝、青稞那些投进去，也有些人会把藏香放进去烧。这是有些混乱的，但是可以按照逻辑去反推，在民间也是有些混乱。

寺院僧人作为知识精英，对于煨桑和供香的认识要更加权威。敏珠林寺僧人白玛认为，藏香最重要的功能就是供佛，因此，燃香的地点主要是在老百姓家里的佛堂里以及寺院的经堂里；其次可以祛除疾病，敏珠林寺藏香的药材比较多，还可以安神。他在解释煨桑和供香的区别时说：

> 煨桑和供香的目的、性质都是为了祈祷。还有点酥油灯，并不是为了家里的照明，也是为了祈祷。老百姓家里佛堂烧的香是供给自己家的这些佛的，可以这么说，但是不能说只是供给这些佛的。藏族人都是信教群众，但是藏传佛教有很多教派，每家每户佛堂里供奉的佛是不一样的，藏香都可以烧给他们。藏香并没有只可以供给这些佛而不能供给那些佛的区别，但是人们倾向于认为自己家点的香一般就是供给佛堂里的佛的。

白玛认为煨桑和供佛都是为了祈祷达成愿望，而他比较肯定地说，香是供给佛的，而不是各种神灵。同时他也认为香有不同的种类，不同种类的香是供给不同的佛的，或者也可以说，神和佛需要的东西是不一样的。

> 以前藏香分两种，一种是供给佛的，一种是供给护法神的。现在不分什么护法神、释迦牟尼、莲花生大师或者宗喀巴大师了，香也不分了，香是通用的。比如说我们寺庙里给护法神供的都是水，没有供青稞酒那些。每个护法神需要的不一样，所以信众供的也不一样。拉萨扎基寺里供的是财神，财神需要的是酒，扎基寺里供白酒、青稞酒都有。这些东西都是护法神需要的，所以老百姓都供。我们寺庙还有像桑耶寺，都不会供酒这些东西。佛跟护法神供的东西是不一样的。在德达林巴大师改良藏香之前，有两种香，后来就逐渐不分了。有些藏族家里需要念经的时候，有时候是给护法神念的，这个时候又要单独准备材料烧给护法神，现在还有这个习俗。

白玛的说法让我想起了之前去扎基寺的经历。在我去转扎基寺之前，就有藏族朋友跟我说那个寺里供的是财神，香火非常旺，除了藏族以外，很多汉族人也会去拜。在扎基寺门前聚集了很多售卖酒和桑的小贩，白酒的价格10元至20元不等，一份桑（包括松柏枝、青稞）通常被要价15元或20元。看到陌生面孔时，小贩会十分热情地兜售，并且承诺会帮助过来拜的人进行煨桑。我花25元买了一套桑和白酒，小贩拎起一包桑就带我朝寺院正门左侧的煨桑炉走去。他让我把松枝投进桑炉里，并且又从随身的布袋里抓出一把青稞扔了进去，并且口中念念有词了几句经文，告诉我许个愿即可，然后便指引我拿着白酒进入扎基寺。进入一层大殿，浓浓的酒味便扑鼻而来。大殿中央供着扎基拉姆像；有一个僧人专门负责将信众供的酒打开，倒入身旁一个非常大的酒缸中，同时口中也一直在念着经文；信众们通常双手合十，快速地从财神像下经过，整个拜财神的过程就结束了。我在转寺院的过程中也一直在仔细观察，藏族百姓除了供酒以外，还会带着用暖壶装着的酥油来给大殿里的酥油灯添加酥油，但是经堂内确实没有看见藏香的身影，这与我在其他寺院观察到的不同。比如拉萨的大昭寺、色拉寺，堆龙德庆的楚布寺，尼木的比如上下寺，墨竹工卡的直贡梯寺、噶泽寺，山南的桑耶寺、敏珠林寺等等，在它们的佛殿里面都有香炉，僧人会定时燃香供佛，而煨桑炉通常都在寺院外面，由过来朝拜的信众进行煨桑，两种焚香方式形成了一种"屋内供佛、屋外供神"的结构。而扎基寺则有所不同，扎基寺的香炉安置在主殿门外，供香并非由僧人完成，而是由来拜财神的信众自己完成：他们先祈祷，然后磕头跪拜，最后将香插入香炉——这是汉地常见的供香方式。因而，扎基寺的供奉方式也有着浓浓的汉地特色，形成了一种殿内供酒、殿外供香、寺外煨桑的一种汉藏结合式特点。

表 5-1　煨桑与供香的区别

	煨桑	供香
目的	祈祷、净化	祈祷、净化、供养、祛病
材料	松柏枝等芳香植物、青稞	柏树、檀香木、豆蔻、木香、藏红花、贝甲、麝香等多种藏药
供奉对象	世间神护法神	佛菩萨
场合	户外	佛堂、寺院经堂、重要佛事活动
时间	藏历吉祥日子、生病、外出、转寺院等	每天、早晚或一整天
行为完成者	信众	信众（家）、僧人（寺院）

通过对人们生活的观察以及日常交流，关于煨桑和供香的区别也慢慢清晰。但我要强调的是，这并非是一个绝对的划分，因为很多藏族人在进行煨桑和供香时，也说不清楚具体的供奉对象，这种情况也反映了如今西藏焚香观念的混合和多元。用煨桑来指称藏族雍仲本教信仰的仪轨，和用供香来指称藏传佛教信仰都是不十分准确的，但这至少可以说明这样一种趋势和现象，在佛教进入西藏社会以后，雍仲本教的焚香仪轨与佛教中的供养行为进行了相互的适应和结合，比如煨桑除了是向世间神祈祷外，也是供给佛教护持者护法神的，由此才形成了桑主要供神（也包括护法神）、香用来供佛的主要区别。

二、藏香在宗教仪式中的使用：我所经历的雪顿节晒佛

藏历六月三十日至七月六日，是西藏地区极为热闹的雪顿节。"雪顿"是藏语音译，"雪"指酸奶，"顿"有吃和宴的意思，因此按字面意思解释，雪顿节是"吃酸奶制品的节日"。传统的雪顿节是一个纯宗教性质的佛教节日，活动主体是寺院和僧人，这是学界较为认可的观点，主要跟雪顿节的起源有关。民间流传的说法中雪顿节的起源都与佛教人士和寺院有关。第一种说法与阿底峡大师有关。11 世纪时阿底峡大师的讲经说法对西藏佛教的传播产生了重大影响。据说阿底峡十分喜食酸奶，所以桑耶寺、聂塘寺附近的人就拿着酸奶供奉给大师，而接受了酸奶的大师总是会对献奶之人和他们的家庭进行加持祝福，庇佑他们身体健康、五谷丰登和安居乐业。为了祈求阿底峡大师的庇佑，给大师送酸奶的人越来越多，酸奶也从食物逐渐被神圣化、变成了消灾避祸的神物，后来，在牛羊产奶旺季为僧人赠送酸奶的习俗就延续下来，并慢慢演变成一种宗教节日。第二种说法与宗喀巴大师有关。宗喀巴大师对藏传佛教进行了一系列改革并制定了许多戒律。比如在藏历四月至六月，为了避免外出误伤昆虫等各种小生灵，严禁僧人们踏出寺门，必须在室内念经修习。直到藏历六月三十这一天禁令解除，老百姓就开始给僧人敬献酸奶，寺院也会在开禁的日子里举行庆典，让僧徒都可以参与其中，这个庆典就是雪顿节的起源。1642 年的藏历六月三十日，哲蚌寺的晒佛仪式开始加入进雪顿节的庆祝活动①，也被人们称为"哲蚌雪顿"。西藏许多著名的寺院都会举行晒佛活动，但并非是在藏历的六月三十日，只有哲蚌寺和色拉寺的晒佛仪式是在这一天，并且晒佛通常也意味着雪顿节序幕的拉开。1653 年，五世达赖迁寝宫至布达拉宫，雪顿节的庆祝活动也随之转移到了拉萨布达拉宫，被人们称为"布达拉雪顿"。在雪顿节开幕前一天，首先由西藏各地的藏戏队伍到布达拉宫门口表演"谐泼"，以示致敬，从这个时候开始，藏戏表演开始加入进雪顿节庆典。1720 年，七世达赖下令在拉萨西郊兴建罗布林卡，园内还建有专供达赖喇嘛和高级官员欣赏藏戏的观戏楼。由此，罗布林卡也成为西藏雪顿节的重要节庆场所。现如今的雪顿节依然围绕着哲蚌寺、色拉寺、布达拉宫和罗布林卡这几个地方展开，并且以哲蚌寺的晒佛仪式为启动标志，布达拉宫和罗布林卡的藏戏表演贯穿始终，是集传统晒佛、文艺表演、体育竞赛、招商引资、商品展销、旅游休闲多位一体的盛会。

2017 年 8 月 21 日，西藏的雪顿节正式拉开帷幕，依旧是以哲蚌寺和色拉寺的

---

① 在《西藏志》《拉萨厅志》《西藏通览》《西藏的文明》等史料和著作中均有记载。

晒佛仪式为开始标志，布达拉宫广场和罗布林卡的藏戏展演也是传统内容，此外还增加了中国西南六省区市摄影联展、民族传统马术表演、纳木错徒步大会、名优商品交易会等活动。虽然雪顿节的活动内容越来越丰富及多元，但是在人们心中，晒佛依然是最重要的节庆活动。8月12日，我曾访谈了吞普的制香人次仁，他现在居住在拉萨市郊的香嘎，制香工厂也在香嘎的家中。次仁的侄女央珍卓嘎是我在吞普村结识的朋友，因为这一层关系他对我十分友善和热情。访谈结束后他问我调研什么时候结束，我说最早要到8月底了，他说："刚好可以参加完雪顿节活动了。到时候我们一家会开车去哲蚌寺看晒佛，你也一起吧，看完晒佛我们还可以一起过林卡，但是人特别多，我们需要前一天晚上就去排队。"听他这么一说，我当然求之不得。因为雪顿节是西藏地区除了藏历新年以外，地位和影响力最大的节日，我来过西藏多次，但一直没机会感受这样的盛会。另外一个原因是，我在调研中听闻过关于藏香在宗教仪式中的使用情形，在将唐卡从佛殿中请出时，会有一众僧人手握点燃的藏香在前引路，但具体仪轨无人可以叙述清楚，因此去现场观看藏香在晒佛活动中的使用仪轨是非常有必要和有价值的。

8月20日晚上11点刚过，我们就准备出发了。在拉萨的夏天里，我穿上了毛衣和羽绒服这些过冬的衣物，因为晒佛台是在哲蚌寺后方的更培乌孜神山（藏语音译）上，我们需要提前爬山至晒佛台附近并且要在晒佛台旁边的台阶上等上一夜。并且在出发之前我们就得知了一个非常"不幸"的消息，夜里可能有雨，所以我们还必须备上雨伞和雨衣。因为出发得早，在深夜12点交通管制之前，我们已经将车子开到了哲蚌寺山脚下的马路上，次仁让我们先行下车，他去把车子停到停车场，随后我们一起往哲蚌寺方向走去。爬坡途中灯火通明，道路两侧的小商铺都还在营业，有卖食品的，也有卖哈达等宗教用品的，这一夜人们注定是不眠的。一路有说有笑，大约40分钟后，我们走到了晒佛台附近十几米处，前方已经聚集了近百位藏族人，据说有人下午四五点就过来了。晒佛台四周由公安和武警拉起了警戒线，维持秩序。晒佛台正下方是一块宽敞的平台，僧人们会将唐卡从措钦大殿先抬至这个平台，一部分僧人会留在这个平台上念经，其他人则是将唐卡抬至晒佛台并进行展佛。我们的位置距离晒佛台下面的平台还有近两米，要踮着脚才能勉强看见平台上的情况。次仁说这个位置已经很不错了，如果是明早再过来的话，从山下排队爬上来至少都要两三个小时，因为走一段就会进行人流管控。也有很多人直接放弃跟唐卡近距离接触，而是在山下甚至在哲蚌寺外面的马路上用望远镜看看。凌晨两点左右，拉萨的夜雨如期而至，我们穿着雨衣，撑着伞，聊着天，慢慢度过了一整夜。

夏季的拉萨，7点钟的时候晨光微露，此时的雨也停了，山下的桑炉里有桑烟弥漫开来。突然远处传来号角声，人群也开始骚动，我们知道展佛仪式就要开始了。7点30分左右，措钦大殿前由十几名喇嘛组成的僧人护佛仪仗队先行出发，他们点燃桑烟，手握藏香，吹响法号，在前引路，紧接着百余名僧俗信众共同将卷裹着的巨型唐卡迎请出措钦大殿。在很多佛事活动中，仪仗队都是在最前方起到"引路"的作用。李安宅先生在介绍拉卜楞九月禳灾舞时也写到，第一幕即是仪仗出场，"有六童持香炉，二人吹喇叭；经堂司食（吉哇）戴毡方帽，后跟俗装侍从；经堂总管（给卜给）持香，后跟幼童……"[1]，在第五幕时还增加了吹胫骨者和持香炉者，有人奏乐有人持香，总之仪仗队中人员各司其职。因为我所处的位置距离措钦大殿较远，对于仪式的细节观察可能会有所疏漏和欠缺，只能对仪仗队组成进行一个大概介绍。

哲蚌寺的护佛仪仗队主要由"法号队""锣鼓队""香火队""喇嘛队""掌旗队"等几支队伍近20位僧人组成。在迎请唐卡的过程中，仪仗队始终走在队伍的最前方，他们最先到达了晒佛台下方的平台，法号队和锣鼓队六名僧人以前排四人后排两人的队形排开，始终不间断地奏响佛教音乐。香火队则是护送着喇嘛队，先将一尊小型的释迦牟尼佛像迎送至晒佛台与平台中间高处的桌子上，并且由喇嘛在佛像旁摆上了两个切玛，接着四位喇嘛就一直站在佛像旁念经祈福；此时香火队则是从高处下来，走到平台另一侧与法号队和锣鼓队并排的位置，手中的藏香一直燃烧着，香火队僧人用双手将藏香握于胸前位置，并保证藏香点燃处始终朝向上方。[2]在这一系列仪式进行之时，有一位僧人手持法幢一直站于肩扛唐卡的百余名信众之前，等到香火队回到平台之后，他开始带领这百余名信众往晒佛台走去。在展佛的过程中，信众就不能参与了，而是由僧人们共同将唐卡由下至上拉至晒佛台顶端。8点钟时，随着拉萨西郊第一缕阳光的照耀，唐卡外的金色布帘也被僧人缓缓拉开，展露出了强巴佛面容。这时众多等候了一夜的信众开始将哈达敬献给强巴佛，并且口念经文，进行祈祷，一条条洁白的哈达从手中飞出，飘落在佛像或僧人的肩上。等警戒线解除，人们便开始走近唐卡，对着唐卡叩首，虔诚膜拜，许愿祈福。之后，僧人用黄色绸布包裹着宗喀巴大师的帽子，触摸信众和游客的头顶。

---

[1] 李安宅、于式玉：《李安宅—于式玉藏学文论选》，中国藏学出版社，2002，第54页。

[2] 曾经的僧人旦增·曲扎就跟我说过："平时点香没有什么特别的要求，但是请佛的时候，要把香握在手里，僧人一边手里拿着香，一边念经，意思就是把香请出来。这个翻译成汉文特别难，很多专家都不知道该怎么翻译，这个时候就只能用佛香，不能用药香和安神香那些。"

哲蚌寺有两幅巨型唐卡，2017 年展出的这幅是高 60 米，宽 40 米的巨型缎面刺绣强巴佛，这是 2016 年为了庆祝哲蚌寺建立 600 周年而特意制作的；另外一幅是往年展出的释迦牟尼佛唐卡，释迦牟尼佛唐卡历史较久，现在正处在修复和保养阶段。2017 年展出的强巴佛是第一次展出的新唐卡，并且从这一年开始，这两幅唐卡将在雪顿节上轮流展出。晒佛是藏地众多寺院的重要佛事活动，晒佛有两个目的，一是有让众生瞻仰佛光之意，二是让唐卡接受阳光的洗礼从而免遭虫蚀和霉变。在西藏寺院中，强巴佛一直都是被供奉的主要佛像之一。强巴佛，亦称未来佛、弥勒佛，晒强巴佛，有让人们憧憬、向往未来的寓意。2017 年拉卜楞寺的正月法会上，展出的也是强巴佛唐卡。除此之外，拉卜楞寺还有抬着强巴佛"转古拉"的传统宗教活动。

甘丹寺晒佛仪式中的香火队

仪式中手持藏香的僧人

在熬了一个通宵又经历了整个晒佛仪式之后，整个人都疲惫不堪，但是我却因此有机会近距离接触到了手持藏香的喇嘛。缘起是与我同行的妹妹被雨淋了之后有点感冒，在晒佛仪式开始之前突然恶心想吐，我们站的台阶空间太小，甚至想坐下休息一下都十分困难，没办法只好求助平台上的安保人员，请他们帮忙把妹妹拉上平台歇一歇，借此机会我也跟着上了平台。当时仪式还在进行之中，我只能像众多信众一样站在一旁，一边祈祷一边观察。我发现手握藏香的几位僧人手里的藏香长短粗细都各不相同，品牌也不尽相同，相同之处是他们握着的都是一捆藏香，有的还在藏香的顶端插了一个法器。等到仪式结束，信众们开始自由膜拜时，我赶紧走到离我最近的一位喇嘛身边，向他简单介绍了我的学校、专业和研究设计，并希望他可以帮助我答疑解惑。他说等下要回大殿念经了，所以时间不多。于是我赶紧说出了我的疑惑，我们的对话围绕着以下三个方面展开。第一，在整个仪式中，藏香和手持藏香的僧人发挥了什么样的作用；第二，哲蚌寺有无专供香；第三，为何每个僧人手持的藏香都不一样。他是这样回答我的：

> 我们在晒佛仪式中起到的是引领和净化的作用。刚才整个队伍中，在我们后面就是这尊释迦牟尼佛像以及展出的巨幅唐卡，他们都是非常神圣的，我们在前面燃香主要就是要净化周围的环境，把那些'不干净'的东西都祛除掉，这样佛才愿意出来。
>
> 至于哲蚌寺有没有专供的佛香，现在各个寺院都没有了。以前历史上会有专供香，因为制作的机构比较少，好的藏香都专供给布达拉宫和大昭寺了，现在没有这种说法了，没有哪个寺院是指定只点一种香的，我们用的香基本上都是信众来拜的时候带过来，但是带过来的香有很多牌子，信众供哪些，我们就点哪些。有时我们也会根据自己的喜好来选择，因为每种藏香的味道都不一样，你很少能找到相同味道的香。有的是松柏木的味道重一些，有些是药材的味道重一些，有的味道淡一些，有的还有香精的味道，总之都不一样。有的香不好，烟太大，有的闻起来还呛人，这种我就不喜欢，我喜欢味道清淡一点的。
>
> 所以信众供过来的香，我们点了之后的感觉是不一样的，我们肯定会经常点自己喜欢的香，你看我们拿的香都不一样，就是这个原因，因为每个僧人喜欢的味道都是不一样的。像晒佛这种佛事活动，我们都会把自己觉得最好的香拿出来点，你看我点的是这个牌子的藏香，因为我觉得它的味道好，我点了之

后，闻着觉得很舒服。神佛如果闻到他们喜欢的味道，也就愿意出来了。

哲蚌寺僧人的说法首先明确了燃香在祛除污秽、请神降临上的重要作用；另外更加坚定了我的一个观点，那就是前文所述的西藏焚香观念呈现出了一种由香烟到香味的变化趋势，或者说，在煨桑的基础上演变发展出供香的宗教仪轨其实说明了藏地焚香形式和焚香观念的多元化。楚布寺以前的僧人格桑扎西也说过，大昭寺有一个喇嘛是他的朋友，他曾经向这个朋友推荐过让自己的藏香专供大昭寺，但他的朋友就说每个喇嘛喜欢的味道不一样，他们喜欢哪个就用哪个，没有办法专供。在藏地的焚香文化中，一直非常看重桑烟的重要作用，人们普遍相信可以借由这滚滚香烟将自己的愿望和祈祷传达给藏地空间的各种神灵，这是烟祭观念的最好体现。而香的出现，并非只是追求香烟的袅袅升起从而达到与神明沟通的作用，有时候如果烟太大还会被认为是"不好的"藏香；它对味道有更高的要求，所以这似乎也可以解释为何在西藏我们常见的供香都是卧香，只要把点燃的藏香投进带着孔的香盒里即可，香味自然会从小孔中慢慢地弥散出来；而汉族习俗是把燃香笔直插入香炉之中，保证香烟会往上空飘去。在田野调查中，我也不止一次地听到人们跟我说"藏香一定要味道好"，但是"味道好"是一个非常主观的判断，每个人喜欢的味道都不一样，即便如此人们还是会选择自己认为最好闻的藏香。之前白玛也跟我说过，"藏香要味道好，点香不仅仅是净化环境，也是为了供养；像点酥油灯，也不是为了家里的照明，而是祈祷的作用"。

在佛教的文化语境中，有五供的宗教仪轨，即要在佛前供水、花、香、灯和食品。依藏族传统，在佛前供上七碗净水即可，七个碗应整齐地排成一条直线。通常人们在早上供上干净的新水，在下午临近黄昏时要把供水撤掉，第二天早上再上新供。供花有两种功德和意义：一是花代表"因"，供花用来提醒信徒要多种成佛的"因"，将来才有可能得到成佛的"果"；二是佛前供花可以带来相貌上的美丽。而供香的主要目的是供奉香气而不是供烟，所以无须把香盒或香炉置于太靠近佛像的地方。藏族人家通常会将点燃了的藏香在佛像或供桌前略微熏一下，随即就将香放进香盒里，而香盒一般放置于佛龛外的高桌上或靠近佛龛的地面上，不会把香盒直接放在佛像旁边。供灯的目的是供上光明。藏族人家的佛堂里通常都会燃上酥油灯；人们在去转寺院时，也会背上一壶酥油，每转到一个佛堂，就会为佛前的酥油灯里添上酥油以保证酥油灯长明。供食供的是素食或新鲜水果，有些地区有供"三甜三白物"之说，即供白糖、黄糖、蜂蜜、牛奶、酸奶及牛油制成的食品等，通常是品质较佳的食品。如果水果不新鲜了，就要及时更换。我在田野调查时听闻过这样一种说法，佛前的供品是供给佛菩萨不同器官的，食品和水是供给嘴巴的，酥油灯是供给眼睛的，而花和香都是供奉给鼻子的，所以这些供品都必须是干净的，以及品质上佳的物品。而味道好的藏香自然才是佛菩萨喜欢的。

> 传说的话，香是让佛在嗅觉上享受的礼物。人都有讨好神仙的愿望，神仙喜欢什么，人就根据它的喜好来供奉。香既是去秽，又是供给佛的礼物。像人要吃饭，五谷杂粮都吃，可以有味觉享受，还可以填饱肚子。佛喜欢香，所以人们就供香。香料越名贵，原料越丰富就越好。就像你家里来了一个客人，你也希望把饭菜做得很丰盛，越丰盛越好吃。香也是如此，为了满足佛的味觉享受，人们也会在香里加很多药材，不光这样，有些人还会在藏香里加入红糖（白糖好像没有）。塑佛的时候，佛的嘴唇上一定要涂上蜜。从这些都可以想象，烧香是供佛的，所以做香的时候也会放一些红糖、冰糖或砂糖。

吞巴乡人大主席米玛的这段话非常形象生动，是我在田野调查中听到的强调藏香香味的最好表述。当然，燃香除了有祛除污秽、引佛降临的引导作用，以及是供奉给佛菩萨的重要礼物外，在一些法事活动中，还有给僧人（尤其是喇嘛）"开道"的作用。旦增·曲扎说他以前还在寺院里做僧人的时候，就经常看见这种情况。

> 平时的话，寺院里面基本上是一直在点香，平时谁来点香都可以，没有什么要求。大的活动的时候，才有要求。比如今天我寺院里来了一个大活佛，在他来的时候前面要有人拿一捆香为他引路，这个人必须是寺院里排名最高的前三或者前五的活佛、高级的喇嘛。怎么说呢，再比如如巴寺吧，有一天从外地请来一个大活佛，如巴寺自己也有大活佛，要看他俩地位的高低。如果外地来的活佛地位高的话，那么如巴寺的活佛（有两位）就走在他的前面，并且手持点燃的藏香为他开道；如果外地来的活佛地位低于如巴寺活佛的话，那么如巴寺的活佛就不用去开道，就让如巴寺比外地活佛地位低一点的人去开道。除了这个的话，就是佛堂里会一直点香，念经的时候也会点。

用燃香给喇嘛引路，与前述用香引佛降临的文化意义相似，都是先净化空气、祛除污秽（也包括妖魔鬼怪类），为佛的降临提供一个洁净的空间。李安宅先生在对拉卜楞襄灾舞中注"金酒"于杯的动作和顺序进行解读时，对神佛、喇嘛和护法神的关系也进行了说明，即"喇嘛有'无上'之义，先有实在的造诣，再有避世的修持（估如），然后产生喇嘛。喇嘛是神佛的根子，由根子才产生护法之主（本尊）"。[①] 因此，燃香既可以为神佛开道引路，也可以为喇嘛开道引路。离开寺院这个场合，在百姓家中举行的佛事活动中，只要是有僧人参加的，都要进行燃香。扎西拉姆跟我说过，2015 年是她爸爸去世 12 年，家里做了三天三夜的法事活动，是从敏珠林寺请的僧人到家里念经祈福。平时家里都是由妈妈去佛堂供香，一次燃一支，早晚各一次；但是在法事活动的三天时间里，她家佛堂的燃香就一直没有间断过；每支香快要燃尽的时候，她的妈妈就会再续上一支。而且法事活动时用的是敏珠林寺藏香，这是她们认为的最好的藏香，平时也是不舍得用的。吞巴在过望果节的时候，请了僧人在村委会外搭的帐篷里念经，那顶帐篷里也燃了一天的藏香。

行文至此，主要阐述了藏香在藏族传统社会中尤其是宗教活动中的使用仪轨，藏族焚香观念中煨桑与供香的区别，更为重要的是我想突出供香与佛教的关系，以及供香所体现出的从"烟"到"味"的变化趋势。宗教仪式中的藏香是作为圣物形象出现的，这也是藏香最初的社会角色。现如今，藏香不仅出现在佛事活动或者佛堂之中，还会出现在起居室、汽车、商场甚至公共卫生间等许多日常生活的场景之中；藏香的种类也越来越多样化，从拜佛用的佛香到药香（保健香）、安神香、财神香、藏香水等，藏香在人们心目中也从纯粹且神圣的宗教用品开始变成有人间烟火气息的生活用品了。

第二节 现代藏香变化与藏族洁净观念扩展

在我最初的知识体系中，香是十分神圣的，是与宗教事务相关的一种物，它通常出现在庙宇、佛堂、宗祠等与宗教信仰或者民间信仰有关的场合。在汉族地区，香的使用范围有限，很长时间以来几乎不会出现在日常生活中。我出生并成长于华东平原淮河岸边的一个小城，那里并没有明显且集中的宗教信仰与宗祠文化，我对香的最初印象来源于对已逝先人的缅怀。每到清明节或者外公的生忌和忌日时，外婆就会在家中外公遗像前的高桌上或者墓地的墓碑前点上三支香，通常会情不自已地哭诉为何外公这么早就离我们而去并且让他保佑一家老小的健康平安，家人也会

① 李安宅、于式玉：《李安宅—于式玉藏学文论选》，中国藏学出版社，2002，第 55 页。

让我们这些小孩给外公上香、磕头，说外公可以听到我们说的话，让外公保佑我们考上大学。从那个时候开始，"烧香祭拜是一种非常严肃庄重的事情，并且它并非是日常生活的一部分"就开始镌刻在我的认知体系里。后来，我开始接触藏族和藏传佛教。在进入藏地之初，我的观察受限于我的认知，并且煨桑的烟祭习俗在藏地生活中出现的频率很高，因而很多时候我只注意到藏香在寺院的使用而忽视了其他方面。随着研究的逐步深入，我才发现藏香在藏民族生活的方方面面都会有所体现：人们到一个陌生的地方住宿时会燃香，身体不适时会燃香，家中有客人到访时也会用藏香来熏房间和被褥。藏香的使用场合增多，种类也越来越多样化，由最初的线香，到盘香、塔香、香粉，再到藏香水、藏香皂，藏香及藏香周边的创意产品越来越多，甚至为了迎合各地信众的需求，有些制香人还开发出了财神香专供财神。总之，现代语境下的藏香呈现出了多元化的态势。

一、从神圣空间进入生活空间：藏香使用场合增多

前文陈述并解释了藏香在宗教场合的使用，主要目的是沟通人佛、供养佛菩萨以及祛除"不洁"，用这个对"汉族用香供养先人"进行解释也是可以行得通的，因为人们通常会认为已逝的亲人是以另外一种生命体的形式存在于另外一个世界，而香可以沟通我们生活的世界与另外一个世界。除了寺院烧香以及家庭中祭拜先人时烧香以外，汉地人们生活中用香情况并不多见[①]，随着对生活品质要求的提高以及精神需求的增加，人们也开始在一些生活的场景中加入了燃香或熏香，比如茶道和瑜伽。在这些活动过程中的燃香，通常是为了营造一种更为舒适和惬意的环境，让人们在品茶或练习瑜伽时可以达到身心更为愉悦的体验。这个时候所燃的并非是传统意义上的佛香，而是以名贵芳香植物为主要原料的高端香品，如沉香和檀香。因此，在非藏族地区，香品的使用场合还是极为有限的，也没有遍及普通百姓。而在西藏，用香则是一件司空见惯、稀松平常的事情，生活中的诸多场景都有藏香的"身影"。

除了寺院和佛堂以外，藏香最常出现的地方就是起居室了。藏族人家的起居室通常兼具了客厅、厨房和个别家人的卧室等多个功能，它也是人们白天最主要的活动场所，老人们通常会坐在起居室聊天、喝茶、转经筒或看电视。通常在起居室点藏香的都是经济条件还不错的人家，因为市场上藏香的售价并不便宜，一捆30根、长度约30厘米的藏香平均售价要10元以上，除了早晚在佛堂至少各燃1根香

---

① 当然历史上存在着官宦贵族及商贾人家燃香净化的现象，但这并非普遍现象，也并没有遍及普通百姓，因而文中不多作解释和赘述。

以外，在其他房间燃香会增加生活支出。所以经济状况一般的家庭是不在佛堂以外的地方燃香的，如扎西拉姆家；而有些富裕人家，则是在起居室、卧室都会燃香，比如央珍家，"我们这附近的村民一般都是用寺庙的藏香，不用其他的，对其他品牌也不怎么了解，一来是离寺院近，二来比较喜欢这个味道。我家平时房间里点的就是敏珠林寺最便宜的那种藏香，18块一捆的；像新年或者请僧人到家里念经的时候会点好一些的藏香，我们家点的是45块的；有时也点65块的还有100多块的。价格不一样的藏香，味道不一样。白天在房间里点藏香也没什么坏处，敏珠林寺的藏香味道好，药材也多，我们经常闻也不会生病"。当然央珍所说的"这附近的村民"一定不包括西卡学村的扎西拉姆家，这个几乎快要承担不起两个孩子上大学的单亲家庭，是无力负担佛堂之外的燃香开销的。央珍家平时在佛堂和起居室里点的是敏珠林寺最便宜的藏香，而对于扎西拉姆家来说，这却是在法事活动时才会点的香，她家平时使用的是从拉萨大昭寺附近的小商铺买来的杂牌香，通常一捆也就七八元钱。虽说洛桑诺布与央珍都是塔巴林村的村民，但是他家的藏香使用与扎西拉姆家类似，他说："我们用的就是上面商店卖的香，没有什么品牌，就是用红色的线捆起来的。虽然平时家里点的都是杂牌子的香，但是在一些特殊的场合还是会点敏珠林寺藏香，比如一些良辰吉日，藏历每个月的八日、十日、十五日、三十日，还有藏历新年的时候。但是我家一般只在佛堂里点香，或者请僧人来念经的时候点香。"

　　在吞巴也有类似的情况，点香的频率、使用的场合、买香的花销等均与人们的经济状况有关。索朗江措就说过："我们家做藏香，家里也不缺藏香，所以白天的时候会一直烧，在佛堂和起居室都烧，快烧完了就会再续上。"而罗追巴桑家却又不同，他说他家是村里极少数没有做藏香的家庭，他爸爸是乡政府的司机，不是公务员也没有编制，家里也不种地，主要收入来源就是爸爸的工资以及在县城工作的姐姐对家里的补贴，因为姐姐的孩子今年3岁，主要由他妈妈来照看，所以姐姐和姐夫经常从县城过来，过来时会带一些生活用品，还会给爸爸妈妈一些补贴。他家的经济条件一般，用他的话说，虽然家里条件一般，但是并不会向外人说家里没钱，也不会向政府去申请各种补助，总之日子还能过得下去。罗追巴桑的爸爸是江措的表弟，他家用的香很多是从江措家买的，有时也会从藏苏家买，他们之间都是亲戚。村子里没做藏香的家庭，通常是从做香的亲戚家购买，直接赠送的情况也有，但并不是很常见，毕竟制香是这个村子现今主要的生计方式，有时候家长会让家里的孩子去某个亲戚家买香，亲戚不好意思收钱就会直接赠送了。有次我跟罗追巴桑一起去藏苏家，他爸爸知道我们要过去作调研，就让罗追巴桑顺道买一大捆藏香（是 10 捆 30 根的藏香用报纸包在一起的简装藏香）。从辈分上算，藏苏是罗追巴桑的爷爷，临走的时候他怎样都不肯收钱而是让罗追巴桑直接把藏香拿走了。罗追巴桑说家里主要用的还是他叔叔（江措）家的香，总体来说比较划算，一捆 30 根的藏香，卖给当地村民都是 5 块钱，里面有 28 种药材。"我爸每天早上会去佛堂烧一次，一次烧 3 根，晚上睡前还会烧一次，一次也是 3 根。一天要烧 6 根香，一个月要用 6 捆，也才 30 块钱，家里还是可以负担起的。"我问他为何要烧三根，他说藏族里有句说法叫"贡觉松"（藏语音译，དཀོན་མཆོག་གསུམ），就是对喇嘛的尊敬，"松"在藏语里是"三"的意思，"即便条件一般，也要多烧些香给喇嘛表达敬意啊"！他家的起居室就没有烧香了。但是当藏香出现在一些经济条件好的家庭的起居室时，就说明它已经从神圣的佛堂开始走进世俗的生活空间了，此时的藏香已经同时兼具了神圣性与世俗性。

现代社会中，藏香经常出现的另一个生活空间是汽车或城乡客车上。我第一次注意到这一点是在德吉卓嘎哥哥的车上。他有一辆五人座的拖斗小货车，专跑吞巴至拉萨的货运和客运，村民们经常会坐他的车去拉萨购买一些生活用品和藏香原料，早出晚归。有次我跟着他们一起去拉萨买原料，还没上车远远就闻到有藏香的香气飘了过来，原来德吉卓嘎的哥哥点了一支香直接插在了车子前排的一个出风口处，没有香盒和香炉，燃烧后的香灰就直接散落在车子里了。在汉族人的焚香观念中，香的属性是"火阳"，香本身是没有灵力的，香经过焚烧产生的香气和火苗以及燃尽之后的香灰才有灵力，"火化"的过程也即香被赋予灵力的过程。[1] 因而，汉族人的焚香观念中，"香"与"火"逐渐合称"香火"，体现出的是"圣火崇拜"，"香实为中国圣火崇拜的一环"[2]，因此，燃香之后形成的香灰对汉族人来说是一种神圣物，是凝聚着圣火的精华，在进香仪式结束后，有些信众甚至会将香灰迎请回家进行供奉。而在藏地焚香观念中，人们更为看重的是香烟与香气所具有的通神、供佛、驱鬼、祛病等文化意义和实际功能，而香灰是焚烧的残留物，并没有什么实际作用。央珍告诉我，香灰虽然没什么用，但也不能随便乱扔，如果香炉满了的话，要把它们装在一个干净的袋子里往高处、往山上扔即可，但是不能跟垃圾放

① 张珣：《非物质文化遗产：民间信仰的香火观念与进香仪式》，《民俗研究》2015 年第 6 期，第 5—11 页。
② 刘枝万：《台北市松山祈安建醮祭典：台湾祈安醮习俗研究之一》，载《"中研院"民族学研究所专刊》（十四期），"中研院"民族学研究所，1967，第 129 页。

在一起。德吉卓嘎的哥哥更为直接，他认为香灰落在车子里也没什么关系，藏香都是药材做的，香灰也算是好东西。因此从对待香灰的态度上来看，藏族人与汉族人有着很大不同，即香灰的神圣性在藏地有着十分明显的减弱。

另外一次看见车上燃香是在从敏珠林寺开往山南泽当的中巴上。这个车是寺院开设的班车，每天上午出发去泽当，下午回寺院。有了之前的经历，这次再见到车上燃香时已经见怪不怪了。我是早上八点左右在山下的西卡学村坐的车，司机达杰在发车之前就已经点上藏香了，从敏珠林寺到西卡学村有不到20分钟的车程，一支敏珠林寺的藏香还没有燃尽，又行驶了20多分钟后，我们到达了扎囊县。随后达杰将车停在路边，车上的几位村民陆续下车喝茶吃早饭去了，而我是车上唯一的一位非藏族面孔。正拿着行李、握着手机不知所措时，达杰用不流利的汉语说道："我们要在扎囊等人，等到车满了才会发车。"接着他便问起了我的情况，我说前些天我一直都在敏珠林寺和塔巴林村作藏香调研，他的第一反应竟是"我们敏珠林寺这边的藏香是最好的藏香"，我微笑着说"是的"，他又指着快要燃尽的藏香，更为激动地说道："你看，寺院僧人做的藏香可以烧将近一个小时呢！"我问他为何要在车上燃香，香不应该是在佛堂供佛吗？他的回答是，没有这种规定，藏香可以净化空气，每天车上都有那么多乘客，发车之前点上藏香，可以让车里气味更加好闻，而且可以预防传染病。回想起来，德吉卓嘎的哥哥也说过类似的话，因为车子是一个相对公共的空间，每天都会有不同的乘客，在车里燃上一支香，既可以祈祷行车顺利，又可以让车里充满芳香气味。在这一层面上，藏香的净化作用从祛除妖魔的神学意味转变成了祛除污秽的卫生学意义了。藏地的人们总说藏香的主要作用是净化，那么当藏香从神圣空间进入世俗空间时，藏香的净化作用也实现了神圣与世俗的融合。

当然，燃香发生的生活空间不仅仅是起居室和汽车，还有商场、办公室甚至拉萨的公共厕所。藏香作为宗教圣物出现在公共厕所一定是格格不入的，因此出现在公共厕所的藏香已经不具有神圣性了，而只是一种用于空气净化的物品。在我的田野观察里，藏香也只出现在拉萨八廓街的公共厕所里。在农村，藏香依然只会燃在佛堂或者起居室中。吞巴村民跟我说过，藏香是不可以放在厕所中的，因为厕所是不干净的。我认为村民所说的"不干净"应该是一语双关地道出了宗教学意义和卫生学意义上的双重不洁，因此，这种说法也可以体现出藏族圣俗之分的洁净观念。藏族社会是由"神圣"与"世俗"二元结构所构成的世界，在藏传佛教信仰中有一个普遍的观念，即与宗教有关的都是神圣的、圣洁的，如人们家中的佛堂是家屋中最为神圣的空间；如果违反了宗教对于洁净的分类原则，不利于"来世"的事物则是污秽和不洁的①，比如家中灶台是"鲁"的居所，因此要时刻保持洁净，如果不小心在灶火中焚烧了头发、骨头等不洁的东西，就会惹怒灶神，导致家人生病或者带来不好的事情。② 西藏民主改革之前，很多百姓是没有自己的居所的，更别说拥有功能分区明确的住宅；到改革开放时期及 20 世纪 90 年代，厕所在西藏民居中都并不常见；直到 2006 年安居工程实施以后，西藏农民开始逐渐盖起新房，而新房中一般都会增加厕所的空间。2010 年和 2011 年，我曾在拉萨西郊堆龙德庆古荣乡那嘎村作过安居工程的调研，村民在对家屋空间进行安排时，通常是将佛堂置于位置比较高的楼上或整个家屋空间的中间位置，而厕所被安排在与佛堂呈对角线的最远位置。藏香从诞生之初通常由寺院和贵族使用，到现如今出现于百姓的日常生活之中，其最重要的文化意义一直是供佛和祈祷的宗教圣物，因而是神圣的、洁净的。根据玛丽·道格拉斯的分类思想，凡是不符合人们预设分类的、具有两义性的事物都是肮脏的、污秽的，是对神圣的亵渎，这种肮脏并不是卫生学上的不洁，而是不能被归类或者错位的东西，即异常物。③ 因此，虽然藏香可以净化空气、祛除异味，但是在藏族的洁净观念中，它是不应该出现在厕所中的宗教物品，出现在厕所中的藏香会被视为"破坏了规矩的异常物"。但是在最近几年，藏香却开始出现在了拉萨街头的公共厕所中，按理来说，这应该是对藏族洁净观念的重大挑战，可是人们却慢慢接受并适应了这种转变，这究竟是因何缘由呢？

藏香开始出现在公共厕所主要源于西藏地区的"公厕革命"。"厕所革命"最早由联合国儿童基金会提出，旨在对发展中国家的厕所进行改造从而改善这些国家人民的健康状况和环境状况。而中国实施的"厕所革命"主要是为了解决乡村生活中脏、乱、差等方面的难题。据史料记载，旧时拉萨空气污浊，环境卫生状况极差。光绪三十年（1904 年），刚刚上任的驻藏大臣有泰在其日记中记载："（正月）初十日喉痛未愈，因食白粥。在屋内未敢出院中。时有气味盖天。旱且街道污秽所致。"④ 1939 年，蒙藏委员会委员长吴忠信在考察之后将拉萨描述为"极不讲求

---

① 刘志扬：《乡土西藏文化传统的选择与重构》，民族出版社，2006，第 266 页。

② 刘志扬：《神圣与内在：藏族农民洁净观念的文化诠释》，《广西民族学院学报（哲学社会科学版）》2006 年第 3 期，第 64—69 页。

③ 乔小河：《贡献和质疑：从内外向度评价玛丽·道格拉斯的分类思想》，《民族艺林》2017 年第 2 期，第 30—37 页。

④ ［清］有泰：《有泰驻藏日记·卷五》（中国藏学史料丛刊第一辑）（影印版），吴丰培整理，中国藏学出版社，1998，第 78 页。

卫生之地方""拉萨街道每值早晨，便溺遍地，等值于一公共厕所"。[①] 一直到 1951 年，拉萨的贫困、破败和公共卫生环境的恶劣都是超出常人想象的。西藏和平解放之后，拉萨开始逐步整治市区卫生，具体包括清扫垃圾、疏通阴沟、修复厕所、设置垃圾箱和垃圾车等。据 1954 年 8 月 19 日的《西藏日报》报道，1954 年 7 月至 1954 年 8 月，拉萨清洁卫生工作委员会组织了 15 次大扫除，清扫垃圾 1.39 万筐，新建公共厕所 4 个。[②] 20 世纪 60 年代，全国范围内开展的"两管五改"活动主要包括管水、管粪、改水井、改厕所、改畜圈、改炉灶、改造环境；到了 20 世纪 90 年代，我国政府将改厕工作纳入儿童发展规划纲要和卫生改革与发展的相关决定，在广大农村地区掀起了一场"厕所革命"。从西藏和平解放到 20 世纪末，政府的一系列措施都旨在"双管齐下"地对城市和农村环境卫生进行改造，这些措施也颇有成效，潜移默化地影响了西藏人的卫生观念，主要成果体现在随地大小便的情况变少以及建房时对厕所空间的增加。

西藏不仅是藏族人世居的家园，更因其独特的宗教文化和高山净土的自然景观吸引了国内外大量游客。自 2004 年开始，拉萨市政府针对游客比较集中的八廓街（现在也被称为"八廓古城"）进行了一系列环境保护与整治行动，公厕改建就是其中的重要项目。2012 年 2 月，拉萨市人民政府发布的第 36 号政府令《拉萨市公共厕所管理办法》对市区内公共厕所的新建、扩建、改建以及配套设施有了更高要求，比如厕所要有专人清洁和管理，要有正衣冠的镜子和洗手的水龙头，还有一个重要的要求就是"除臭"。为了保持空气的清新与洁净，清洁工人每隔几分钟就会清洁公厕的地面和洗手台，并且还要定时燃香。事实上，在《拉萨市公共厕所管理办法》出台之前，藏香就已经进入了拉萨的公共厕所。从 2011 年开始，拉萨市城关区环卫局就会定期给每座公厕分发藏香，要求公厕全天焚烧，对公厕进行杀菌并消除异味。现在拉萨每一个公厕的洗手台上都会有一个木质香盒，里面不间断燃烧着气味怡人的藏香，进入厕所的人们对于在公共厕所燃香这件事情已经十分习惯了。但是执行之初，多数人认为在厕所燃香是一件匪夷所思的事情。

卓玛是拉萨环卫局的一名环卫工人，主要负责大昭寺广场南侧入口处公厕的保洁工作。她在这个地方工作快五年了，刚来工作的时候就赶上了局里要求点藏香，

---

① 吴忠信：《西藏纪要》，载《西藏学汉文文献丛书》（第二辑），国家图书馆文献缩微复印中心，1991，第 178—179 页。

② 中共拉萨市委党史工作领导小组编：《中共拉萨党史大事记（1951—2000）》，内部发行，2003，第 21 页。

很多环卫工人都接受不了，觉得这个不符合"规矩"，但是这是领导要求的，又没有办法不做，她说："私底下我们也讨论过为何不用空气清新剂，就是喷的那种，但是可能因为比较贵吧，而且我们确实也闻不惯那个味道，还是觉得藏香好闻。但是我们要每天都在厕所点香，心里还是觉得挺别扭的，后来就想着这是工作，是为别人服务的，跟家里供佛那些没有关系，才慢慢说服自己了。但是我是肯定不会在自己家里的厕所点藏香的。"对于来如厕的人们，他们在心理上也经历了一个逐渐接受的过程。卓玛说她在刚工作的时候就遇到过一件"有意思"的事情。一位藏族奶奶转完八廓想要去上厕所，一进去之后发现在洗手台上有香盒，里面还烧着藏香，就立马又出来了，说是一进去闻到熟悉的味道就感觉像是在寺院或者佛堂里面，不愿意在里面解手，要去鲁固停车场那边的公共厕所。卓玛就跟她说现在拉萨的公厕都要点香，这是规定，换其他厕所还是一样的，但奶奶还是走了。"到现在我都不知道那位奶奶后来有没有在厕所解手，但是有很长一段时间，类似的情况都会出现。我们就会解释，有些人理解，有些人不理解，但是现在大家都习惯了，每个人都是要上厕所的啊，现在拉萨又没有人好意思在外面随地大小便的，只能去厕所，反正人们会觉得这是外面的厕所，不是自己家的，点香就点香吧。"

在接受公厕燃香这件事情上，体现了西藏人洁净观念的两个态度：一是对于传统洁净观中圣俗之分、内外之分的强化；二是对于现代卫生学意义上洁净观念的接受，这二者之间既矛盾又统一。在世俗空间燃上原本出现在神圣空间的藏香，这本是一件对藏族圣俗洁净观念挑战极大的事情，但是人们又用"内外有别"的洁净观，自我安慰式地消解了这种矛盾。因为在藏族看来，内部和内部人是洁净的，相对应的外部和外人是不洁的，拉萨方言中的"家"就有"内部"与"内在"的意思，人们认为必须要保证家屋内尤其是佛堂的洁净与神圣；而对于外部公共空间中出现的不合逻辑的"异常物"（指藏香），虽然是"不洁的"，但是因其本身就处于一种"不洁的"外部状态之中，通过这种净化仪式反而被"洁净化"和"正常化"了。另外，人们逐渐接受公厕燃香还有一个重要原因是对藏香祛除异味、净化空气的洁净作用的认可，这种净化也是对传统洁净观念的扩展。藏族现代洁净观念中显然已经包括了宗教学和卫生学两个方面的意义，"洁净"与"不洁"不仅仅指称宗教上神佛与妖魔的二分，也明确包含了卫生学上的"干净"与"不干净"。因此，藏香从寺院、佛堂开始走入世俗的生活空间，并不能简单解释为藏香神圣性的减弱或者藏族宗教观念的弱化，因为在现代藏族洁净观念中，"洁净"既有精神和超自然力层面的神圣意味，也具有科学实践层面的卫生理念，而且二者之间的共识是：洁净有利身心健康，不洁会导致疾病、影响健康。在现代洁净观念中，藏香的神圣性并没有削弱，反而因为新的洁净观念的加入而被更加强化。

二、藏香分类体系多元化

在西藏，最常见到的藏香是线香（或者叫炷香），敏珠林寺和甘露藏药制作的藏香都是以线香为主。而吞巴村民还会制作塔香（直径1厘米左右、高度约5厘米的圆锥形）来满足部分顾客的需求，这与"吞弥·桑布扎造香说"也有一定关系，因为民间传说吞弥·桑布扎最初制造出来的香就是块状的，用牛角挤香是后来才有的工艺，所以在吞巴，制香人除了制作线香外还会做塔香。塔香不容易折断、方便携带，对于燃烧方式没什么要求，不需要香炉或香盒，找块平整的地方放上就可以直接燃烧。香粉在寺院比较常见，通常是将芳香植物与药材研磨成粉并按照一定的比例混合而成，拉萨地区比较常见的有色拉寺香粉、楚布寺香粉和甘丹寺香粉，人们在转完寺院后购买一些香粉，回家放在香炉里直接焚烧即可；将香粉装进丝质或者布质的小袋子里，就成了香囊或者香包，这种香囊方便携带和悬挂，还可以放在车里，出门在外到一个陌生地方或者遇到"不干净"的东西时，也可以取出一些燃烧。还有一种是盘香，但现在并不常见，有人提到说藏历新年的时候要烧盘香，我没有亲见，在西藏百姓的日常生活中，盘香也不多见，只是在优·敏芭林周县的工厂里看到了相关商品。

优·敏芭手工盘香　　　　　　吞巴村民家中的藏香售卖摊

以上从形状上对藏香进行了简单分类。可以看出的是，传说中藏香最初的形态块状藏香并没有成为西藏用香的主要方式，被佛教文化浸染下的西藏与汉地一样，都习惯于燃炷香供佛。那么又因何种缘由产生了其他形状的香品呢？西藏是否存在一种关于藏香的通识性分类？这种分类不是基于上文所述的香的形状，而是基于燃香的目的。李亦园认为，为不同类别的神所点的香是不同的，比如拜"天公"[①]时所用的香最为隆重，不用一支一支的香，经常是用可以吊挂起来并绕成圆圈的"盘香"，对一般神明则通常点三支香，对鬼魂仅用一支。对鬼魂用最少的香，是表示不得不与之交往，但是关系愈少愈好的态度。[②]我曾经在九华山看见过燃盘香，盘香与香烛一起，悬挂在寺院门前的香烛架上，在西藏的寺院却并没有看到类似的盘香。在田野调查中收集到的资料显示，藏族在不同使用场合对藏香的形状并不十分强调，选择不同形状的藏香多数是基于使用时候的方便度以及用香的目的。但是近年来，人们开始对藏香有了新的分类方式，人们开始强调佛香与药香（或保健香）之分，"荤香"与"素香"之分，以及机器香与手工香之分。

（一）佛香与药香

我最初去的田野调查点是尼木县吞巴乡——西藏民间制香最为集中的村落。第一次近距离、全方位接触藏香是在玛吉家，因为与我同行的汉族朋友要买香送给他的藏族同事，驻村干部就推荐了吞达村二组的玛吉。玛吉家的起居室里堆满了已经制作好但还没有来得及包装的散香，我们在沙发上发现了两块檀木，玛吉家的藏香就是因为加了檀木味道好而被大家广泛认可的，在县城里的专卖店里售卖情况也非常不错。通常他会安安静静一个人坐在沙发的角落里，进行藏香最后的包装工作，即用红线将 30—35 根藏香捆成一捆，四捆一起放进一个塑料包装袋，接着放入一张黄色纸彩印的藏香介绍，最后封口。当天玛吉外出办事不在家中，玛吉的老婆阿佳招呼了我们，但是她不会听说汉语，我们的交流只能靠用手比画。阿佳得知我的朋友要买藏香，就从家里找出了几种已经包装好的香供我们挑选：一种是长约 30 厘米的细香，一捆 30 多根，四捆放在一个包装袋内；一种是长约 45 厘米、八捆捆在一起用报纸包起来的简装香，这两种香都分为原色（棕色）香和黑香两种；一种是塔香，每个塑料小包里 20 根；还有就是长宽分别约为 20 厘米和 15 厘米的香枕以及半个手掌大小的香囊，这些几乎就是玛吉家所有的产品了。因为不会说汉语的缘故，阿佳直接拿出了一张 100 元，然后抱出一大捆简易包装香，先是用手指了指香，然后又比画了一下"1"，我们就明白了她的意思是这些香卖 100 块钱。接着她拿出了 6 包塑料包装的线香，又重复了之前的动作，这些香也是 100 元。最后，我的朋友购买了 300 元的藏香，阿佳赠送了他一个小香包。这是我在吞巴经历的第一

----

① 拜天公是广东、福建、台湾等地的传统民间信仰。民众相信其奉祀的"玉皇大帝"是神中的至尊，或称"玉天大帝""玉皇上帝""昊天上帝""天租公""天帝""玉皇"，俗称"上帝""天公"等。

② 李亦园：《信仰与文化》，巨流图书公司，1983，第 127 页。

次藏香买卖行为，那时我还没有意识到藏香的分类问题，当下觉得玛吉家的藏香种类是非常齐全的。到江措家还有藏苏家都是如此，吞巴制香人尤其是吞达村的制香人对藏香的分类几乎都是以形状来划分的。直到去了敏珠林寺和甘露藏香厂，我才意识到藏香的另外一种分类方法，那就是佛香和药香。

敏珠林寺专卖店中的藏香有很多种，售价也不相同，从十几元的藏香和香粉到近千元的藏香礼盒应有尽有。八廓街上游客较多，售价比较高的藏香礼盒主要是针对国内外游客而专门设计的，老百姓通常购买的还是基础款的藏香和香粉。当曲·旦增说以前敏珠林藏香分五等，现在只有四个等级以及安神香，四个等级的区别是药材不同，等级越高药材越多，价格也越贵。

> 我们西藏人大部分都信佛，老百姓在家里念经时，必须要点藏香。藏香除了游客以外，本地人买的也多。敏珠林寺藏香分四等，好的香里药材多，分量也足。一级香主要是有藏红花，二级主要是贝甲，三级主要是紫檀香，四级就是一般品种，特别普通。老百姓大部分买的是第四等，他们收入比较少嘛，一等的都是有钱人来买的。
>
> 以前最贵的藏香礼盒是 1298 元，现在有点降了，只要 885 元；还有一种礼盒是 558，礼盒里什么都有，有藏香、甘露丸、佛珠、香炉，还有纪念的哈达，一共 5 种东西。这两种礼盒的区别是里面的藏香不一样，最贵的那种里面放的是一等香，有两捆，558 的里面放的是二等香，其他东西都是一样的，就是香有些差距。礼盒里的东西都非常好，像甘露丸，都是我们僧人做的和加持过的；香炉也是特色，上面有敏珠林寺的标志，外面买不到的，很多人看见这个香炉都很喜欢，但是我们不单独卖，香炉只配在礼盒里；里面的佛珠是紫檀的，也非常好。

当曲·旦增所说的四个等级的藏香都是佛香，也就是在佛堂里供佛时所用的香；安神香则是一种药香，专门针对睡眠不好的人而制作的，并不在四个等级的分类里面。

> 安神香的配方只适合失眠的人，如果睡眠比较好的人，就不需要点了。它只针对睡眠不好的人，可以每天都点，每天睡觉前或者早上起床的时候点一根就可以了。有些人血压比较高，安神香可以降血压，还有心脏不舒服，点这个

也有效果，这个是专门针对这些不舒服的。我们的这个藏香虽然叫安神香，但是有很多保健的功效。

在敏珠林寺，除了以形状来划分藏香外，又多了一个分类方式，即佛香和药香。佛香是佛堂和法事活动中的专用香，在包装上通常会注明是"集聚熏香"，人们也都默认其为佛堂里燃的佛香，而安神香则是具有保健功效的药香。这一分类方式在甘露藏药厂也同样适用。甘露药厂的香品主要有意乐藏香、意乐药香和意乐安神香三种，藏香是供佛时使用的，药香和安神香都是用于治病防病的。当曲·旦增说藏香的配方必须要有严格的传承，敏珠林寺的配方都是从经书里而来，所以在佛堂里最好点佛香，而药香的配方会有些改良，加入的很多材料是有药效的，所以在人生活的空间里点比较好。显然，这种分类方式暗含着一种文化逻辑，即制香者通过藏香分类来定义了人和佛的不同空间，佛香与佛、药香与人这种二元结构也可以看成是西藏人神共居空间的缩影。在这个空间里，佛香是神圣的，药香就变成了世俗的。但是这只是制香人的分类，他们并不能明确要求和规定购买者在什么地方点什么香，所以只能从名称上进行区分。从文化层面来看，这种分类比形状分类更为意义深刻。

（二）"荤香"与"素香"

另一种分类是"荤香"与"素香"。让我意识到这种分类结构的存在，源自对自治区级藏香制作技艺传承人贡觉维色的访谈，他也是国家级"非遗"传承人次仁平措（原直贡梯寺阿贡活佛）的徒弟。最初经自治区"非遗"中心阿旺老师介绍，我的访谈对象是阿贡活佛，但是因为拉萨冬季寒冷，阿贡活佛带着现在的直贡梯寺小活佛在四川休养，我一直没有机会得见，阿贡活佛就推荐了他的徒弟贡觉维色，说贡觉维色现在主要负责直贡藏香的制作。在拉萨东郊的尼霞苑小区里我见到了贡觉维色，他刚从外面打印了两份资金申请材料，说是要送到政府进行项目申报。落座之后他给我倒上一碗酥油茶，便打开了话匣子："每家或每个厂子做的香都有自己的特点。香像个海洋一样，没有最好。我们直贡想做更好的藏香，但资金和文化方面都遇到了困难。""香像个海洋一样，没有最好"这句话应该是我在田野调查里听见的最客观和中肯的评价与认知。现在的藏香市场确实比较混乱，需求量的增大让商家看到了商机，越来越多的人开始投身于藏香制造，从而出现藏香质量参差不齐、制香企业恶性竞争等问题。直贡藏香是次仁平措结合直贡噶举派创始人觉巴·吉天颂贡仁钦贝的秘方《七支法》，经过多次试验研制，采用无污染雪域高原珍贵植物药材和纯天然植物香料精心配制而成，无动物成分和化学成分，它的加工、销售质量体系已被认定符合 GB/T19001-2008/ISO9001:2008 标准，制作技艺也于 2008 年 8 月 7 日被国务院非物质文化遗产评审委员会认定为"中国非物质文化遗产"，次仁平措本人也被认定为第一批"中国非物质文化遗产代表性传承人"。贡觉维色的话语中却传递出这样一种讯息，直贡藏香是目前唯一同时拥有国家级"非遗"传承人和自治区级"非遗"传承人荣誉的藏香，但是现在也遇到了发展的瓶颈，这个瓶颈主要体现在两个方面：一是坚守手工制作技艺导致效率低、产量低，藏香供不应求；二是直贡藏香所蕴含的"素香"理念被一部人接受，却被另外一些同行所"诋毁"。

可以直接食用的"素香"

　　直贡藏香里没有动物材料，没有肉和血，可以说是一种素香。只有山上的草药，草药也是不可以被直接使用的，有些要先消毒，然后蒸和煮之后再磨成粉。刚做好的香也不能晒太阳，要放在暗房里阴干。直贡藏香对于创伤、美容和心脏等方面有好处。直贡藏香的特点之处在于，香里不掺杂任何荤的东西，特别是动物的血肉，原因是直贡梯寺里也不能拿动物的血肉之类的东西来供奉。觉巴仁波切说过，食肉者，非吾弟也。藏族四大教派里不能区分哪个食肉哪个不食肉，这是按照僧侣自己的意愿来的。西藏这边只有直贡寺的僧人是不吃肉的。所谓身体是革命的本钱，不食肉身体自然会缺少它所该有的营养，从而会导致身体一天不如一天，无法传承佛法，所以其他寺院的僧人吃肉我也是可以被理解的，但是我们不会去吃。

贡觉维色说直贡藏香中最重要的材料是檀木和草药,这些对身体有益,而且味道好闻。现代藏香对味道的要求在前文已经叙述,此部分不再赘述。除此之外,直贡藏香最大的特点就是没用动物材料和手工制作。我们在聊天的过程中,正巧碰到贡觉维色的妹妹带着孩子过来拜访,她的妹妹得知我是过来了解直贡藏香的,立马从里屋找来一些散装的藏香,并且掰下一块放到嘴巴里嚼了起来,一边嚼一边跟我说:"你看,直贡的藏香是可以直接吃的,里面真的没有动物成分和化学成分,而且还可以美容养颜,如果脸上长痘痘的话,用酥油和这个香拌在一起涂在脸上,是可以祛除痘痘的。"贡觉维色接着说,直贡藏香是直贡梯寺的专供香,寺院佛堂里点的都是素香,阿贡活佛在直贡梯寺开了一个店,很多朝拜的人尤其是直贡噶举派的信众都会买直贡藏香,老百姓觉得佛堂里点没有动物成分的香还是比较好的,"素香"和"可食用"似乎也成了直贡藏香宣传时最常用的标签,但是这恰恰也成为其他一些制香人"攻击"它的切入点。

才仁平措博士因为对藏香比较有兴趣并且计划自己研发藏香,所以搜集了市场上比较知名的藏香进行了对比和研究。他认为直贡藏香里面虽然有檀木,但是并不多,反而是甘松比较多,甘松要比檀木便宜。才仁平措对直贡藏香最大的质疑是从经济角度出发的,他认为藏香里面没有麝香等动物药材,并不能用作企业宣传的点,因为麝香和贝甲比较贵,很多制香人都用不起或者觉得加了之后会增加成本,像吞巴那边就是如此,市场上很多品质不佳的藏香里都没有这些动物药材。其次,作为藏医专业的博士,他还强调了藏香的医用价值。他认为所有的藏香都可以直接食用,因为即便有动物药材,也是经过一系列炮制的工艺才加进藏香里的,肉血上面"不干净"的东西经过炮制也变得"干净"了,除非香里面加了一些化学的胶粉,没有添加化学材料的藏香都是可以被直接食用的,因为它里面的成分都是药材,与藏药是一样的。另外,他也对直贡藏香的炮制技术有所质疑,不仅是动物药材,很多草药在制作过程中都要经过特殊的加工,因此他认为"素香"的说法只是现代社会中一种比较"简单粗暴"的宣传方式。

而在寺院和藏医学院都学习过的旦增·曲扎明确赞同"使用动物材料对佛不敬"的说法,但他的观点也与才仁平措博士相似,就是经过特殊工艺处理的动物材料才可以放到藏香之中。

> (动物材料)是必须用的,这些动物是比较珍贵的,多多少少需要一些。藏
> 药中也是什么都有,藏香也一样,如果没有的话,对身体的保健作用和香味方

面都会差一点。我们用动物材料是不杀生的，比如贝甲，它到了一定的年龄会自己蜕皮，或者是自然死亡，不是刻意去杀的。而麝香的话，现在大部分用的是人工的，藏药中必须要有，藏香也是，这个是固定搭配，没有它是不行的。

但是旦增·曲扎的另一个观点是，像麝香和贝甲这些动物药材没必要放在佛香里面，这又从另一个角度支撑了直贡素香的说法。他认为贝甲和麝香具有比较好的保健功能，因而必须添加进保健香；但是佛堂里不需要有预防感冒等药效，在佛堂里点香只要能排除污染、保证这一空间的空气清新就可以了。

> 有人觉得麝香对孕妇不好，这个没事的，藏香做法不一样，像药材里面的话，麝香是直接放的，但是做藏香时对麝香是有讲究的，要经过炮制，而且放的量也不多。放贝甲的话肯定要加一点点麝香，没有麝香的话就不好，麝香和贝甲是配合起来的，可以防感冒，消灭空气中的一些细菌，但是拜佛的佛香中就不需要了。

另外旦增·曲扎也表示，"荤香"或者"素香"都是现代人的说法，以前经书里没有这种说法，甚至经书里都没有明确的藏香配方，需要自己去找。

> 我都是从经书中找配方，然后再去请教一下大的活佛和堪布，问他们行不行，如果他们说可以，我就去做。其他很多藏香包装上都写自己是佛香，但是不是真的佛香，有没有配方我也不知道。单独佛香的配方其实是没有的，我以前学过密宗，拜佛的专门有本经书，但是经书里面没有明显的藏香配方记录，需要自己去找和摸索。

2002 年，旦增·曲扎开始在自治区藏医学院学习藏医。在藏医学院学习的六年之中，他一直都在研究藏香，即使从藏医学院毕业了也一直在看书和研究药材，最开始掌握的只有如巴寺活佛教给他的那一个配方，现在已经掌握有 20 多种藏香配方了，大的种类有通用佛香、文殊佛香、檀木圣香、保健香和财神香，根据味道浓淡的不同又可以分为 30 多个小品种。旦增·曲扎是我在田野中接触到的对于藏香分类最为细致的制香人，他的每一个配方都从经书中提炼而来。比如说文殊佛香和通用佛香里面一般不放贝甲和麝香，因为"在佛的面前烧动物的东西肯定不好，我们藏族有这种说法";但是财神香里面就可以放,因为"我在经书里看到过一些话,说要是拜财神的话,需要什么样的香和什么样的原料,那个跟通用佛香是不一样的。而且在我们藏传佛教里面,财神不是佛,佛和神是不一样的,通常只有财神香里会放贝甲,别的佛香里,不用放动物药材"。

在旦增·曲扎的知识体系中,"荤香"与"素香"又对应了前文所述的药香与佛香这一对分类。财神香里加入了动物材料,它是荤香,但是又被排除在药香和佛香这一分类结构之外,是一种比较新型的藏香,甚至并没有被很多藏族人接受和认可。在西藏,除了通用佛香和药香以外,有些企业会根据市场需求,提升自身的竞争力,不断在藏香的造型和外包装上下功夫;有些则是研发出更多品类来吸引大众眼球,如优·敏芭藏香;还有些企业和个体商户则是主打"手工制造"这一卖点,强调手工制作中所蕴含的匠人精神,从而赋予藏香更多文化价值。因此,除了佛香与药香、"荤香"与"素香"的分类外,还出现了手工香与机器香的分类,因为机器的介入使得制香人和用香人的观念都产生了相应的变化,这部分内容我将在下一节具体展开论述。现在我想给大家呈现的是在传统藏香分类体系之外的财神香以及各种藏香创意产品的出现。

三、财神香与藏香创意产品的出现

在我接触的众多制香人中,有从小接受寺院教育的僧人,有受过藏医和中医高等教育的博士,有国家级、自治区级藏香制作技艺传承人,也有没有任何荣誉的民间制香高手,但只在才仁平措和旦增·曲扎两个人的口中听到过财神香这种说法。他们一位是藏医博士,一位是从小出家在寺院后又还俗经商的商人,他们之间的共同之处是都曾经在西藏藏医学院进行过长时间的藏医学习,并且都是原西藏藏医院院长、藏医传承人洛桑多吉的学生,而洛桑多吉对藏香配方颇有研究。二位所提到的财神香是近两年才研发出来的香品,还没有正式在市场上销售。因为财神香的成本和售价要高于普通佛香和药香,而且西藏很少有人会专门购买财神香,财神香的客人主要是全国各地顾客。

在中国民间传说中,财神爷是主管财源的神明,主要有道教赐封类和民间信仰类之分。道教赐封的是天官上神,民间信仰为天官天仙。中国主要供奉的五大财神是中斌财神王亥(中),文财神比干(东)、范蠡(南),武财神关公(西)、赵公明(北);他们与其他四方财神端木赐(西南)、李诡祖(东北)、管仲(东南)、白圭(西北),共九位财神形成了道教中"四面八方一个中"的财神阵容。平日里家宅、商铺和公司会请财神、供财神,民间更是形成了大年初五迎财神、接财神的年俗。可以说财神爷倾注了中国劳动人民的朴素情感，寄托着安居乐业，大吉大利的美好心愿。佛教里也有财神，常见的是善财童子和北方多闻天王。善财童子是观音菩萨身边的一位童男，历尽了千辛万苦，参拜了比丘、长者、菩萨、婆罗门、仙人等53位名师，最后拜见了普贤菩萨，实现了成佛的愿望。北方多闻天王，梵名音译"毗沙门天"，也叫财宝天王，是四大天王中掌管北方的守护神，同时又是财富之神，其形象是身骑雪狮，右手握胜利幢，左手托吐宝鼠。

　　藏传佛教中最为常见的是财神护法的主要眷属五姓财神。五姓财神，意译"藏苏拉"（或"赞巴拉"）。藏传佛教各大教派均有五姓财神的修行法门，而一般人均以五姓财神身上的颜色，分别称呼他们为白、黄、红、绿、黑财神。他们都是为了度化众生贪欲的佛和菩萨的现化：白财神是观世音菩萨的化现；黄财神是南方宝生如来的化现；红财神是西方阿弥陀佛的化现；绿财神是北方不空成就如来的化现；黑财神是东方阿閦佛的化现。裸露身躯，圆肚皮，略为温和的忿怒相，持物有吐宝鼠、如意果或珠宝；有的还有双修相的表现形式，是其共有形象。[①]而在西藏，又以五姓财神中的黄财神和黑财神比较常见，因为黄财神属于增长一类，代表财富的增长，不但能生财而且还能增长；黑赞巴拉的仪轨中说，相对比较贫穷的人修习黑赞巴拉比较好，因为黑赞巴拉所发的愿就是帮助那些最穷的人。最初听闻佛教中有修持财神的仪轨时，也是颇为不解，很多人都会把"财"狭隘地理解为世间意义上的金钱、财宝、房屋、土地等等，事实上"财"在佛教中是"资粮"的意思，一是指智慧资粮，即智慧上的财产，二是福德资粮，即福德财产，其意义内涵要远远大于世间的金钱财物。认识了这层意义之后，再来看藏传佛教中的财神信仰，也就可以解释通了。而财神香的出现又丰富了藏香的种类，是一种现代语境下的新型香品。

　　才仁平措认为现在市面上所流通的藏香并没有涵盖所有藏香的种类，藏香有很多的分支，有些是专门供养佛菩萨或其他神仙的，有些是某个教派专用的，有些是专门供养财神的，但是现在市面上的香，大部分都没有太大的区别。藏香有很深厚的文化基础，人们了解的只是其中的一部分，比如药香和佛香刚好可以跟某些神话对得上，因而被人广泛认可。但是应该还有其他种类的香方，比如专供财神的藏香，暂时很少有人去做，市面上基本很少销售，而他刚好有机会获得了莲师伏藏中的一款财神香的香方，现在正在研制过程中。

---

　　①　邵泽江：《藏传佛教中的财神》，《艺术市场》2007年第6期，第72—73页。

我在北京读博的时候认识了一个朋友，他已经拜过上师皈依佛教了。他的上师有伏藏的香方，是专门供奉财神的。很多有钱人很愿意供养上师，他们大部分人的目的都很简单，就是希望能对他们的生意或者家庭产生更好的利益，所以就会去拜上师。他对这个财神香也有很大的兴趣，上师想找可靠的人做藏香，北京的朋友就把我介绍给了这位上师。我看了这个香方以后，发现跟市面上的藏香配方都不一样，这个香方确实是伏藏的香方，不管做出来的味道怎样，从佛教层面来看的话，它都是有很大意义的，但是不做出来的话，我们也不知道它的味道究竟如何。但是这款香现在还没有做出来，还在准备中，我只能说这款香用到的药材都非常贵重，我这次只是打算做个十几公斤的财神香，成本就要十来万了。像我自己的话，虽然有想法做香，但是也不会投这么多钱去做一个没有把握的东西，刚好他们给了我一个机会，让我可以去考证一下这个好的藏香、高端藏香的方子，我现在就很有兴趣，想看看做出来到底是什么样子。

才仁平措获得伏藏香方以及研制财神香的经历还透出一个讯息，即生意人对财神香有着较大的需求，这也印证了藏传佛教的非藏族信众越来越多这一现象。同时他也认为藏香文化是博大精深的，市场需求的增加刚好让他有更大的动力去研究更多的香方，但如果只搜集和研究香方则是停留在理论层面，最好可以按照香方把藏香制作出来，这样才能更好地了解藏香并传承藏香文化。

另外一个提到财神香的是旦增·曲扎。除了佛香和保健香以外，他还制作了檀木圣香、文殊香和财神香，这也是顺应了市场的需求，因为这三款香主要都卖向藏区以外的地区。檀木圣香售价高于普通佛香，很多顾客是燃其于书房之中，可以凝神静气；文殊香是专供文殊菩萨的，很多人有拜文殊菩萨的习惯，认为拜文殊可以增长智慧，这个香方也是他从经书中总结出来的；财神香则是客人专门定制的。他说藏族一般不会专门区分和购买文殊香和财神香，而多是购买通用佛香回去供佛。在西藏寺院里供有财神像是比较常见的事情，不管是财宝天王、五姓财神还是扎基拉姆，这些都是藏传佛教中被人认可的护法神。如前文所述，拜这些财神可以增长智慧资粮和福德资粮，是一种正常的朝拜和供奉行为。

刘志扬在对拉萨郊区娘热乡的田野调查之后得出结论，藏族传统文化有着足够的自信心和顽强的生命力，在全球化的浪潮中和外来文化的冲击下也不会迷失自我，将来的趋势仍然会遵循着选择、重构和顺应自然发展的路径。[①] 财神香是顺应了市场需求而出现的新的藏香品种，而两位制香人的经历和观念也反映了他们在面对市场和传统文化的碰撞时的理解和选择。第一，在面对市场需求时，怎样权衡及协调市场与文化的关系，两位制香人给出的答案都是要坚守民族传统文化，这个是前提，不能因为利益而违背甚至破坏传统文化，比如说不能违背藏传佛教的信仰，不能做"不好的"香。第二，在面对新形势和新变化时，要敢于做出尝试，藏族传统文化中的精髓需要让更多的人知晓，比如财神香的香方，只有按照香方做出藏香，才能让更多的人认识并了解到藏医、藏药和藏传佛教中的智慧，如果只停留在文字层面的话，就没有办法更好地进行传承和传播。第三，现代文化语境中，藏香种类的增多是否可以说明藏传佛教信仰强化的趋势？我不敢断言，但是财神香的出现确实可以印证部分其他地区信众对藏传佛教的认可，香的多元化其实也可以说明人们对宗教认识的深化。在传统藏香越来越受到认可的情况下，有些制香人还将藏香文化与创意产业相结合，研发出了藏香水、藏香皂等创意产品，并赋予其一定的文化内涵，让藏香的形态和文化意义都越来越多元化。

创意香品：藏香水和藏香皂

田野调查中让人印象最为深刻的创意香品就是藏香水和藏香皂了，而这些产品都来自优·敏芭公司。最初知道这个品牌是由于其在拉萨街头装修气派的店面。我曾经以顾客的身份进入过优·敏芭位于丹杰林路上的店面，当时是上午十点多钟，店内没有顾客，我在店内转了一圈之后就与藏族店员攀谈起来。起初她很热心向我介绍藏香和价格，可是没过几分钟就被之前一直坐在柜台后面角落里的另一位工作人员叫了过去，这位藏族姐姐年纪在 40 岁左右，穿着打扮考究，我猜想至少是店长或者更高职位的负责人。她们小声用藏语交流了几句之后，店员就过来跟我说让我自己看，有需要再叫她，然后就到一边做事去了。我没有听清她们说了什么，但

---

①　刘志扬：《乡土西藏文化传统的选择与重构》，民族出版社，2006，第 33 页。

我猜想可能是店长看出我不太像一个顾客或者她感觉出了我的"醉翁之意不在酒"，所以不想让我打探到更多的信息。我与优·敏芭的第一次接触并无太多收获。

第二次接触到优·敏芭是在拉萨市八廓街的古修那书店。古修那书店是拉萨颇有名气的"网红"书店，关于藏学研究和藏地风俗的书籍非常多。我问店员有没有跟藏香有关的书籍，她从柜子的最高处搬下了一本优·敏芭公司自己出版的、类似于宣传画册一样的书籍《西藏敏竹梅芭藏香密续宝典》①，翻开一看，图文并茂，介绍了该公司制作的各种香品以及在全国各地的销售分店，香品包括传统佛香、药香、藏香水、藏香皂甚至还有星座香，这些创意产品让我大开眼界。后来在与西藏自治区非遗中心原主任阿旺老师的交流中，他也提到，如果想要了解藏香的市场营销，就一定要去优·敏芭作调研，因为整个西藏只有它的藏香种类最为丰富、最能迎合市场需求。第三次接触到优·敏芭时是在与其他制香人的聊天中，吞巴制香人江措和敏珠林寺僧人当曲·旦增都对优·敏芭有颇多"怨言"。

> 现在最有名的藏香可以说是优·敏芭了，品牌知名度特别高。第一，品牌大；第二，投资大；第三是广告多，生意肯定会做得比较好，价格也比较贵。以前我们村子里的去打工，他们也喜欢招我们吞巴人，会宣传是吞巴人做的藏香，现在去打工的慢慢都回来了。工资不高，还有就是扣钱多，一个月最多只能请假 4 天，一天会扣 200 多。我有两个亲戚，是吞普村的，一个是前年（2014 年）回来的，一个是今年（2016 年）回来的。现在他们的生意好像也不如以前了。

江措认为优·敏芭知名度高、销量大的原因跟藏香本身关系并不是很大，主要还是广告多才能在众多藏香品牌中获得更多关注，而且他认为优·敏芭在宣传策略上也借用了尼木和吞巴的名气，并且以利益作优先考虑。当曲·旦增提起它时也有些生气："它跟我们敏珠林寺没有关系，它用了我们的名字！"优·敏芭在创办之初，多方学习经验，包括吞巴和敏珠林寺，在后期宣传时可能使用了一些容易让人产生误会的语言，让消费者将优·敏芭与尼木藏香和敏珠林寺藏香之间人为地建立起某种联系。但是对于尼木吞巴人和敏珠林寺来说，这是一种借用他们名声甚至侵犯名誉的行为，因此敏珠林寺还将优·敏芭告上了法庭，使其之后不得不更换品牌

---

① 优·敏芭藏香曾用名敏竹梅芭藏香，因为与敏珠林寺打官司的缘故，后改名。《西藏敏竹梅芭藏香密续宝典》由香港新华书店有限公司出版，2006 年 8 月 28 日正式在香港发行。

名称。这些经历都无法影响优·敏芭的企业化和市场化道路，现如今优·敏芭的特许分销店遍布全国各地，除了传统佛香以外，藏香水和藏香皂等创意产品也是颇受关注。在阿旺老师的介绍下，我于 8 月 17 日来到了优·敏芭位于达孜工业园开发区内的生产基地，并对普巴经理进行了访谈。

　　生产基地主要由办公区、生产车间、藏香博物馆等几个部分组成，让我印象最为深刻的是藏香博物馆。从 2013 年开始筹建，三年时间建成的博物馆虽然面积不大，但是包括了企业品牌纪要、藏香文化介绍、产品和原材料展示、创意新品试用等不同区域。"优"是藏香品牌创始人优格仓家族姓氏缩写，代表该家族制香技艺传承已久，同时，"优"在汉语中又是"上好""佳"的意思，也意味着优·敏芭古藏香具有的较高品质；"敏芭"为藏语药香的谐音，"敏"取汉语意，为"敏于行"，"芭"为古书上说的一种香草，泛指造香植物。因此，"优·敏芭"这个名字蕴含了优格仓家族对藏香品质和工艺的要求以及美好意愿，也为古藏香赋予了深刻的品牌故事内涵。现如今，为了满足市场的需求，优·敏芭藏香品牌还发展出了不同系列的产品，如优·敏芭古檀香系列、美智敏芭藏香系列、尼木芒氏古方绝品香系列、优格仓私家秘制纯香系列、噶旦宝香法味系列、阁玛瑞喜藏皂系列，以上产品均获得卫生许可证号藏卫消证字（2009）第 540000-000008 号，执行标准号为 DB54/t0080-2014。获得卫生许可并且符合藏香标准，都为优·敏芭藏香走出西藏、走向世界各地提供了先决条件。檀香、纯香、绝品香等系列尚属于传统香品，而藏香水和藏香皂的出现则是跳出了佛香与药香、荤香与素香的传统分类，成为新型香品。

　　优·敏芭琉璃古藏香水有妞妞、氖姐、蓝涛、绿云、秘境、幻情、颂涛、魅惑等不同系列，分别根据不同古藏医秘方、优氏家传私方与药材本草科学配制，并以西藏各大神湖之圣水作原料，这种方式基本上延续了古老藏香的气味之长，同时又便于随身携带和使用，从而达到净化自身和外在的目的。藏香皂也是如此，研发的初衷是使用藏地独有的芳香植物，制成可以去污、杀菌、净化的洁净产品。藏香皂与藏香水一样，已经跳出宗教用香和仪式用香的空间，转而进入人们生活的空间，并且从燃香营造芳香世界的外部净化转向人们对自身的净化。这两种创新香品的出现也可以体现出藏族洁净观念的又一变化或扩展，即洁净观方面由外到内的变化趋势。

　　前文已经叙述过藏族洁净观念由宗教学意义向卫生学意义的扩展和转变，不管是祛除信仰世界中的"妖魔"还是生活空间中的污秽，都强调一种人体自身以外的洁净，而藏香水和藏香皂的出现恰恰代表了人们对于自身洁净的关注。这种

"内外有别"的洁净观也不同于前文所述的家屋内外、自我他者的区别，而是包含有"身""心"都处于洁净状态的重要意义的观念，是一种兼顾了圣俗两方面的新观念。因此，我们可以说现代藏族社会中的洁净观念并非"神圣—世俗"绝对对立的二元结构，而是一种融合了圣俗以及圣俗之间的多元结构。接近神圣事物前进行自身的净化是十分必要的，这不仅是为了表达对神圣的敬意，也是为了避免因玷污神圣而遭受严厉的惩罚。譬如，正统犹太教教规要求教徒在进入圣殿前，必须要洁净手脚甚至净身，在安息日或其他重要的节日前要净身，接触了不洁净的物体后也要净身。① 所以，卫生学意义上的洁净与宗教意义上的洁净并非相互独立的，二者之间密不可分。藏传佛教信仰中也是如此，如制香人在制香之前要净手、净身、净衣，燃香人在燃香之前也要洗净双手。除了传统香品沟通了人神、药香联系了人与外在空间以外，藏香水和藏香皂也是完成个体"身""心"洁净的重要工具，从这个意义上来说，藏香水和藏香皂也是既圣又俗的。

在优·敏芭的调研中，普巴一直强调说"这是市场的需求"，其传达出的意思是，要想将藏香文化发扬光大，就必须迎合市场的需求，不断更新传统产品，如藏香水的出现就是人们追求更高层次的芳香需求和精致生活需求的体现。市场需求对于藏香产业的发展起到了非常大的作用。现今出现的创意香品都是在传统文化的基础上，结合人们的实际需要而创制出来的，这些创意香品是传统佛香在现代文化语境下的新的生命体，是藏文化向外传播和发展过程中的重要符号。虽然有些学者认为"藏族传统文化中包含着一些不可避免的缺陷，如宗教观念与宗教思维中对科学与理性的排斥、重来世轻今生的消极观念、重义轻利和内倾封闭的文化取向等，这部分消极的传统文化应该被进行彻底改造"②，而藏香作为重要的宗教用品似乎正好是与科学和理性相斥的消极观念和文化。但是通过前文所述，藏香的变化与改造是在外部环境——市场的要求，以及内部原因——人们洁净观念的转变这两方面共同影响下而完成的，这些转变正是藏民族在面对现代化情境下的理性选择与调适，是有益于藏香文化传承的必然之举。

① 周海金：《论犹太文化中的人体观》，《学海》2007年第2期，第169—174页。
② 乔根锁：《论藏民族传统文化与西藏社会主义新文化的构建》，《西藏研究》1999年第2期，第84—91页；尕藏才旦：《藏区现代化进程中的障碍及其对策思考》，《西北民族学院学报（哲学社会科学版）》2000年第4期，第10—20页。

第三节　传统制香村落的"喜悦"与"哀愁"

> 我们需要了解的是传统为何持续，以及人们为何固守传统和传统社会变迁的动态原因，而不是将乡民社会定位为都市文明的被动状态来进行静态地描述。
>
> ——庄孔韶[1]

在前面的章节中，我围绕着藏香的社会角色变化，藏香的商品化与去商品化历程，市场、国家以及现代化对传统藏香文化的影响等方面进行了论述，着笔重点依然是"物"的研究，即物自身的脉络变化，但是，我似乎忽视了另一个重要的研究内容，即如何用"物"来再现或表达"文化"。从人类学视角探讨物的问题时，当然不能仅局限在物本身，若限于此，很有可能就会忽略掉其他一些信息以及研究的可能性，所以我们在进行物的研究时，还要注意处理物与人、物与社会的关系，从而更好地理解物自身，如物的制作工艺和制作观念的变化，实则体现的是人和社会的变化，即人与社会如何形塑了物。

20 世纪 70 年代以后，受人类学诸种文化研究新理论的影响，物质文化研究开始更加注重人工制品制作者的活动，即实物背后所包含的"人"的活动及文化过程，而不仅仅是对物品的分类、使用及功能等的分析，因为研究物质文化的最终目的还是了解人类及其社会文化。[2] 这一节，我力图将重点置于现代化背景下的制香村落，通过描写和分析制香原料、工艺、生产经营模式的变化，用香人用香观念的变化等，来研究西藏传统制香村落是如何被纳入现代化大潮之中的，以及在面对变化时，人们是如何应对并消解传统与现代之间的矛盾的。

一、318 国道和拉日铁路上的村庄

吞巴地区是吞弥·桑布扎的故乡，也是曾经西藏贵族吞弥家族的属地，它在藏族历史上的文化意义颇为重要。近年来藏香产业的发展给这个村落带来了巨大的经济收益，尼木藏香制作技艺是最早进入国家非物质文化遗产的藏香制作技艺，水磨松柏的技艺也从 1300 多年前传承至今。虽然吞巴地区是藏族普遍认可的最早制香地，但是历史上藏香制作并非该地的支柱产业。前文已经阐述，在西藏民主改革之前吞巴仅有三个制香户，民主改革之后逐步增加到 65 户，到人民公社时期一度普

---

[1]　庄孔韶：《人类学通论》（第三版），中国人民大学出版社，2016，第 73 页。

[2]　庄孔韶：《人类学通论》（第三版），中国人民大学出版社，2016，第 105 页。

及到 90% 的社员家庭，但是在改革开放时期，很多村民放弃农业生产，外出务工、经商的也大有人在，为数不多的制香户也只是按照传统的制作和销售方式来维持生计，并没有形成规模式生产。藏香的规模化制作和生产应该要追溯到 21 世纪初，自治区开展文化保护活动，以及进入"非遗"名录对"尼木藏香"这一品牌影响力的提升。但是在我看来，将制作尼木藏香的传统村落与外界联系起来的最关键因素还是公路和铁路的建设。

道路建设最主要的目的是实现两地之间的联通，其作为一种物质存在，有其空间特征，需要和自然与人文环境产生关联，呈现出一定的文化性，又必然在不同的社会与历史背景下对沿途的空间、人群及社会产生影响，表现出道路在不同时空下的独特文化特征和形塑力。[①] 随着社会各区域及主体间资本及物资的交流频繁进行，道路（包括公路、铁路、航空等）在人们生活中扮演着前所未有的重要角色，并且强烈地影响着未来的社会发展。[②] 和平解放前，整个西藏没有一条公路，交通运输极端落后闭塞，从西藏到全国各地只有靠马帮，通常要走上半年。全国各地与西藏之间的贸易往来，通常是经由四川雅安、青海西宁和云南大理的崎岖山路进入西藏，并且马帮人畜驮运的方式非常低效，要花费大量的人力、物力和财力。地理位置所决定的交通闭塞，严重阻碍了西藏各地之间以及西藏与全国各地的商品流通及生产技术、文化知识的交流。西藏和平解放后，我国政府投资了 2.6 亿多元，于 1954 年 12 月 25 日，修筑建成了川藏公路（旧称为康藏公路）和青藏公路，这意味着西藏第一次出现了现代意义上的公路汽车运输。之后，国家又先后投资近百亿元，重建了青藏公路，续修了川藏公路，又修建了新藏、滇藏、中尼公路以及区内干线和众多的县乡公路、边防公路，使西藏地区运输能力大大增强。而吞巴就是道路建设的受益者。从原材料运输到藏香的销售，都离不开道路运输，道路建设大大提升了传统制香村落与外界的沟通与交流。

前文已经提及尼木藏香中最为重要的原料是柏树。最初村民们制香的柏树主要来自吞达村鲁热组所在的山上，传说是吞弥·桑布扎头发洒落山上幻化而来，但是那些柏树并不是很茂密，现在更是零零散散的。吞巴乡人大主席米玛说："那个山上到处都是柏树的痕迹，以前应该有很多的。你要是爬到山顶上看，山后面全部都

---

① 周恩宇：《道路、发展与权力——中国西南的黔滇古驿道及其功能转变的人类学研究》，博士学位论文，中国农业大学农村发展与管理专业，2014 年，第 5—6 页。

② 周恩宇：《道路、发展与权力——中国西南的黔滇古驿道及其功能转变的人类学研究》，博士学位论文，中国农业大学农村发展与管理专业，2014 年，第 22 页。

是松柏。"现在去到鲁热组，在进入村子的路边还有一棵非常粗壮的柏树，这棵柏树似乎已经成了鲁热组的地界标志，看到柏树，就知道鲁热组到了。但是现在的鲁热几乎没有柏树了，仅剩的一些还由护林队看着，因为国家不让随意砍伐了。

早期制香人数不多，柏树需求量也不是很大，鲁热山上的柏树尚能满足制香需求，后来柏树越来越少，因为人们除了用柏树做藏香原料外，还会挖树根，他们认为那个味道更好，这极大影响了柏树的再生。当鲁热的柏树不能满足制香需求时，人们便开始寻求其他的柏树来源。索朗江措说，开始大量使用柏树是从 1982 年开始的，那个时候交通变好了，虽然村里面是山路，但是去外地的路慢慢变好了，去外面购买原料也方便很多。制香人江措和仁增都提到了卡如乡赤朗村（也有称作"泽南"，音译不同）。最初鲁热的柏树不够用时，人们便开始"舍近求远"，江措说在他小的时候，村里人就已经开始从赤朗那边购买柏树了。

> 以前尼木县卡如乡赤朗村是长柏树的，离这里大概二三十公里。但是赤朗那边一直没有公路，山上没有路，老人们就在木头上打个洞，几个人一起将木头捆出来。大概 8 月份，人们直接将木材放到河里（注：指雅鲁藏布江），用船拉出来。妈妈的家里还有赤朗村山上的木头呢。

仁增也提到过，之前没有公路时，木材都是从水里运过来的，人们直接把树丢在水里，再在岸上拉着，防止木头被水冲走，这与古代西藏的运输方式是相契合的。古代西藏有用牛皮船解决人畜渡河和物资运送的习俗，民间甚至会采用整段树木、中间挖空做成的独木舟的形式来渡河，1955 年曾在尼洋河边发现有大约 40 年前造的已破烂的独木舟。因此，在没有道路或道路不畅通的情况下，吞巴制香人只能运用这种民间智慧来运送原材料。卡如乡赤朗村地处雅鲁藏布江中游的一个叉谷之中，2005 年 7 月 25 日之前，赤朗尚不通路，也正因如此，当地的社会环境和自然环境都保持了较为原生的状态。那里生长着大果叶柏，早期尼木吞巴人在制作藏香时选取的就是赤朗的柏木。2009 年，尼木县设立国家森林公园，由吞巴景区、普松景区、尼木景区和赤朗景区（也叫泽南景区）四个部分组成，总面积达到6192 公顷。县林业局在对县域里的古树普查登记之后，不仅建立了古树档案，对上百年的老树进行"挂牌保护"，还成立了护林队进行跟踪养护，并开始全面禁止树木砍伐。也是从那个时候开始，制香人想要获得柏树就变得十分困难了，他们只能再"退而求其次"，从外地购买。这时，国道运输就给制香人提供了很大的便利。

现如今吞巴村民可以在家中等着木材商上门卖树，每年定期会有木材商将柏树运至吞巴供制香人选择。乡村油路和国道都成了当地名副其实的"致富路"，道路将"尼木三绝"——普松雕刻、吞巴藏香、塔荣藏纸等带向了山外的市场；山外的日用商品、化肥农机、制香原料等生活生产资料也被源源不断地送进了山里。

吞巴除了具有位于国道沿线的交通优势和地缘优势外，它还是拉日铁路线上的村庄。从站点的选择、设计、规划和命名都可以看出国家政策对吞巴的倾斜，对吞巴经济利益的考量。斯科特曾对巴黎市的交通道路布局如何便于政府的管理及其权力控制情况进行了论述，揭示了道路背后所具有的权力观念和权力控制形塑力特征。[①] 而吞巴也因为道路和铁路的缘故而与外界建立了密切的联系，这种联系使传统制香村落的经济、文化、生活等各个方面不可避免地受到现代化的浸染而发生了许多变化。

拉萨站沿拉萨河而下，南经堆龙德庆区南部、曲水县，西向雅鲁藏布江而行，穿越近 90 千米峡谷区，经尼木、仁布县，抵达藏西南重镇日喀则。2004 年 1 月，国务院常务会议讨论通过的《中长期铁路网规划》纲领性文件，不仅促使青藏铁路提前一年通车，还将新建林芝 / 拉萨——日喀则的铁路纳入规划方案。2008 年 10 月 31 日，国家发改委印发关于《中长期铁路网规划（2008 年调整）》的通知，明确规定新建日喀则—拉萨的铁路，并且规划目标是保证并带动铁路沿线人口、经济、文化、社会等多方资源的有效整合。[②] 中铁第一勘察设计院结合国家发展战略和西藏复杂地形，对拉日铁路进行选线和选点，尼木县成了其中的一位"幸运儿"。吞达村因为紧靠 318 国道，又在雅鲁藏布江沿岸，是拉萨通往日喀则方向的必经站点，因而被选为尼木停靠站。从拉萨到日喀则段的 318 国道上，共设立了堆龙德庆、曲水和尼木三个检查站点，吞达村与尼木检查站的距离约为 8—9 千米，交通位置十分重要。[③] 相比于尼木县城驻地塔荣镇，位于雅鲁藏布江岸边的吞达村更有地缘优势。另外在火车站点选择上，吞达村的被选择似乎与"非遗"项目的入选有着某种内隐的关系。

2004 年初，吞巴乡被列为拉萨市旅游文化开发保护区；2008 年 6 月，藏香制

---

① ［美］詹姆斯·C. 斯科特：《国家的视角：那些试图改善人类状况的项目是如何失败的》，王晓毅译，社会科学文献出版社，2011，第 102 页。

② 规划原则第一条即为："贯彻国家发展战略，统筹考虑经济布局、人口和资源分布、国土开发、对外开放、经济安全和社会稳定的要求，并体现主体功能区规划明确的促进区域协调衡发展的方向"。

③ 拉萨距堆龙德庆检查站 12 千米，堆龙德庆检查站距曲水站 49 千米，曲水检查站距尼木站 76 千米，尼木检查站距日喀则 159 千米。

作技艺被列入国家级非物质文化遗产名录；2008 年 10 月 31 日政府部门对《中长期铁路网规划》进行了调整，调整之后的规划中明确了日喀则—拉萨段铁路的建设，并且强调了拉日铁路建设的目标是要改善西藏西南地区的交通条件和投资环境，促进沿线经济和旅游业的发展，不断提高各族人民群众的生活水平。吞巴作为水磨藏香的故乡，进入"非遗"名录，对于当地旅游文化的开发、历史文化古村落的保护具有非常重要的价值和作用。因而，吞达村的地理优势和文化价值，让其成了拉日铁路上的重要站点，这也为尼木藏香走出去、尼木藏乡引人来打开了一扇新的窗口。

二、"非遗"带来的影响力

从 2008 年尼木水磨藏香制作工艺被列为国家级非物质文化遗产开始，尼木藏香和吞巴乡就逐渐获得各种荣誉。2013 年，尼木藏香成了国家地理保护标志产品；2013 年，吞达村荣获"发现·2013 中国最美村镇"传承奖；2014 年，吞达村荣获西藏首个"国家历史文化名村"；2014 年，国家文化部授予尼木县吞巴乡"2014—2016 年度中国民间文化艺术之乡——藏香制作"的称号；2015 年，吞巴藏香产业被列为全国"一村一品"示范村。不仅如此，吞巴藏香的水磨藏香制作工艺还被拍成纪录片在各大媒体播放，如中央电视台的《探索·发现》《西藏文化之旅》《西藏风情》等节目，让更多的人认识了藏族宗教和生活中的重要物品——藏香，以及水磨藏香的诞生地——吞巴乡。

目前，吞巴乡共有藏香制作户 272 户、387 人[①]，从雅鲁藏布江和吞巴河交汇处开始，到吞普村，沿河零星散布着大大小小的水磨 252 座，其中，吞达村有水磨 180 多座，其他都在海拔较高的吞普村。吞达村做香的历史由来已久，而历史上的吞普村则很少有人制香，现在有越来越多的人开始从事制香业，更多是因为看到了"非遗"保护带来的经济价值。仁增就说过："以前吞普那边不做藏香，现在才做的。他们没有水磨，都是后来才修的水磨，而且他们做藏香时，不会做细的，只会做粗的。我们吞达村民什么样的藏香都会做。"仁增的话暗含着一种吞达村才是藏香原产地的意味。但毋庸置疑的是，制作藏香大大改善了吞普村民的生活水平，他们居于海拔较高的地带，并且远离国道，生产和生活成本都比较高，制作藏香成了那些人多地少家庭的又一谋生手段。

初到吞巴的第一天，驻村干部扎旺就带我参观了吞巴景区。一路上，扎旺成

---

① 数据来源：吞巴乡政府"2017 年吞巴乡经济社会发展情况表"。

了我的向导，他不仅解说了各个景点的历史和文化，还向我介绍了吞巴景区的打造者——西藏吞弥文化旅游股份有限公司。该旅游公司成立于 2012 年 9 月 27 日，注册资金 2000 万元，主要经营藏纸、藏香、雕刻的加工销售及游览景区（包括吞弥·桑布扎故居、吞弥庄园、水磨长廊、藏文字博物馆等）的管理。公司在吞巴景区有员工 53 人，截至 2015 年底，向吞巴景区投入资金 5200 万元，2016 年投入资金 1200 万元。[①] 站在政府工作人员的角度，扎旺非常认可旅游公司对吞巴景区的打造，旅游公司一方面将以吞弥·桑布扎为代表的藏文和藏族历史进行溯源和宣传，使越来越多的游客关注并领略到藏文化的博大精深，另一方面又通过展示以手工藏香制作工艺为代表的非物质文化遗产，将吞巴地区的名人、藏文、藏香、民俗、神山、秀水、古树、林卡等人文和自然资源进行了有效整合，形成了比较完整的产品体系，为吞巴乡打开了相应的知名度，更是吸引了大量的游客。另外旅游公司还和尼木县人民政府、尼木县旅游局合作，共同打造了将具有藏族文化特色的望果节，与旅游文化推广相结合的国际格桑花节和吞弥文化节。

望果节是西藏农区欢庆丰登的重要节庆。为了欢度望果节这一传统节日，吞巴乡民会身着盛装，打着彩旗，抬着丰收塔，敲锣打鼓，唱着歌曲和藏戏，绕田间地头转圈；转田结束后，各家各户会在空旷的草地上搭建帐篷，喝酒吃茶，聊天玩耍。这一节庆活动在吞巴地区已经流行了上千年了，但是以前都是单纯的农事活动。从 2012 年开始，尼木县将望果节与吞弥文化进行了"嫁接"，开展了首届吞弥文化节，借助节庆活动来提升吞巴的影响力，将经济建设和文化传承有效结合，全力打造"吞弥文化之乡"的品牌。吞弥文化节通常持续 3—5 天，第一天还是以转田、祈祷丰收的传统活动为主，后面几天则是文艺汇演、体育比赛、"非遗"展示等民俗风情活动，规模和影响力比以前大，吸引了很多游客参与其中。另外，由西藏文旅集团主办，西藏吞弥文化旅游股份有限公司承办，尼木县人民政府协办的首届中国（拉萨）国际格桑花文化节，于 2015 年 8 月 5 日在吞巴景区开幕。这是吞巴乡一年中最大的文化活动，又是对吞弥文化节的扩展和延伸。活动当天，景区全天免费开放。开幕第一天的旅游人数已达 1000 多人，为平日日均接待量的一倍之多。格桑花节不仅仅限于当地百姓自娱自乐的活动，还会邀约游客共同参与藏文字书法大赛、"尼木三绝"制作体验、格桑花仙子伴游等小活动，以及手工藏香制作体验等活动。

---

① 尼木县人民政府编：《尼木年鉴》（2016 年），2016。

我全程参加了 2016 年的吞弥文化节。除了简单的拍照和服务工作以外，其他时间我都是以一个旁观者的身份参与其中，让我印象最深刻的还是手工藏香制作比赛。手工藏香比赛可谓是吞弥文化节上重要的活动，吞达村和吞普村的制香人都会在这个比赛中大显身手。对于冠军荣誉的争夺，不仅是个人技艺的比拼，更是两个制香村落的竞争。2016 年的比赛被安排在文化节的第二天下午举行，共有 20 人参赛，其中吞达 10 人，吞普 10 人。通常情况下，先由两村村民自愿、主动报名，如果报名人数不够的话，则由村委会在所有制香户中抽签决定。村干部们都十分重视这次比赛，他们看中的是比赛名次这一荣誉；而对于制香人来说，向他人展示自己的制香技艺固然重要，如果能在比赛中获得一定的名次，则是一个非常好的宣传机会，并且乡政府还会对优胜者进行现金奖励。

手工藏香制作比赛冠军普琼（2016 年） 　　手工藏香制作工具

比赛规则是要求制香人提前准备好已经搅拌完成的藏香原料、牛角和木板等工具，以用牛角挤藏香的形式进行比拼，时间以 3 分钟为限，最后由吞巴乡书记朗杰平措和乡政府的工作人员计数并判定是否合格。20 名参赛者都席地而坐，比赛之前一直在反复练习和试验。随着书记吹哨发令，大家马上投入比赛之中，3 分钟时间转瞬即逝。作为一个外行人，肉眼观察之后觉得大家挤出的藏香数量相差不大，但数量只是一个参考标准，内行还要看质量，看香的粗细长短是否均匀，是不是笔直成型没有弯曲。最终，经过判定，获得第一名的是吞普村村民普琼，他在 3 分钟内挤出了 72 根符合要求的藏香，第二名是吞达村村民，第三名也是吞普村村民。当下，我便有一个疑惑，手工技艺的锤炼是需要时间积累的，吞普村村民是近年来才开始从事制香业的，为何他们的手工制香技艺水平看起来高于吞达村村民呢？后来的调研中，谜团渐渐打开，这与吞达村制香机器的引进密切相关。

不可否认的是，旅游公司对景区的宣传和打造让这个传统制香村落被更多游客知晓，因而也为制香人带来了更多的消费者和经济收益，但是旅游公司毕竟是以盈利为导向的，他们也在景区内开设了藏香销售店，与当地老百姓形成了一种既互惠又竞争的关系。旅游公司并不生产藏香，他们通常是购买当地老百姓制作的藏香，加上华丽的包装后，成为旅游公司的特色产品，在景区内的藏香销售店售卖。在游客提出购买藏香的需求后，景区工作人员通常会将游客有意识地引导至旅游公司的藏香店，这对吞巴制香人来说，显然是一种不对等的竞争。

> 旅游公司主要是把游客带过来。老百姓会把自家做的香拿出来卖，但是我们当地人很多不会说汉语。导游会把游客带到旅游公司卖香的地方，他们在吞弥·桑布扎庄园里卖香。旅游公司卖的香也是当地老百姓做的，只是他们有自己的包装和商标、品牌。旅游公司从每家每户低价收藏香，加上自己的包装后，就会卖出很高的价格，特别高。我们不包装的都挺便宜，加了包装，放到县城（县城有一个藏香店，是村里专门为藏香户租的店面）的店里卖，顶多卖到五六十块钱，但我听说旅游公司会卖到三百多。这么一来，当地老百姓肯定会有不满。

玛吉说最开始旅游公司也想买他家的香，但是他家的藏香药材多，价格并不是很便宜，旅游公司可能觉得不划算就放弃了。有些销售情况不好的制香人就会低价把香卖给旅游公司，但是也有一些人家尤其是住在路边和景区内的人家，他们会在路边显眼处置上一张桌子，上面摆满自家的产品，尽量吸引过来游玩的散客。在吞巴景区的品牌打响以后，确实有很多散客慕名而来，他们通常会直接到制香人家中购买藏香，甚至有很多购买者变成了回头客。以前吞巴乡民都是将做好的香打包，坐车去拉萨或者日喀则沿街叫卖，现在有很多顾客会慕名而来购买藏香。2011年我在堆龙德庆县做硕士论文的田野调查时，同行的朋友就听闻过尼木藏香的名气，还从堆龙德庆坐车兜兜转转去到吞巴，那个时候旅游公司还没进入，进入村子还不会被收取门票，她直接进入村子打听，最终在一户制香户家购买了藏香。但是随着尼木藏香知名度的打开，藏香需求量的增大，尼木藏香也随之发生了变化。

三、尼木藏香原料、工艺、营销方式的变化

传统文化是浸染在某个民族土壤中的稳固的东西，但它也包含有动态的文化事项，传统文化并非一成不变，它也会与现代文化不断碰撞和融合，传统之中也会不断被渗入新时代的思想和血液。对任何民族而言，文化传统都是无法被完全割舍的东西，但是在现代化的冲击下，文化传统在新的社会环境中或多或少都会发生一些变迁。我们现在所认知的藏香也不是一成不变的，它在不同的文化语境中扮演着不同的角色，藏香的文化意义和藏香本身都发生了一些变化。以尼木藏香为例，其变化主要表现在原材料的变化——柏树的替换，工艺的变化——从手工到机器，营销方式的变化——从私人作坊到注册商标和公司。而伴随藏香的变化，制香人和用香人的观念也发生了变化。

（一）柏树保护与材料替换

水磨柏树是尼木藏香的一大特色，柏树是尼木藏香的基本材料。像敏珠林寺藏香和甘露藏香是以名贵药材和草药为主；有些藏香中柏树的分量很少，通常这些制香人不会专门买柏树来进行磨制，而是直接从吞巴购买柏树制成的香砖。罗布热旦就提过，吞巴有些人家不仅做藏香，还专门做香砖卖给那些没有水车的人。普次仁家就专门做香砖，还卖给过敏珠林寺，日喀则也有人过来买过香砖，但是量并不大。追本溯源，尼木藏香使用柏树作为基本原料有两大原因：一是在藏族文化语境中，柏树具有净化、祛除污秽的作用，柏树是芳香植物，柏树燃烧的香烟和香味是供奉给神灵的重要礼物；二是历史上吞巴附近一直种有柏树，鲁热组所在的山上以及卡如乡赤朗村都是柏树的重要来源。但是随着《森林保护法》颁布后，对柏树实施了保护以及购树成本的增加，有些制香人会选择用桃树、杨树或锯末来代替柏树。还有些制香人因为经济情况不佳，只能选用最基本的几种药材。这样的藏香通常售价较低、销量不好，导致制香人家庭收入低，无力购买更多的药材，只能继续做这样的藏香，于是就形成了一个恶性循环。前文已经陈述过我在进入田野调查第一天时，曾在景区观察到的香泥情况，即香泥呈现出了浅黄、黄、深黄等多种颜色层叠的状态，当时我颇为不解。后来某天跟罗布热旦在景区的水磨长廊里闲逛，他指着香泥堆问我说："姐姐，你能区别出那堆香泥里哪些才是柏树泥吗？"他这么一问倒是让我恍然大悟，原来水磨里磨制的并非全部是柏树，香泥的不同颜色与木材的种类有关。

> 柏树现在也不一定是最基本的材料了，因为很多户人家用普通的树木来代替柏树了。柏树现在禁止砍伐，不好买，但是老百姓也不能停了水磨，就必须用普通的木头来代替。你可以看看现在的水磨那边堆的香泥，颜色是不同的，有些是黄色的，有些是浅黄色、发白的，发白的那些都是普通的木材，真正柏树磨出来的香泥应该是深黄色的，他们用普通的木头可以省下不少柏树的

钱呢。有些黄色泥中间发黑的那种是桃树，它比柏树颜色还要红，但是里面又发黑。

我跟他说自己之前就看出了这些区别，但是当时在纳闷是不是跟树龄有关，有老树和新树的区别，所以颜色才不一样。

　　跟树龄没有关系。老树的话，本来就不结实，有点烂的感觉，如果放到水磨里磨的话，一下子就会磨烂，根本没办法磨成香泥，反倒会造成很多垃圾。有些村民不用柏树，会用其他树代替，但是不会用那些有点烂的树，那样会更麻烦。

罗布热旦说他家没有水磨，因为家里只有爸爸一个人在做藏香，家里藏香卖得比较好，经常忙不过来，所以就从有水磨的人家购买做好的香砖。他从小就跟爸爸学做藏香，也可以识别出材料的好坏，尤其是柏树，他看一眼香泥，就知道哪家是纯柏树的，所以他家基本都是买的普次仁家里的香砖。吞巴乡人大主席米玛之前也说过，现在村民们都是从外地购买柏树。水车中的柏树段差不多 50 厘米，一根柏树可以截成七八段，算下来的话，一段需要 200 元左右。所以很多制香人不得不放弃柏树，而改用其他树木，这样一来，成本降低了，品相也随之改变。

　　我们吞巴大部分老百姓做的香都是货真价实的，这样普通一把就卖 10 元钱，其实成本挺高了，利润空间就不大。但是很多做生意的，就喜欢以很便宜的价格进货，导致有些人就用化工香的做法来做藏香，这样的话，对整个藏香产业都有影响。现在尼木藏香销路一般，主要是渠道不畅通，这里最好的一家，一年的销量会卖到 65 万元，利润有 20 多万元；普通家庭一年销量在 30 万元，利润有 15 万元左右；其他的人家一年也就卖 5—6 万元，利润在 3—4 万元，但是这与他们藏香质量好坏有关。

作为乡里的领导，米玛说每次乡里召开全体藏香制作户大会时，都一再强调不能砸掉尼木藏香的招牌，有人用其他树木替代柏树有不得已的原因，但是在藏香中加入化学原料，在吞巴是完全不被允许的，老百姓也有强烈的意识不会这么做。在吞巴人心中，衡量藏香好坏最重要的标准有两个，一是是否使用了正宗柏树，二是添加的药材种类和数量的多寡。起初我以为机器制香与手工制香也是判断藏香品质的标准，但是田野调查经历告诉我，吞巴人对于机器香和手工香的售价并没有太大差异。而吞巴人对于是否使用了正宗柏树的强调，事实上也验证了前文所述的吞巴人对于藏香的认知和界定，在他们的知识体系中，使用水磨柏树作为藏香的基本原材料是吞弥·桑布扎传授下来的智慧，必须传承下去，并且这一智慧是专属于吞巴地区的。旦增·曲扎就曾说过，水磨是吞弥·桑布扎发明的，这个是事实，并且水磨只有在吞巴才能成功，"以前林芝那边试验过，但是不成功，林芝那边修了水磨，但是一两个小时就会坏掉；尼木县里面修水磨也不成功；以前寺院（指如巴寺）里修了水磨也很快就坏掉了。吞巴现在进入国家级非物质文化遗产，就是因为它的水磨藏香技术"。而会制作和修缮水磨的索朗江措也因此被吞巴人视为知识精英。

　　我爸爸边巴以前是制作藏香工具的，做牛角、木框和水磨，他在整个吞巴是最好的工匠，跟我年纪差不多的人，都知道我爸爸手艺好，谁家要是做水磨的话，都会邀请我爸爸去做，我就跟着爸爸学，后来就继承了爸爸的事业。现在吞巴也有其他人做水磨，但是他们都是跟我学的，我是他们的师父，虽然我从来都没有自称老师，但是吞巴人都会认为我是这方面的老师，在做水磨的技术方面，我也相当于"博士"了。

　　去年（指 2014 年）吞巴景区的项目，都是我在做。水磨以前就有，但是有很多坏的需要进行修理，有的是直接换成新的了，整个景区都是我负责的。你要是不相信的话，可以去吞巴随便找一个人问问，都知道我们家手艺好。景区项目出来的时候，有很多人为了钱都想去承接这个项目，但是其他人都抢不到。我因为年纪大了，现在主要负责技术指导，但是出现问题的时候，我就会去帮着解决。在做水磨之前，我就问村里其他人要多长时间，他们都说 22 座水磨至少要 22 天，一座水磨需要一天，但是做水磨是需要方法和技巧的，我只花了 11 天就做完了。要领都掌握了之后，就特别好做，要掌握那个步骤。如果不懂的人，步骤弄错了，还要返工，就会比较慢。还好我们都是在外面做水磨的，如果在房间里做，肯定有人会以为我在吹牛，但是在外面有很多人看着，大家就都没话说了。

　　柏树和水磨是尼木藏香的重要标识，这也是它区别于其他品牌藏香的重要符号，正因为如此，村民们非常强调柏树的使用也就可以解释通了。即便现在柏树成本高、购买难度大，但是吞巴大部分制香人还是会使用柏树。我问他们，以后柏树越来越少怎么办？私自砍伐柏树违法怎么办？大家是否担心自己购买柏树也是违法行为？制香人则说，这些柏树不是私自砍伐的，是修路的时候砍掉的，国家是允许的。其实，制香人也很无奈，他们认为水磨柏树是吞巴的特色，尼木藏香必须有柏树，而且水磨藏香技艺已经进入国家非物质文化遗产名录了，但是现在又不能随意砍伐柏树，这不是自相矛盾吗？依着这个逻辑，大部分制香人都将自己购买柏树的行为合理化了。

（二）"手工—机器"引起的经济循环怪圈

尼木藏香的变化还体现在机器的进入导致的手工香变少、机器香增多，并且因为机器制造提高了效率、增加了收益，使得吞巴形成了一个经济循环怪圈。

制香机器是米玛建议推广和使用的，最早是在 2008 年。较早使用机器制香的吞达村民依靠着吞巴景区的影响力获得了跟以往相比巨大的经济收益，而大部分吞普村制香人还沿用着传统的手工制香技艺。仁增告诉我，机器一天可以制作出四五万根藏香；手工制作 30 厘米长的藏香，一天只能挤出几千根，由于手工挤香的力度不好把握，很容易浪费材料。在经济利益的驱使下，制香人都倾向于用机器进行生产。田野调查经历让我可以明显感觉到，在吞普村似乎存在着这样一个经济循环怪圈：手工制作、产量低—收入低、经济贫穷—藏香制作材料受限—藏香定价低、销售情况不佳—无力购买藏香制作机器—产量低、收入少。

米玛说："吞普村比较穷，他们做的很多香里面都没有柏树，而是用锯末做的，现在也用一些比较好的药材了。但是以前他们做的香，价格非常低，一把就卖两块钱，这样怎么能赚到钱呢。"所以，吞普村很多村民在对结对帮扶自己的乡干部提诉求时，都希望可以得到一台藏香制作机器，他们觉得有了制香机器，提升产量，就可以获得更多的经济收益。

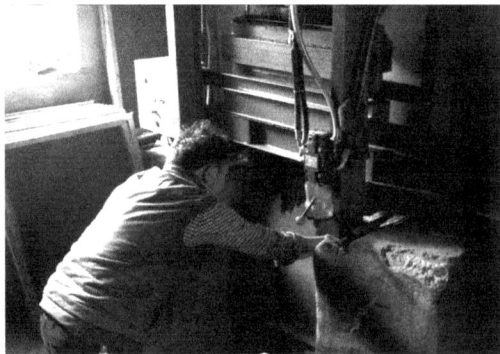

吞达村民正在用机器制作藏香

　　显然，机器制香已经成为一种趋势。制香人普遍认为，只有拥有一定的资金才能购买好的药材，进而做出高质量的藏香，如果一直手工做香，则是赚不到多少钱的。我认为这种观念有一个隐藏的逻辑，那就是手工藏香与机器藏香在售价上并没有太大区分。在吞巴，有些人家的手工藏香价格会高于机器藏香几块钱，有些人家则是售价一样。阿旺老师说过，他在做调研时一直向制香人强调要将手工藏香和机器藏香区别开来，要将手工藏香打造成凝聚有手工敬意的高端香品，在售价上也应该有所区别。但是在吞巴，很多制香人并没有将二者区分的意识，像吞巴藏香制作合作社和玛吉家，1捆手工藏香的定价仅比机器藏香高2元。当我第一次进入位于吞巴乡政府内的合作社，想了解合作社的经营情况时，却遇到了一个不大不小的尴尬。作为一个陌生面孔，村民们自然把我当成了游客。一进合作社的车间，很快就有五六位村民聚集到了我的身边，他们十分热情地向我介绍了机器藏香和手工藏香的区别。当我表示想要购买一些手工藏香时，我猜想他们一定是把我当成了一位大客户，问我需要多少，得知我要的数量并不多时，合作社的一位负责人就说，量太少，他们不做。主要原因是，手工藏香的制作过程十分复杂，耗时也比较长，但是售卖的价格与机器藏香的价格差别不大。[①] 从经济利益角度来看，手工藏香并没有太大的市场。达瓦杰布也说手工藏香的价格要高一些；但有一些制香户甚至将二者定为同样的价格，他们认为藏香的价格应该由药材来决定，而完全将手工制作的人力成本忽略掉了，比如索朗江措。

　　　　我们会根据客户的需求来制作，客人要手工的，我们就做手工，要机器的，我们就用机器。香的价格不是根据是手工还是机器来定的，而是看其中的药材，药材多的话，价格就高。但是如果药材一样的话，人们还是会喜欢手工的，就像面条一样，人们会觉得手工面比机器做出来的好吃。手工香燃起来的烟比较大，但是有些顾客还是喜欢手工的。质量的话，有些机器做的比手工做的要好一些。配方方面没有什么区别，但人们就是觉得手工的会好一些。

　　　　手工香与机器香最大的区别是味道不一样。手工制作的话，外观粗犷，不是那么精致；机器做的话，特别精致、均匀和结实，而且会比较重，因为它在制作过程中，加的水会比较少。机器挤香的时候，力量比较大，挤出来的香是干干的，但是手工做的香，挤出来就会比较湿。如果是药材配方一样的情况，

---

① 在合作社，一把50—60根的藏香，机器藏香的价格为10元，手工藏香的价格为12元。

手工做出来的香，味道就会比较浓。

历史上的藏香经历了圣物、贡品、药品等角色的转变，是凝结了诸多文化意义的重要的物。传统手工制香的过程中有很多仪式和讲究，比如在制香之前，上山挖药时，要先念药师佛咒，并祈求土地神恩赐，因为制香需要干净的水源和药材；比如在进入香房前要先沐浴更衣，因为制香需要干净的制香人；比如在制作藏香的过程中，制香人要不断念诵经文、要有利益众生的心，因为在制香过程中，人与药材是不断互动和沟通的，古法、古方、仪式、心咒缺一不可，只有这样的藏香才是殊胜的。而机器是缺乏生命且不具有慈悲之心的，机器对药材的研磨是理性与机械化的，它无法与药材产生共鸣，因而药材、草药的功能就无法全部发挥，这种功能既包括意识层面上的，即药材无法通过机器获得制香人的情感，也包括物质层面的，药材的实际功效，因为经过机器的研磨，某些药材的味道和功能还会产生变化。达瓦杰布曾经说过：

> 米玛把藏香机器引进来了，他是好意，可以减轻大家的工作压力，提高了效率，但是手工传统慢慢被放弃了。现在村里只有一两家还在手工做香，大部分都是机器生产了。机器生产的量，一天可以卖4000元钱。如果手工的话，一天可以做300多捆，但是现在很多人也很喜欢手工的，觉得手工才是最好的。机器的坏处是，用机器搅拌，搅拌的时候有些药材的味道就会变了，手工挤出来的藏香才是最正宗的，味道最好的。

药材会因为与机器接触而发生品质或者香味的改变；在机器的研磨与制作中，产生过热的热量也会对药材造成损耗。制香人江措也说过："手工磨制药材，味道会更好，因为机器通电，打开后很烫，药材会被烧掉一些。以前没有机器，都是手工磨制，所有药材都是手工磨制的，味道会更好。"除了吞巴以外，敏珠林寺在制作藏香时也已采用半机械化的方式了，就是用机器来磨制香料和药材，并且用机器挤香。在敏珠林寺时，我进到了通常不能随便进入的药材研磨室，里面的机器在日夜不停地磨制贝甲。当曲·旦增说通常三天就能达到制香的需求，如果手工的话，就是把药材放在石臼中，用一块球形的石头摩擦，那样速度非常慢，要好几个人同时做，还得至少一个月的时间。使用机器制造藏香可以有效提升制香的效率，缩短藏香制作周期，被一些制香人所推崇；但是也有些人还在坚守手工制香的工艺，他们认为机器生产会消磨手工之中的敬意。藏族传统文化语境中，燃香是供奉给神灵的礼物，亲手制作的礼物无疑更能表达自己的崇敬之情。

手工与机器之间的博弈，实则体现出的是藏香在传统与现代之间的徘徊。我也清晰地看到，在吞巴这个传统制香村落，手工制香就意味着贫穷与落后，机器就意味着富裕与现代，而制香人选择机器制香也是出于对美好生活的追求与向往，这种强烈的情感给我非常大的触动。我曾于 2017 年夏天去了吞普村的普琼家中，他不到 30 岁，已经是两个孩子的父亲，腼腆内向，不会说汉语，是家中唯一的儿子，所以要肩负起照顾年迈母亲的责任。他家非常简陋，一个一层楼的建筑，是因为安居工程的补助才盖起的新房，但是并没有任何装饰，屋顶的梁柱和客厅中柱都直接暴露在外。交谈的过程中，他的妈妈一直坐在起居室的沙发上，中途聊到某一句时，他的妈妈突然说了一句话夸赞普琼能干，家里的里里外外都靠他一个人，除了种地以外就是做香，因为家里孩子小，所以没有办法再出去务工。即便普琼这么努力，他家一年的收入也只有 3—4 万元，这些收入要维持一家五口、祖孙三代人的生活开支实属不易。我问他想不想要一台制香机器，他说当然想，但是一套制香机器要好几万元，他家里没有那么多存款。也正因为没有机器，他只能以手工的方式来挤香，这让他练就了手工制香的好本领，不仅在吞巴乡的比赛中获得冠军，在尼木县的手工藏香比赛中也获得了冠军。我问可不可以看一下他的获奖证书，他特别不好意思地拿了出来。这个年轻人，可以说是传统藏族年轻人的代表，朴实、勤劳、完全不会营销自己。我对他说，可以给自家的藏香制作一些包装纸或包装袋，上面再印上自己获得的荣誉，这样可以起到很好的宣传效果。但是普琼却说，这样一来藏香成本就要提高了，他还是希望低价销售，从而保证销量。在现代化大潮之中，有些人在努力地适应与改变，有些人却在固守传统，吞巴地区手工制香与机器制香导致的制香经济循环怪圈似乎是无解的，于是，制香人又开始在营销方式上动起了脑筋。

（三）营销模式的创新与多样

目前，吞巴地区以两种藏香制作模式为主，一种是合作社，一种是家庭作坊。在吞巴，制香家庭几乎一家一份藏香配方，每家的配方都是保密的。拥有藏香配方的家庭，基本采用的是家庭作坊生产的模式，而没有配方的家庭只能加入合作社，共同研制配方、分工劳动。吞巴乡藏香生产合作社于 2009 年 8 月开始筹建，2011 年正式成立。成立之初困难重重，合作社成员仅有 12 户共 112 人；在没有厂房及设备的情况下，乡政府把乡文化室清理出来作为合作社的临时厂房；启动资金也十分有限，由参与合作社的每户筹资 3000 元作为材料款，加上基层建设驻村工作组资助的 5000 元，共 4 万元左右的资金来运转合作社。2012 年乡党委、政府为合作社争取到国家扶持资金 20 万元，合作社利用这 20 万元扶持资金，购买了制香机、搅拌机、粉碎机、晒干版、材料等，改善了合作社的设备条件；2013 年，自治区领导在到吞巴调研时，又为吞达村农牧民藏香专业合作社扩大再生产解决资金 49.8 万元；2014 年乡政府在吞巴景区对面、318 国道旁修建新房，其中位置较好的两层建筑将用于合作社的生产和销售，一层是店面和展示区，二层是生产车间，预计 2015 年底搬迁。而 2016 年 7 月和 8 月时，合作社还在乡政府院内生产，新房暂时用作望果节表演节目的排练场所，县里发放藏香培训补助也是在这里。外部条件均已具备，可合作社现在的经营状况却并不怎么乐观。米玛说：

> 他们没有一个好的带头人，内部不是很团结，经营和销售方面都不是很灵活。搬到路边以后，合作社将会从 12 家扩大到 33 家了，增加了 21 家，规模变大了，要是再不团结的话，就更麻烦了。藏香农民合作社的法人由致富带头人、农牧民党员次仁罗杰担任。另外，由大家一起选举出一个经理，负责具体的生产安排。如果订单多的话，就所有人家一起来做藏香，销量不大的时候，主要就由某一家拿香料出来，大家帮着一起生产，最后领取一些劳务费。乡里对合作社的支持力度是非常大的，可能因为现在还在起步阶段，所以效益不怎么好。

乡政府对合作社的支持，除了体现在提供资金和场地支持外，驻吞达村工作组还积极帮助合作社设计包装盒，申请和注册"吞弥圣香"商标并寻找销路。强基惠民驻村工作队还给合作社找了代理商，建立了销售网站，通过网络销售藏香。乡党委、政府投入 10000 元左右帮助合作社展销藏香，制作宣传册、宣传栏等。这些措施虽然在一定程度上提高了"吞弥圣香"的知名度，但其销售量有时还无法达到某些个体制香人的销售量。即便有政府和品牌"保驾护航"，但是藏香的配方和品质依然是其在市场上取胜的关键。另外，"吞弥圣香"的纸质包装盒，一个礼盒里可以放三捆 50—60 根的藏香，这些包装盒不仅仅是合作社在使用，有些个体制香人也购买了一些放在家中，如果有顾客要求用礼盒包装时，他们就会拿出"吞弥圣香"的包装盒。我在玛吉家的时候就遇到了这种情况，当我问及是不是只有报纸和塑料袋这两种包装的时候，阿佳立马从里屋拿出了"吞弥圣香"礼盒，说是还有这种，他们从合作社购买的，一个包装盒就要十几块钱了，但是他们通常都不用，到她家买香的人都是喜欢香的味道，并不是因为包装盒。个体制香人使用"吞弥圣香"的包装盒也存在一些问题，比如各家各户藏香品质不同，如果都用了这个包装盒，会使"吞弥圣香"的品牌认知混乱，正如米玛所说："这样就容易乱了，香的味道和品质本来都是不一样的。"另外，这也说明部分制香村民缺乏知识产权和品牌营销意识。某天我在乡政府遇见米玛的时候，他刚接完电话，说是帮老百姓注册的商标被批准了。

> 我们这边老百姓还没什么注册商标和品牌的意识，但是这几年稍微好一些了。我帮这边的老百姓也注册了几个，包括吞巴六惠圣香和索朗仁青古藏香。"六惠"是过去的一种说法，就是好的、六合一的香，用六种草药，没有那些贝甲、麝香等名贵药材，纯粹用山上的草药来制作的藏香。我觉得这种藏香最适合全国其他地区的人来点，因为它点起来清新怡人、淡雅，而且不呛，以前是一种宫廷用香，我把它翻译成了"六惠圣香"，现在这个牌子也是合作社在用。但是起名字真的很累，要想很多。你学历高，比较有文化，也想请你帮忙想几个名字。

我说来吞巴这么久，听到的藏香品牌只有三个，分别是合作社的"吞弥圣香"以及村民自己注册的"罗布仁青藏香"和"一品阁藏香"。米玛说最开始确实只有这三个品牌，但是他帮老百姓申请的品牌都在审批之中，应该很快都会批下来。米玛说之前还帮一位朋友，也是吞巴的老百姓，用自己家族的名字——江林康萨注册了一个商标，但是他们家族现在不止他一个人做香，现在就很麻烦，大家都在争着用这个品牌，现在他自己反而没有自己的品牌了。

> 其实我觉得做香就像生活中做菜一样，每家都有自己的方式。有一些卖得不太好，其实也有很多原因，比如资金少，还有注册品牌意识不强。像玛吉家的香就卖得很好，他就觉得不需要注册，不需要再扩大生产了，只要能满足家里的生活开支就可以了，他没有太多的欲望，所以也没有去注册公司或者品牌。他们在家里就已经卖得很好了，附近很多的人都来买，但是远的地方的人，比如说你，可能就不太了解了，外面的人就只有到吞巴来，才知道玛吉家

的香比较好。他家的香点燃以后不会呛人和熏人，反而觉得很舒服，但是有些人家的香就不是这样，会很呛人，烟味很重。玛吉家的香感觉不出烟味，反而可以安神。好香能够安神，让人宁静，改善心情。

同时，米玛也表示，注册公司和品牌是一把"双刃剑"，有公司就需要有自己特色的产品和品牌，还要设计具有特色的包装和宣传，如果没有包装和品牌的话，也不符合工商的手续。如果想销量好的话，就必须进店销售，想要进店最好就得有自己的品牌，但是进店销售又会带来藏香成本的增加，总之有利有弊。目前，吞巴个体制香户在生产和经营方面也开始大动脑筋。江措、玛吉是尼木藏香的个体制香和销售大户，销量好的主要原因是他们拥有自己独特的藏香配方，药材种类多、制成的藏香味道好。江措和玛吉刚好代表了现在吞巴乡民两种不同的经营方式，一个是注册公司、大力宣传的"往外走"的方式，一个是低调做香、回头客介绍的"守在家"的方式。

江措在 2008 年申请开办公司，投资了 30 万元；2009 年 7 月份，公司成立；现在在 318 国道路边经营着一个藏香售卖店面。除了做藏香，江措还有一个苹果园和养鸡场，里面的工作人员都是吞巴乡民，他一人带动 11 户的双联户一起劳动。2015 年，江措获得了"全国劳动模范和先进工作者"的荣誉称号，并且已经蝉联了三年的"自治区文明户""自治区先进双联户"称号，也是远近闻名的企业家和慈善家，这些荣誉也让更多人认识并认可了他的藏香。在刚开始进入田野调查的时候，驻村干部就介绍我去江措家，说他可以算是吞巴藏香对外宣传的窗口，因为他注册了公司、在国道边开了藏香店，并且还可以说汉语，如果有领导来调研或者有媒体来采访，乡政府都会介绍去江措家。村干部同时说，如果要买藏香，就去玛吉家，因为他家的藏香又好又正宗，老百姓去买得多，虽然没有公司和品牌，但是当地人们都很认可。即便没有品牌宣传，玛吉家一年的藏香收入也可以达到 10 万元。我问他为何不去注册个品牌，从而提升商品的知名度，获得更高的收益，玛吉认为，藏香的品质不在于有没有品牌，而且他赚的这些钱已经足够养活一家老小了，生活比以前好多了。靠着顾客的口头宣传，玛吉家有很多拉萨和日喀则的回头客。他最大的苦恼是，儿子罗布热旦大学毕业后去林芝做了小学藏语老师，并没有子承父业，他担心自己的藏香事业后继无人，所以现在也在教其他人做香，比如仁增。他们师徒二人合伙购买了制香机器，日常会一起制香，但是两家各自印刷了写有产品介绍和联系方式的宣传纸，等藏香晾晒完毕后，两人会进行分装，各自回家包装和销售。除了等顾客上门以外，他们还会把香送到尼木县里的藏香直销店进行销售，这也是乡政府的创新营销模式。

一直以来吞巴藏香都没有一个统一、固定的销售平台，这严重制约了吞巴藏香产业的发展。吞巴的制香人几乎都是"单打独斗"地生产和销售，没有形成一股营销合力；另外，很多制香村民的汉语表达不好，这也使他们的客户群体大部分是藏族同伴，从而影响了藏香的销量。考虑到制香人销售藏香的种种困难，吞巴乡政府在尼木县城开设了"吞弥圣香"农牧民藏香尼木直销店，旨在为吞巴个体制香户提供销售平台，增加创收渠道，这也是吞达村大力发展农村集体经济，积极进行藏香产业发展模式创新的重要尝试。"吞弥圣香"农牧民藏香直销店，采取网店销售与实体店销售相结合的方式销售藏香。藏香店的销售模式是，需要在藏香店进行代销的村民，直接将自己家的藏香放到店里，自行定价，供客户选择，村民需要将销售额的10%上交作为摊位费和管理费。这个藏香销售店于2015年5月28日开业，到2016年的7月28日，销售额已经达472908元。目前吞巴乡藏香制作户共有218户[①]，在藏香店销售藏香的一共有24家、58户、102人。14个月的时间里，有三家的销售量合计超过了35万元，分别是：合作社、玛吉、仁增；另外有江措、藏苏、当珠卓玛、洛康·扎西、江林·康萨德吉和吞巴仓等八家销售额过万元。[②]

（四）制香与用香观念的变化

发生在传统制香村落的变化，不仅仅有藏香配方、原料的变化，制作方式和营销方式的变化，还有制香人制香观念和用香人用香观念的变化。

制香人制香观念的转变主要体现在，逐渐开始重视藏香的经济价值。虽然藏香在藏族人心目中的宗教文化价值和药用价值的地位不可撼动，但是制香人也逐渐开始接受机器制造，而不再固守传统和墨守成规，因为机器制香可以极大提高生产效率，给制香人的经济生活带来巨大改变。但有些观念的变化却会被人诟病，比如藏香长度的变化。在调研中我发现，吞巴各家各户制作的藏香长短和粗细都各不相同，制香人对此说法也不尽相同。他们承认现在藏香长度与历史上的藏香长度并不相同，有人说历史上的长度是成年男性胳膊肘到中指指尖的长度，有人说是成年男性盘腿打坐姿势时两个膝盖之间的宽度，还有人说是弓拉起来的最长的长度（不是

---

① 数据来源：吞巴乡人民政府，"吞巴乡藏香产业调研报告"，2016年4月20日。
② 数据来源："吞弥圣香"农牧民藏香尼木直销店销售记录。

弓的长度，也不是箭的长度）。

达瓦杰布说，以前藏香最长是 70 厘米，没有人规定一定要这么长，它是一种约定俗成的长度。吞巴制香人对于长度的种种说法，是基于以前没有尺子和测量工具，人们只能用各种方式来比画藏香的长度。回想在格桑扎西家看见的"布达拉香王"，这支藏香是噶厦政府时期专供布达拉宫的，虽然因为年代久远已经没有任何味道了，但是格桑扎西还是花了高价购买并进行收藏。"香王"的长度超过半米，有手指般粗细，与达瓦杰布的说法基本能够吻合。

格桑扎西展示"布达拉香王"

以前藏香长度是有规定的，现在不知道是怎么回事，不知道是人们思想改变了还是怎么回事，每个人做的香的长短都不一样。弓的长度只是一个测量单位，有种说法是香的长度相当于人生命的长度，香做短了，会有不好的寓意。当然这只是一个传说，现在把藏香变短也没有什么恶意，还是为了方便。现在还要把香寄到全国各地，太长了还是不方便。西藏以内的地方，寄的藏香和送的藏香都是长的。现在把藏香做短，还是因为要方便包装和携带。但是历史上来说这样是不好的，香越短，烧的时间越短，意味着人的寿命也短，藏香点燃的时间跟人的生命长短也是有直接关系的。我们吞巴现在做藏香的很多都是年轻人，一代一代传下来，他们对历史都不是很了解了，所以大家做的长度也不一样，但是现在为了生意，也没有人顾这些了。

对于没能继续传承藏香的文化传统，制香人通常也是用"市场"作为托词，来解释自己对于藏香的改造：要让更多的人了解藏香、使用藏香，必须让藏香做出一些能够适应市场竞争的改变，而改变的最终目的还是为了传承藏香文化。在这种逻辑的解释下，制香人观念的变化也就可以自圆其说了。

对于用香的人来说，用香观念也经历了一个对机器制香认可的过程。很多村民在对比手工藏香和机器藏香之后发现，机器用香可以烧得更久、更划算。一根40厘米长度的藏香，如果是手工制作的，可以烧一小时，而机器制香却可以烧到一个半小时。仁增说机器压香的力量比较大，手工制作力量小，所以不同做法制成的藏香密度不同，含水量也不同；虽然使用的配料量是一样的，但是机器制作的藏香密度会大一些，含水量会更少一些，所以燃烧的时间也就长一些。对于用香人来说，手工藏香比较粗糙、容易折断；同样价钱买到的机器藏香，不仅外观上笔直、匀称、精致，而且燃烧的时间更长，这是一件非常实惠的事情，因为燃烧时间越长意味着佛菩萨可以闻得越久。从这个角度来看，用香人观念的变化似乎并非仅仅是经济原因，他们又从宗教的角度将"使用机器藏香"这一行为合理化了。前文已经阐述了现代藏族焚香观念中对于香味的追求，而燃烧更久、香味发散更久自然是更为虔诚、更有敬意的宗教行为。

本章小结

在现代化场景中，藏香和藏乡都发生了很大的变化。拥有深厚历史文化底蕴的村落逐渐走入大众视野，藏香也从这里重新走向拉萨、走向全国、走向世界各地。那些发生在藏香以及制香村落的变化，不仅仅是它们自身的变化，更是藏族文化观念的变化，我们更需要思考的是造成变化的原因，以及人们在面对变化时的选择、理解和调适。在藏香从圣物向商品转变的过程中，似乎暗含着藏香经历了一种由圣到俗的变化。田野经历告诉我，虽然国家政策、市场行情、社会事件诸多原因共同影响着藏香的发展与变化，使其从具有神圣性的宗教物品变成了具有商品属性的礼物、药品和工艺品，但是藏香的神圣性并没有因此而减弱，燃香依然是藏族宗教行为中的重要表现形式，这是藏香所包含的文化传统性，这种传统依然深深嵌入在藏族人民的生活之中。而藏香的种种变化虽然由国家、市场、社会等外部原因造成，但人们却从宗教层面将这些变化合理化。通过洁净观念的扩展，使藏香的变化依然契合于藏族的宗教信仰，从而消解了神圣与世俗之间的对立，使藏香成为介于圣俗之间的物。并且，藏香以及藏族观念的变化虽然处在"传统—现代"的逻辑框架之内，但是人们对变化的理解又让传统与现代"化干戈为玉帛"。在藏香作为地方性产物开始走向世界各地时，藏香及其代表的藏族传统文化虽然不断被现代化所冲击，但是藏族人民从来没有放弃对藏香宗教性和神圣性的坚持。

第六章　宗教神圣性的重塑与强化

我想用一场官司来展开本章的论述。2006 年 9 月 2 日，中国西藏新闻网中有则报道：

> 由香港新华书店有限公司出版的《西藏敏竹梅芭藏香密续宝典》[①] 以及西藏优格仓工贸有限公司生产的"敏竹梅芭"系列香水在拉萨问世，预示了西藏香史得到了全面梳理和西藏地区拥有了自产藏香水。

该书描述优格仓家族与德达林巴·居美多杰法王颇有渊源，敏竹梅芭藏香配方则来自德达林巴大师三百多年的传承，因此品牌创始人便使用了"敏竹梅芭"这个名字作为自己藏香的品牌。但是这个名字的使用遭到了敏珠林寺的强烈反对，敏珠林寺将优格仓公司诉讼至法院并获得胜诉，自此之后"敏竹梅芭"便开始逐渐从藏香市场消失，取而代之的是"优·敏芭"古藏香。

2005 年，优格仓公司成立，主要致力于研究与开发西藏传统藏香、发扬香品文化，以及整合藏民族传统手工艺。2005 年至 2006 年间，在西藏电视台以及户外宣传的广告牌中，经常出现的都是"敏竹梅芭"藏香，他们的广告中不仅使用了山南敏珠林寺祖师德达林巴大师的头像，还将敏竹梅芭藏香打造成了与敏珠林寺藏香配方有着传承关系的古法藏香，而"敏竹梅芭"这一名字又因与"敏珠林"发音近似而让人容易产生误解，将二者之间联想成一种师承关系。在敏竹梅芭藏香爆红没多久，敏珠林寺就发现了这件事情。在访谈中，当曲·旦增有些气愤地说道："它

---

① 龙日江措：《西藏敏竹梅芭藏香密续宝典》，香港新华书店有限公司，2006。

的配方跟我们没有一点关系，它是用了我们（敏珠林寺）的名字。他肯定会说家族跟五世达赖喇嘛的经师（德达林巴大师）是有传承关系的。他想借着敏珠林寺的名气，把香销售出去。"①

藏族对于寺院的尊崇之情十分强烈，因为涉及对寺院名誉的侵犯，这场官司引起了很多律师的关注。当曲·旦增说当时有很多志愿者在帮助他们，其中也有些有名气的律师，最后寺院胜诉了，"敏竹梅芭"必须改名。之后优格仓公司便不再强调自己与德达林巴大师的关系，在对新品牌优·敏芭藏香进行宣传和打造时，将其塑造成沿袭、传承并保留了三百多年、在 1678 年时由格巴掘藏大师与优格仓喇嘛共同创制配方的藏香精品。现在，如果我们再从网络上搜集资料，几乎已经没有"敏竹梅芭"的身影，而优·敏芭藏香却一直有很高的知名度，并且因为藏香种类齐全、形式多样、包装精美而颇受国内外顾客的喜欢。显然，这场官司的起因是民间私营公司借用了寺院的名气进行宣传，将自己公司的藏香打造成有着寺院传承的精品，希望通过赋予藏香宗教神圣性而获得更高的市场占有率。官司结束之后因为必须改名，公司又重新撰写了企业故事，强调了自己与格巴掘藏大师和优格仓喇嘛之间的联系。这种传说或民间故事在西藏流传颇多，包括前文所述的吞弥·桑布扎造香的故事和莲花生大师造香的故事，我们无法考证真假。但这些故事至少说明了这样一种逻辑，即制香人倾向于通过将自己的藏香与寺院建立某种联系，使藏香获得神圣性，人们也倾向于购买和使用由寺院制作的藏香或者拥有寺院传承的藏香，似乎这样的藏香会拥有更多的神圣性。

坦拜雅（Stanley J. Tambiah）研究的泰国护身符②也是如此，佛教圣徒通过开光仪式将自身所具有的"卡里斯马"传递到护身符之上，使佩戴这种护身符的信徒都可以获得灵力的庇佑，被神圣化了的护身符虽然也可以像其他商品一样在市场上购得，但它明显也有着"去商品化"的性质。藏香也是如此，除了强调藏香药用价值的甘露藏香和藏医院藏香外，大多数藏香企业都希望自己的藏香故事中有着寺院、僧人或圣人的影子，这不仅仅是将宗教神圣性作为竞争的筹码，也是基于藏族对佛教的尊崇这一逻辑和前提；另外，人们在选购藏香时，也会将"是否与寺院有关"或者"是否被僧人加持过"纳入筛选的标准；并且，虽然藏香已经出现在了一些非宗教场合和空间，但它依然是人们心中重要的宗教物品。这些现象也间接说明

---

① 本书观点、评论基于田野调查所获资料，不代表作者对企业和品牌的立场。

② Stanley J. Tambiah, *The Buddhist Saints of the Forest and the Cult of Amulets: A Study in Charisma, Hagiography, Sectarianism and Millennial Buddhism* (Cambridge: Cambridge University Press, 1984).

了现代社会之中，佛教依然在藏族社会生活中拥有深厚的影响力，宗教和寺院的神圣性依然紧密嵌合在藏族的传统观念之中。因此，从这一层面来看，人们对藏香宗教神圣性的认可和强调，使得作为商品的藏香又同时呈现出了"去商品化"的趋势。

第一节　神圣性成为藏香竞争的重要筹码

近年来，有越来越多的寺院开始参与制香产业。有些寺院拥有藏医药和藏香制作的传承，如寺院制香的代表敏珠林寺因为藏香品质好和僧人加持而颇受人们认可；扎什伦布寺藏香在历史上曾经作为贡品专供给清廷，现在的知名度远不如从前；有些则是还俗僧人借用寺院名气制香，如直贡藏香因为标签为"素香"和"可食用"，以及公司创始人是阿贡活佛，也拥有很多顾客；楚布净化香和尼木古宝藏香的创始人都曾是寺院僧人，因为曾长时间在寺院修习，并且有过寺院藏医学习的经历，所以对藏香的配方、炮制、工艺等都颇为熟悉，同时他们两人也是西藏自治区非物质文化遗产传承人，寺院背景以及政府荣誉的双重认可，让他们的藏香品牌也拥有了一定的知名度。在与他们的接触及访谈过程中，我也可以明显感受到宗教背景对他们制香以及藏香销售等方面的影响。

接触到楚布净化香的创始人格桑扎西源自一个颇为巧合的缘分。硕士期间我在堆龙德庆那嘎村做田野时的向导次仁群措一直都与我保持有联系，当得知五年以后我又要去拉萨作调研时，她特别高兴地问我是不是还要回那嘎，我说这次是作藏香调研，有空就回那嘎看看阿佳顿珠。她说："姐姐，那你一定要来那嘎、要来楚布寺，因为舅舅就是做楚布寺藏香的。"这个讯息让我格外激动，因为在前期阅读文献资料时，我并没有关注到楚布藏香，但是次仁群措的这句话，让楚布藏香开始进入我的视野。2016 年夏天初到拉萨的时候，我曾在八廓附近的商铺里作过关于藏香市场的调研，当时发现了有两个楚布藏香的品牌，一个是楚布寺藏香，一个是楚布净化香。这个情况让我十分疑惑，到底哪个才是正宗的楚布藏香呢？于是我赶紧请次仁群措帮忙联系她舅舅。因为我与次仁群措是关系非常好的朋友，格桑扎西也把我当成家人般看待，我们的访谈更像是家人般聊天，也是这个原因，他向我透露了很多"背后的故事"。

一、"神圣的"楚布净化香

格桑扎西说他的藏香品牌是"楚布净化香"，它的历史很久，也有着很严格的传承。但是现在社会上有很多人打着楚布的名义做香，比如楚布藏香、楚布妙香，因为有很多人想要楚布寺的藏香，所以就有人借着楚布寺的名义做香来获取经济利益。他做楚布净化香的主要缘由是从小就在楚布寺出家，一直在学习经文和大小五明。在寺院的时候并没有想过要做藏香，但是对藏香的配方有些了解，而他与楚布藏香的缘分又源于他的舅舅。格桑扎西的舅舅是楚布寺里一个很了不起的人物，曾经见过三代噶玛巴，还曾在楚布寺里担任经师的职务，所有的经书他都懂，文化程度很高。

后来格桑扎西从寺院还俗，虽然不在寺院当喇嘛了，但是他依然非常熟悉《消灾经》《超度经》《度亡经》等经文。刚离开寺院的那几年，格桑扎西主要是以去老百姓家念经维持生活。大概在 2008 年的时候，他萌生了做香的想法。历史上楚布寺僧人做过香，但是不像敏珠林寺藏香和布达拉藏香那么出名。格桑扎西认为制作楚布寺藏香不仅是生意的事情，更是对传统文化的传承。于是 2008 年的时候他决定要做楚布寺藏香，当时就去了楚布寺跟寺管会主任还有工作组沟通、讨论，他说虽然自己已经不在楚布寺修行了，但是是否可以用楚布寺的名义做藏香。讨论的结果是让他做"楚布圣香"，而不要说是"楚布寺藏香"（出现"寺"这个字眼不好，怕别人说他挪用寺院的名字）。

> 当时主任问我为什么要起这个名字，我就说我有这个传承，因为楚布寺最好的经师曾教给了我藏香的配方。而且在我们楚布寺前面的神山纳嘉丘木山，就是楚布寺对面有晒佛台的那座山，山上长着一种草药，是第一世噶玛巴的头发撒到山上长出来的，它是一种加持品，我想用它作为材料做藏香。主任说我这个想法很好，但是他的意思还是不要用"楚布寺"这三个字，只用"楚布"两个字就可以了，我答应了。一开始我做的藏香叫楚布圣香，客人的评价也都非常高。配方以噶玛巴头发幻化的那种香草为主，香草藏语发音叫"帕鲁"，汉语翻译是烈香杜鹃，主要是杜鹃没开花之前的叶子，因为是高原的缘故，所以叶子和开的花都比较小，以前山上的植被和树木是非常少的。但是我以这个为主要材料做的藏香，顾客们的评价都非常高。
>
> 历史上楚布寺做的也不是线香，而是用帕鲁做的香粉，把帕鲁打碎，请法王加持念经，在修持的时候燃烧，可以消除很多业障，还可以防止感冒，功效特别好。尤其是阿里地区那边，楚布寺的香草他们是很难得到的，如果得到一点点的话，他们也不舍得直接烧，而是像茶叶一样用水煮，用杜鹃叶子烧水喝

可以防止感冒。有帕鲁香草，再加上我的配方，加入草药和藏药后制成的藏香味道更好闻，价值更大，各方面的功效都很好。

　　除了各种药材外，我还在藏香中放了很多甘露法药。不仅仅有楚布寺的甘露，还有其他各教派的甘露，有宁玛派、萨迦派和格鲁派的甘露，把各个教派的甘露法药都聚集起来放在香里，到现在也是这样。所以我做的藏香很多信众都会喜欢，他们觉得味道特别好。每个寺院和每个人做出来的藏香味道其实是不同的，但是我的香有寺院传承，而且非常干净，传承、配方和加进去的甘露的加持力，让我做的藏香得到了很多人的欢喜。我的顾客（信众）就跟我说，家里点其他的香的时候不怎么样，点了这个香以后，家里人都平平安安的，所以我的藏香也一直叫楚布圣香。

2008—2010 年间，格桑扎西的藏香的名字是"楚布圣香"，2011 年开始使用"楚布净化香"并进行了商标注册。格桑扎西说，每个人或者每一家都有"贪""嗔""痴"这"三毒"，"楚布净化香"就是要净化这"三毒"。2010 年以前没有注册商标的原因是做藏香企业还不多，他自己也没有产权保护的意识。

　　对于楚布妙香、楚布香粉、楚布寺藏香那些品牌，格桑扎西的态度是："我们不可能说别人的香不好或是假的，大家都是学佛的人，不应该互相伤害。我们各做各的香，凭本事说话，谁做得好，谁是正宗的，顾客用完就会知道。"现在楚布净化香的客户已经遍布全国各地，上海、北京、深圳，包括马来西亚都有，很多外地的信徒都让他把香直接邮寄过去。但是他也一直严格控制藏香的产量，没有合适的药材时，他宁愿少做一些藏香。另外他也提过，因为叫"楚布净化香"，所以他觉得责任非常重大。2013 年，西藏自治区通过筛选认定格桑扎西为自治区藏香制作"非遗"传承人，他说："区文化厅和'非遗'中心都过来了解过我的情况，政府不可能随便给一个人'非遗'传承人的称号的，我是政府批准的。"

　　我说曾经在八廓那边看到过楚布寺藏香的销售柜台，还在香嘎那边见过楚布寺藏香的工厂，那个是寺院开设的工厂吗？格桑扎西告诉我，那个并不是楚布寺的工厂，寺管会主任授权了这个名字，背后是一个企业在做，是一家文化传播公司。他说他也不清楚为何寺管会最后会同意别人用楚布寺的名字。"我听说楚布寺的那些人去找过文化厅，他们也希望可以拿'非遗'传承人称号，但是楚布香不可能有两个传承人，而且国家已经认可并批准我了。"寺院传承代表着一种神圣性，而格桑扎西也认为，神圣性依然是楚布净化香的主要特质，"非遗"传承人这一称号又起到了锦上添花的作用，因为楚布寺传承的配方、噶玛巴头发幻化的帕鲁香草、各教派的甘露法药等都是非常神圣的。还有就是制香时搅拌和混合药材时需要用到的净水，格桑扎西使用的是楚布寺山下、那嘎村路边的泉水。

二、那嘎村泉水的神圣性

早在 2010 年我第一次去到那嘎村的时候，就发现有很多村民会去接泉水喝，有些到楚布寺朝拜的外地人，在返程时也会特意停车、拿上事先准备好的瓶瓶罐罐去接水。仁次群措告诉我这个水叫"加嘎曲米"（藏语音译），可以治胃病，她说几千米之外还有一处泉水叫"则热曲米"（藏语音译）。则热曲米最神奇之处是用它洗脸洗手可以治疗青春痘等一些皮肤病，但是泉水不能喝。而加嘎曲米是可以直接饮用的，当地村民们都会说只有先喝了加嘎曲米，再喝楚布寺周围的水才不会因水土不服导致腹胀、腹痛。我遵从当地风俗先喝了加嘎曲米，才开始了在那嘎的田野调查，并且在离开那嘎之前我还特意用两个空矿泉水瓶接了泉水带回来。当时并不了解泉水的来源，而格桑扎西道出了这其中的故事。

位于堆龙古荣乡那嘎村的"加嘎曲米"泉水

第五世噶玛巴曾经去中原弘法，回来的时候，他的一位侍者手持的瓷碗在楚布寺下面的村子裂开了，所以那个村子就被命名为"凯埠村"，"凯埠"的汉语意思是"裂开"。到了加嘎曲米那个位置的时候，瓷碗完全裂开了，所以旁边的村子被命名为"卡堆村"，汉语意思是"可惜村"，就是现在那嘎村一组的位置。当时大家都很口渴，但是周围没有水，第五世噶玛巴就将他的拐杖置于一块大石头上，然后拐杖里便引出了水。格桑扎西表示他现在做藏香用的就是那个圣水。格桑扎西说，这确实很神奇，以前楚布沟是没有水的，那个瓷碗从很远的地方过来，在其他地方都没有碎，但在那个地方（加嘎曲米的位置）就碎了，因缘就是让噶玛巴在那里接水。

侍者的碗要是不碎的话，他们也不会停在那个地方，肯定就直接往前走了。刚开始石头上也是没有水的，噶玛巴拿着拐杖象征性地去接了水，就把水源引过来了。现在楚布这边最好的水就是加嘎曲米，而且因为加嘎曲米而引过来的楚布沟也是非常洁净的。"楚布沟流水的声音跟《胜乐金刚心咒》的声音是一样的，'欧姆味哈哈哄哄嘿'（根据格桑扎西的发音音译）。传说楚布寺坐落在胜乐金刚的坛城中心，每个山沟的水流出来了聚集在楚布寺对面的时候自然就发出了《胜乐金刚心咒》的声音。但这只是一个传说。"

在格桑扎西讲的故事中，加嘎曲米的神圣性是由第五世噶玛巴所赋予的，他说过这只是传说。我曾试图去文献中寻找证据和答案，但是并没有找到加嘎曲米，而是发现了堆龙附近另一处的神水——"雄巴拉曲"（藏语音译），即"木盆圣水"之意。关于这一神水的来源在《莲花生大师本生传》中有所记载。

> 莲花生高高兴兴赴拉萨，
> 途中抵达一地名堆龙。
> 国王时在洛合达 [①]，
> 安营河畔相伫候，
> 派遣拉桑鲁巴 [②] 为使臣，
> 率领五百骑士去迎接。
> 在堆龙雄哇沟口接见时，
> 未能找到烧茶水。
> 莲花生大师用拐杖，
> 插在堆龙东巴之地方，
> 让拉桑鲁巴用槽来接水，
> 以后此泉名叫槽泉水。[③]

莲花生大师在赴拉萨途中经过堆龙东巴时，遇到了吐蕃赞普赤松德赞派出的迎接使臣拉桑鲁巴。传言此地干燥少雨、土地贫瘠，人们生活十分困苦。拉桑鲁巴原

[①] 洛合达，即雅鲁藏布江。

[②] 拉桑鲁巴，迎接莲花生大师的使臣之一；为修建桑耶寺佛殿、筹办翻译事业、扩充吐蕃疆域做出了显著成绩。据传他穿用过的铠甲至今尚存于世。

[③] 洛珠江措、俄东瓦拉:《莲花生大师本生传》，中国藏语系高级佛学院研究室译，青海人民出版社，2007，第 377 页。

本想在此地给莲花生大师烧茶水，但是却怎么也找不到干净的水源。而莲花生大师寻到一处平地，顺转三圈之后将法杖用力杵于这块地面的中心，于是便有一股清泉顺着法杖从地下冒了出来，村民们赶紧拿木盆过来接水，直到所有村民都接得盆满钵满，泉水也没有停止过。后来人们才发现，泉水与四周的山峰搭配在一起形如莲花，而泉水所在之处如同莲花的花蕊。也因为"木盆接神水"这一故事，堆龙东巴从此改名为雄巴拉曲了，而雄巴拉曲就位于拉萨堆龙德庆区乃琼乡斯玛村。《莲花生大师本生传》中的这段记载，与格桑扎西所述的加嘎曲米的故事情节极为相似，但故事的主要人物又有所不同。第一，加嘎曲米的故事里水源来自第五世噶玛巴用拐杖从石头上引来的泉水；雄巴拉曲则是莲花生大师将法杖置于土地上引来的泉水。第二，两个故事发生的地理位置接近、发生的背景也相似，都在堆龙地区，故事背景都是路途中口渴却又找不到水源。第三，在圣人旁边都出现了普通人的形象，第五世噶玛巴的侍者以及迎接莲花生大师的使臣拉桑鲁巴都是引来泉水的线索性人物，如果缺少了他们的出现，后续故事可能也不会发生。

虽然故事中的时代和人物不同，但是两个泉水都因为与神圣人物有关而被赋予了更多的神圣性。我无法考证格桑扎西所说的加嘎曲米故事的真假，但更倾向于认可《莲花生大师本生传》中所载"木盆接神水"故事的真实性，而加嘎曲米故事的出现与传播极有可能是借用了木盆泉水的故事，两个故事最重要的意义是人们主观地构建了泉水的神圣性。泉水只是一种现实的存在物，因为被赋予了某种"神圣性"而成了一种"显圣物"（hierophany）。除此之外，噶玛巴头发幻化的帕鲁香草、甘露法药都是显圣物，将这些显圣物融为一体的楚布净化香自然也是具有神圣性的。通过这种方式将藏香神圣化的不止格桑扎西一个人，前文所述的优格仓企业也是如此，他们的藏香因为被塑造成与寺院、僧人和圣人有关而具有更多的神圣性，从而获得更多信众的认可。这种将神圣性赋予显圣物之上的方式，也说明了神圣与世俗之间的关系并非决然对立和矛盾的，神圣性要通过现实生活中的某种显圣物表现出来，显圣物是由人主观选择与判断的，因此，神圣性归根结底是由人根据需要创造出来的，世俗的事物通过人的赋予而成为神圣的事物。因此，正如伊利亚德所说，"我们决不能找到一个纯粹状态的世俗存在。不管一个人对这个世界的去圣化达到多大程度，他根据世俗的生活所做出的选择决不可能使他真正彻底地摆脱宗教的行为"①。

_____

① ［罗马尼亚］米尔恰·伊利亚德：《神圣与世俗》，王建光译，华夏出版社，2002，第2—5、118页。

　　藏香在藏族社会中最早的形象即为宗教用品，1300 多年前的人们已经将其塑造为具有神圣性的显圣物；现代文化语境下藏香为顺应市场要求而发生的诸多变化似乎带给人们一种感觉，即藏香正在经历一个由圣到俗的变化过程；而越来越多制香人对藏香神圣性的强调似乎又使藏香开始了"去世俗化"。我认为，藏香的世俗化与去世俗化并没有决然明显的分野标志，更重要的是人们对待它的方式和态度，是一种主观的选择。宗教圣物的世俗化并不是完全指其属性由神圣变为世俗，而是人们在现代社会的文化语境中越来越集中于它的世俗属性和要素，比如人们会越发关注作为药品和工艺品的藏香所体现出来的经济性和商品性；而去世俗化是人们对藏香原初神圣性的强调，这种强调既是文化层面的传承，也可以成为竞争的筹码而带来更多的经济收益。在楚布净化香故事的结尾，格桑扎西还颇为自豪地说道：

　　　以前楚布寺对外没有做过藏香，只是自己做了香之后在佛堂和僧舍里使用。我的舅舅当时跟我说让我保留好这些记载，说以后可能会有用。当时我还不相信，觉得这会有什么用啊，因为使用的人和场合都比较少。现在看来，这也算是我舅舅的一个预言了。

　　这个说法给楚布净化香的神圣性打造画上了一个圆满的句号。除了寺院僧人制香使藏香自带宗教神圣性的光环，还俗僧人在制作藏香时也习惯于强调自己与寺院的关系从而强化藏香的寺院传承，直孔泽瓦藏香也是如此。直孔泽瓦藏香是 2014 年 2 月份注册的品牌，是由直贡梯寺四位还俗僧人顿珠次仁、顿珠边巴、格丹和索朗白杰共同合作的企业。其中索朗白杰是主要负责人，他的师父直贡梯寺的贡觉·朗杰通过口头传承的方式将藏香制作方法传授给了他，同时他还借鉴了直贡梯寺上师杰·仁增曲扎喇嘛的药香配方。上师杰·仁增曲扎喇嘛就出生在索朗白杰的家乡墨竹工卡县扎雪乡扎雪村，他曾经创办了香药学校，延续了二百多年后消失了，但是药香配方延续下来了。而扎雪村也是拥有神山神水的神圣之地。

　　　这附近有一座神山，有九顶，上面还有修行洞，河边（河的北岸，河的名字叫雪绒河）的大石头上有八个孔，代表八个药神（药师佛）。大石头在修路时被破坏了，我去要了一部分回来，但是已经不完整了。后来我们几个开始做藏香，就是把药材放在这个洞里磨制，对药比较好，毕竟跟药神有关。虽然现在用得比较少了，但是我们还是会一直收藏着。

因为以前是直贡梯寺的僧人，受宗教影响颇深，所以索朗白杰四人在制作藏香时有很多的讲究和仪式，比如开始之前要先念净化咒语（一种宗教仪式，咒语要念15分钟左右）和驱魔咒语。在此之前要先做清洁，洁面洁手后才能念咒语。念咒语时，所有做香的材料都要放在房间里，做香的过程中还要保证器皿的洁净。制香过程又包括，研磨药材，混合粉末，加水、青稞和酒搅拌，要将搅拌好的原料放于上师杰·仁增曲扎画像前七天七夜（不能触碰），七天之后开始祈祷、念诵可以使药材发挥到最佳效用的咒语，最后是挤香。这些制香人的个案都向我们传递出一种信息，神圣性越来越成为藏香具有竞争力的筹码。

第二节　用香人对神圣性藏香的倾向与选择

长时间的田野调查过程中，我一直都生活在藏族村落，尤其是制香村落以及制香寺院周边的村落，对于藏族日常生活中的用香活动有着较长时间的观察，农村居民在选择藏香和使用藏香时呈现出以下特点。

第一，佛堂依然是燃香的主要场所；卧室和客厅是否燃香则是根据各家不同情况决定；厕所因为在户外并且通常是露天的旱厕，因此农村几乎无人在厕所燃香。第二，燃香的次数各家有所不同，有些人家只有早上燃香，有些是早晚各燃一次，个别人家是白天一直燃香到晚上停止。这种差别与每家燃香习惯有关，也与家庭经济条件有关；生活条件较好的人家，燃香次数多，每次燃香的根数也多（通常是三根，敬佛、法、僧）；经济条件一般的家庭则是燃香一根，一天一次；但也有特殊情况，有些制香户因为家中藏香较多，则是从早到晚一直燃香。第三，燃香通常是由家中长辈完成，男性女性都有，并不固定，但是早上在佛堂敬香的人通常是家中起得最早的长辈。第四，对于藏香的选择，由多种因素构成，但是在西藏农村形成了一种以地区为首要考虑因素，同时考虑寺院加持、售价、味道和品牌等因素的选择模式。也就是说，在农村地区，人们通常会就近购买藏香，寺院附近的村民会首先选择寺院制作的藏香。比如敏珠林寺、直贡梯寺、楚布寺附近村落的村民，他们在去寺院朝拜时，会顺道购买一些寺院藏香，而尼木吞巴的村民通常则是购买村中制香人制作的藏香。但是也有例外，像敏珠林寺藏香售价较高，有些村民则会从村中商店购买比较便宜的藏香；而吞巴的村民，如果能够获得寺院加持的或者寺院制作的藏香，也会觉得非常珍贵。城市里生活的人们，在选择藏香时，则出现了一些更有意思的现象，比如人们更倾向于购买寺院加持过的藏香和药用价值更高的藏香。

一、藏香使用情况的问卷调查

在城市里，我主要采用问卷调查的方式对人们的用香情况进行了采集，调研范围涉及拉萨、山南、日喀则、那曲等地，年龄范围为 18 岁至 55 岁的居民，职业涉及公务员、企事业单位工作人员、手工业者、务工人员、私营业主、学生等，民族涉及汉族、藏族、苗族和布依族，受教育程度均为高中及以上。下面对问卷调查对象的基本资料进行陈述。

调查问卷的主题是"西藏地区人们对藏香选择、使用及文化意义的了解情况"，针对此主题，我一共设计了 23 个问题，其中包括个人基本信息题 5 题（单选题），关于藏香使用及文化意义了解情况的题目共计 14 道单选题，3 道多选题及 1 道开放式问答题。此次调查共计发放问卷 100 份，回收 100 份，有效答题率 100%。其中，参与问卷调查的有男性 41 人，女性 59 人；藏族 77 人，汉族 21 人，布依族 1 人，苗族 1 人；年龄分布情况是最小年龄 18 岁有 8 人，均为在校大学生，19—35 岁共计 82 人，36—55 岁共计 10 人；职业涉及公务员 25 人，企事业单位工作人员（包括教师、医生和银行职员等）40 人，手工业者 8 人，务工人员 8 人，私营业主 8 人，在校大学生 11 人；其中高中及以下受教育程度 1 人，7 人受过高职或大中专教育，69 人为本科在读或本科毕业，硕士 21 人，博士 2 人。通过对调查对象基本信息的统计，可以发现调查对象所处地域广泛、男女性别均衡、民族成份多元、年龄跨度较大、职业种类多样、教育层次不同，他们的回答具有较强的代表性、回答的可信度也较高，因而从这 100 份问卷的态度中我们也可以发现西藏城市地区居民对于藏香选择和使用的态度。

在被问到"您家中是否有燃烧藏香的习惯"时，84 人回答"有"，其中 77 人为藏族，藏族燃香率为 100%；另外 7 人中，5 人是汉族，1 人是布依族，1 人是苗族。布依族调查对象是在拉萨的私营业主，苗族调查对象是在拉萨工作的手工业者，他们均表示自己有藏传佛教信仰，并且已经皈依上师了，所以在他们看来，藏香是用于宗教活动的圣物，他们燃香的目的是供佛，偶尔也会在卧房燃一些药香安神助眠；5 位汉族调查对象均为公务员，他们燃香主要是受身边藏族同事的影响，但是燃香的目的主要是为了净化空气、预防疾病，而且他们还表示藏香的味道有别于汉地寺院中佛香的味道，很好闻，有草药的香味，闻了以后会让人感觉心旷神怡，因此他们倾向于选择味道好以及药用价值高的藏香，通常会选择西藏藏医院、甘露藏药厂制作的藏香。因此，不同民族和不同职业的人，在选择藏香时的标准可能会有所不同，有鉴于此，我又设计了另外一个问题，即"您选择藏香的首要标准是什么"。

表 6-1 城市居民在进行藏香选择时的意向

选择标准 \ 职业	品牌	价格	味道	包装	寺院加持	其他（无所谓）	共计
公务员	12	0	12	0	1	0	25
企事业单位	1	0	12	0	24	3	40
手工业者	1	1	0	0	4	2	8
务工人员	0	0	2	0	6	0	8
私营业主	1	2	1	0	4	0	8
其他（学生）	0	0	6	0	4	1	11
共计（人数）	15	3	33	0	43	6	100

有 33 人将藏香的味道作为主要的选择标准，这佐证了前文已经论证的现代藏族焚香观念中对于香味的重视，同时也是印度香、尼泊尔香在西藏很少有受众的主要原因，因为这些香品闻起来有香精的味道，而藏香燃烧出来是草药的味道。不论是燃香供佛还是燃香净化空气，人们都认为添加了化学成分的香品是不好的：一是对佛不敬，只有用草本植物、香草香料等纯天然原料制成的香品才能表达对神佛的敬意；二是添加了香精的香品燃烧后被人体吸入，对人的身体健康也并无益处。2016 年冬季我曾经居住在拉萨市宇拓路的一家客栈，老板是位安徽的汉族人，她在客栈客房内一直燃烧的都是尼泊尔香，因为她的主要顾客是从全国各地过来的游客，其中有一些是对藏文化比较感兴趣的年轻人长期租住在客栈，但是他们对藏香都不十分了解。老板燃烧尼泊尔香的主要原因是它有花香、果香多种味道，可以遮盖客房中散发出的潮湿和霉味，并且这个味道也是游客可以接受的。从直贡梯寺调研回来之后，我将带回的直贡藏香送给客栈老板一捆，让她试试看，一开始她怕自己不习惯，但是点完之后却非常喜欢。她说藏香中没有香精的味道，而且里面的草药不仅可以祛湿，还可以抑制空气中的细菌，有很大的药用价值，以后会将客栈里的尼泊尔香都换成藏香。另外，有 15 人根据品牌选择藏香，6 人觉得无所谓。总体说来，在西藏地区，人们更倾向于选择与寺院有关或者被僧人加持过的藏香，因为他们认为这样的藏香更具有神圣性，对于"您通常购买哪个品牌的藏香"这一问题的回答也可以证明这个观点。

表6-2　城市居民对藏香品牌的选择意向

品牌	人数	比例
尼木藏香	21	21%
敏珠林寺藏香	35	35%
优·敏芭藏香	2	2%
甘露藏药厂藏香	15	15%
自治区藏医院藏香	8	8%
直贡藏香	5	5%
其他	14	14%
有效填写人次	100	

选择首要考虑"寺院加持"的43位调查对象，有35位选择了敏珠林寺藏香，5位选择了直贡藏香，他们对藏香神圣性的看重与藏香选择和购买行为之间形成了一种对照和相互印证的关系，而且，作为寺院制香的代表，敏珠林寺藏香在西藏享有很高的声誉，不仅老百姓认可，其他寺院也很认可。在敏珠林寺访谈僧人丹巴杰布时，他还说到了一个有意思的现象。

历史上，不管是大昭寺、布达拉还是噶厦政府，我们都有专供过藏香，这个不是传说，是事实。人家都说，敏珠林寺藏香的味道可以传到很远的地方。现在因为财政的问题，药材的成本、藏香的销售都是记在账上的，不存在像以前那样免费供的情况，如果他们需要的话，可以过来买，群众如果需要的话，肯定也要自己购买。现在的情况是，敏珠林寺附近的老百姓会带着藏香去大昭寺和布达拉朝圣，其他寺院的僧人如果看见百姓供的是敏珠林寺的藏香，就会把这些香放到佛前供着，而不会随便放到一边。

后来，我在其他寺院（墨竹工卡县扎西岗乡的嘎则寺）里确实看见了已经拆开包装的敏珠林寺藏香，问到僧人为何没有使用距离比较近的直贡藏香，他说也会使用直贡藏香，这要看老百姓带哪些香过来拜，通常也会有其他品牌的，但是如果是寺院制作的藏香，他们是一定会点的。"其他"选项中有1人选择了珠穆拉瑞藏香，1人选择扎什伦布寺藏香，而剩余12人基本上都是"选择离自己家比较近的商店或寺院的藏香"。显然，除了知名度较高的寺院藏香外，其他寺院藏香也很受欢迎。但是并非每个寺院都有制香的传统和工艺，现在在楚布寺大门外店面里销售的楚布寺藏香就是梅朵姐姐的文化传播公司制作的，虽然它并非由寺院僧人制作，但是因为配料中用到了楚布香草和楚布甘露丸而十分受人喜欢，去朝拜的信徒是他们的主要顾客。显然，寺院加持或者僧人制作都是人们购香的重要考量因素。

其次，人们更倾向于选择尼木藏香，因为西藏人普遍倾向于认同尼木吞巴是藏香的原产地，并且在水磨藏香的制作工艺进入国家级非物质文化遗产名录之后，政府和文化公司合力打造的吞巴旅游景区使吞巴名气越来越大，尼木藏香也受到更多关注；但是因为吞巴以个体户制香为主，藏香质量差异很大，这一点也被很多消费者诟病，很多被访者都表示尼木藏香的工艺好，但配方不一定好，买香的时候需要仔细分辨。接着是甘露藏药厂藏香和自治区藏医院藏香，这两个品牌的藏香依托于藏医院的名气和声望，以较高的药用价值获得人们的认可。甘露藏药厂的尼玛主任曾经跟我说，有老百姓说过，"每天早上要是闻不到甘露藏香的味道，他们都不想起床，因为甘露藏香可以提神醒脑，闻了以后很舒服"。100个问卷调查对象中有2人选择了优·敏芭藏香，其创始人是自治区级非遗传承人，它的顾客群体主要还是国内外的游客，它在全国各地的经销店以及淘宝、京东等网络平台的销售是其每年收入的主要来源。

人们使用藏香的场合以及他们认为藏香在社会生活中所扮演的角色、起到的作用也可以反映出人们对藏香文化意义的认知。田野调查经历告诉我，人们并非只在一个地方燃香，并且藏香在很多人的宗教生活和日常生活中都有出现，所以对于藏香使用场合以及藏香在生活中的作用这两方面资料的收集，我采用了多选题的方式。

表 6-3　西藏城市居民藏香使用场合的情况调查统计表

使用场合	小计	比例
客厅	71	71%
卧室	46	46%
卫生间	21	21%
佛堂	76	76%
办公室	25	25%
私家车	18	18%
其他	2	2%
有效填写人次	100	

表6-4　藏香在西藏居民生活中扮演角色的情况调查统计表

角色	人数	比例	
宗教物品	73		73%
药品	52		52%
礼品	47		47%
工艺品	31		31%
其他	13		13%
有效填写人次	100		

　　数据显示藏香燃烧最多的地方是佛堂，并且寺院的经堂、僧人做佛事活动的帐篷，都会一直燃香，即便藏香出现在了拉萨的大小商场、店铺和摊位，但在人们心中它依然是宗教圣物；其次出现最多的地方是客厅和卧室。除了宗教圣物以外，人们更多视藏香为一种药品，像敏珠林寺的安神香就十分有名，它对睡眠不好和心脏不舒服的人特别有效，旦增·曲扎就强调过，"不舒服的话在卧室里点一根就可以了，但是如果没有这些问题，就不用点安神香了，佛堂里也不用点安神香"。因此，藏香的使用场合与人们对其作用的认知也产生了一种对应关系，佛堂里要使用佛香，而卧室和客厅里，因为人长时间活动于其中而可以点药效好的藏香。由上述数据可知，藏香在藏族老百姓心中依然如其产生之初的最初属性，是具有宗教性和医药性的，正因为藏香所具有的这些属性，现代人又将其塑造成了礼品和工艺品，对其外在进行了更为精美的包装，使其产生更多的附加价值而流通于商品市场。通常，藏族朋友在去到外地时，会带着一些藏香作为礼品，因为藏香的使用场合比较多元，城市里的人也会在卫生间里燃香以净化空气，还会将香包、香囊等置于私家车中，一方面可以保证车内气味芬芳，另一方面又可以祈祷行车顺利；并且藏香是一种物美价廉的、具有藏族特色的物品，它不像佛像、唐卡、法器等宗教物品，通常会被限定在较为固定的场合，在非藏族地区使用藏香也不会有格格不入之感。

　　除了宗教用品和药品以外，人们也会将藏香视为颇有意义的礼品，因为其小巧、易于携带，并且拥有丰厚的文化内涵，所以被视为送礼佳品。2017年2月，我曾去台湾进行了近半年的交换学习，临行前我选择了敏珠林寺藏香作为手信送给台湾的老师和同学。我在台湾选修的课程是陈清香教授的"宗教艺术史"，她非常认同并喜爱佛教文化，对于敏珠林寺藏香也十分喜欢，我告诉她这个藏香是我在西藏调研时购买并带来的，但是它在台北也有售卖，以后不用到西藏，也可以买到西藏制造的藏香了。有些不具有佛教信仰的人，则是将香看成是一种工艺品，是人们高雅、精致生活的必备物品，如现代人在品茶和进行瑜伽练习时，通常也会辅以燃香的形式来陶冶性情，在这些场合里，藏香就是一种工艺品，而对香道颇有研究的人们对藏香的配方、味道和工艺都会有更高的要求。问卷结果让我明显可以感受到藏香神圣性在人们心目中的重要地位。

二、"活佛"开办的藏香厂

在尼木县当地人口中流传度颇高、也十分受欢迎的"活佛"开设的藏香厂，是由国家级非遗传承人旦增·曲扎开办的西藏尼木古宝藏香商贸有限责任公司，它位于尼木县德吉路（幸福路）2号。我与向导第一次去到尼木县城寻找藏香厂时，因为不熟悉地址，便向路人询问，起初路人并不是很清楚，但当我们说到德吉路2号时，路人立马说："哦哦，知道了，就是'活佛'开的藏香厂嘛！"在路人的帮助下，我们顺利找到了藏香厂，并见到了当地人口中的"活佛"旦增·曲扎。

根据旦增·曲扎自述，他的藏香配方与如巴寺[①]有着密切关联。如巴寺的第一代活佛扎西·坚赞是吞弥家族的人，他的妈妈是吞弥·桑布扎的后代，爸爸属于八思巴的舅舅的家族。旦增·曲扎的师父旦增·索巴是如巴寺的堪布，也是扎西·坚赞藏香配方的第十四代传承人，现在已经去世了。旦增·曲扎只读到小学三年级，在13岁时被旦增·索巴带进寺院，于是他拜了旦增·索巴为师，跟随师父学习药材识别和藏药、藏香制作。从小他就喜欢手工制作藏香，以前如巴寺附近有座却泽寺，那边楼上有一些老百姓会制作藏香，他们建了房子专门做香，旦增·曲扎就天天去看，但是现在没有了。当时他和师父制作的藏香并没有对外销售，只是少量制作来供寺院和自己使用。因为没有拿到政府认可的证书，所以他不能继续待在寺院，于是在2002年，他进入了自治区藏医学院学习藏医，因为藏医和藏香关系密切，在藏医学院学习的六年里他也一直都在研究藏香。2009年，尼木县政府给他批了现在工厂所在地建房，2010年，正式成立了西藏尼木古宝藏香商贸有限责任公司。注册公司的原因也十分有趣。2009年的时候，旦增·曲扎曾作为代表去北京参加了中国非物质文化遗产传统技艺大展，在展览会上展示了尼木藏香："真的，很多人都不知道'尼木'是一个地名，还在问这个香是用'尼木'做的吗？他们以为尼木是一种木头。所以回西藏之后，我就觉得应该让人们知道尼木是一个地名，

---

① 如巴寺位于尼木县卡如乡，始建于公元1300年。因年代久远，20世纪80年代中期，如巴寺进行了重建。如巴寺属萨迦派，寺内主供佛为释迦牟尼。如巴寺里，供奉着一尊强巴佛的四岁等身纯金像。关于这尊佛像的由来，当地有个传说：村里有一个老奶奶刨地的时候突然听到一声"疼啊"的喊声，她一看，发现土里埋着一尊佛像，刨子凿在了佛像的膝盖上。后来，佛像便一直被供奉在了如巴寺里。

于是就注册了西藏尼木古宝藏香商贸有限责任公司，藏香的源头是尼木嘛，慢慢地全国各地都知道尼木是一个地名了。我觉得自己有义务让更多人了解什么是真正的尼木藏香。"

2014 年，旦增·曲扎被评为自治区级藏香制作技艺传承人，2017 年 12 月又入选国家级非遗传承人，同时也是拉萨市政协委员、尼木县政协常委。早在 2010 年 12 月，他就曾向拉萨市政协九届四次会议递交了保护尼木藏香品牌的提案，希望相关部门能够采取措施对尼木品牌进行保护。虽然他现在具有政协委员、成功商人、国家级非物质文化遗产传承人等多重身份，但是在当地老百姓心中，他曾是如巴寺的活佛这一身份依然具有很大的影响力。除了路人的反应外，藏香厂的工人以及向导的态度也让我明显感觉到宗教人士的重要地位，以及他们对"活佛"制作的藏香的认可与尊重。

央珍是尼木古宝藏香的一位工人，她带着我参观了藏香厂三楼的展厅，包括藏香历史介绍、古宝藏香特色产品展示、藏香体验室等几个部分。在参观的过程中，她说能来"活佛"的工厂工作很开心，虽然工资没有在市里高，但是离家近，有事情请假回家也比较方便，最重要的是这是"活佛"开的工厂；她说自己也没怎么上过学，但是会说一些汉语，除了帮忙包装藏香以外，还负责一些对外商贸的工作。"在这边制作藏香有很多洁净方面的讲究，'活佛'还会将做好的藏香拿到如巴寺去加持，我们认为念经加持比较重要。"

向导罗追巴桑对旦增·曲扎也是非常尊重，在访谈过程中，他说了好几次类似的话语："'活佛'这边的藏香种类很多，我们之前在吞巴，都没有人区分佛香、药香、财神香、文殊佛香、檀木香什么的，只有'活佛'这里才区分的，他懂的是最多的！"在问到吞弥·桑布扎的历史时，旦增·曲扎表示他只知道一点，作为尼木人，他也是听闻了很多关于吞弥·桑布扎的传说故事，但并不确定是否是真实的，他说西藏大学有一位桑达教授，是研究吞弥·桑布扎的专家，也是尼木人，可以向他请教。旦增·曲扎对我说："如果你要去找桑达教授的话，我可以帮你。"向导翻译完之后立马补了一句："姐姐，'活佛'人真的很好很热心啊！一会儿结束的时候，你会跟'活佛'拍照吗？如果拍照的话，我可以一起吗？我也想跟'活佛'拍照，如果你不拍的话，我不好意开口。"我说我的文章里会加入一些照片，肯定要跟"活佛"拍照的，罗追巴桑特别高兴地说："好的，那我先帮你照相，然后你再帮我拍合影。"

访谈和合影结束之后，我们准备离开藏香厂返回吞巴，旦增·曲扎让工人用纸袋装了一袋藏香送给我,其中包括三捆佛香、一盒檀木香和两个香包,我觉得不好意思就想将藏香送给向导罗追巴桑,正在我们相互礼让之时,旦增·曲扎又让工人装了一袋同样内容的藏香拿给了罗追巴桑。罗追巴桑很害羞想要拒绝,就说自己的叔叔江措也在做藏香,旦增·曲扎一听立马说他和江措都是自治区劳动模范,之前一起去过洛阳牡丹花节,他们是很好的朋友,让罗追巴桑一定要收下藏香,最后我们俩各提着一袋藏香离开了。返回吞巴的路上,罗追巴桑一直很高兴,表示自己收获特别大,把"活佛"制作的藏香带回家,爸妈一定非常高兴。他说因为家在吞巴,所以家里用的都是吞巴村民制作的藏香,这次能用上"活佛"做的藏香,真的很幸运。

伊利亚德认为神圣具有自我表证的特征,即神圣的东西向我们展现它自己[1],不管是原始宗教还是现代宗教,都是通过显圣物来表证神圣性,正是借助于神圣的表证,任何物体都能成为某种"别的东西",比如当一块石头或者一棵树被赋予神圣性之后,它们就成为一种显圣物、一种与众不同的物。但是伊利亚德同时也指出,人们对显圣物的崇拜并不是对圣石和圣树这些物品本身的崇拜,而是因为它们显示出了自己不再只是一块石头、不再只是一棵树,而是属于神圣、属于完全另类的某种东西,因此对于那些有着某种宗教体验的人来说,一些物因为被视为是超自然的存在而具有了神圣性。[2]人们对藏香神圣性的认可并非藏香本身具有神性,而是藏香与宗教圣人之间的密切关联而被神圣化,上述佛香与"活佛"制作的藏香颇受欢迎都印证了伊利亚德的观点。

本章小结

本章讨论的是宗教神圣性对藏香的影响。对于藏传佛教信徒来说,藏香是藏传佛教中重要的显圣物,藏香的神圣性由燃香这一行为所赋予。人们认为藏香具有神圣性也并非对藏香本身的崇拜,而是在具有神圣性的空间内,燃香所产生的香烟和香气可以建立人佛之间的联系。在这个意义理解框架之内,出现在非神圣空间的藏香不具有神圣性,没有用于宗教活动的藏香也不具有神圣性。伊利亚德也有过类似论述,对于一个宗教徒来说,教堂与它所处的街道属于不同质的空间,教堂的土地是一个神圣的围垣,在这个空间之内与诸神的沟通就变成了可能。在藏传佛教语境

① Mircea Eliade, *Patterns in Comparative* (New York, Sheed & Ward, 1958),p.7.

② [罗马尼亚] 米尔恰·伊利亚德:《神圣与世俗》,王建光译,华夏出版社,2002,第 3 页。

中，在寺院和佛堂点燃的藏香是具有神圣性的，这与田野经历和问卷调查所显示的情况一致。在市场化和商品化的今天，人们依然认为藏香应该是出现在神圣空间的圣物，即便藏香还具有药品、礼品、工艺品等其他性质，藏香的神圣性依然无可撼动，此为第一。第二，由寺院制作、僧人加持的藏香也是具有神圣性的，即使它还没有出现在神圣空间，人们也倾向于认为僧人制作和加持的藏香更具神圣性，因而在藏香选择时，人们也会将此作为重要的考量标准。第三，很多制香主体抓住了用香人对宗教，对寺院和僧人极为尊崇这一心理，在对品牌文化进行宣传时，都会将自己的藏香与寺院或历史上的某位高僧大德建立联系，从而增加自己藏香竞争的筹码，吸引更多的顾客群体。当然，人们会质疑作为商品的藏香是否还具有神圣性，因为此时藏香身上所带有的"神圣性"似乎只是一种工具性策略或者一种商品营销手段。我想再次说明的是，成为商品的藏香的主要作用与价值依然是出现在神圣空间和神圣时间的宗教物品，此为其一；其二，人们倾向于选择寺院或僧人制香，原因也在于寺院制香有着严格的传承，以及僧人通过加持的形式，将他们所具有的"卡里斯马"传递到了藏香之上，因而人们更加看重的是寺院和僧人的加持力，这种加持力使藏香更加具有神圣性。

现代宗教学家鲁道夫·奥托把"神圣"的基本意义定义为"神秘的"或"令人既敬畏又向往的"[1]，而彼得·贝格尔进一步将"神圣"解释为与人紧密相关的、神秘而又使人敬畏的性质，他认为不管是自然客体还是人造客体都可能被人赋予神圣属性，例如岩石、树木、工具、酋长、某种特殊习俗都可以被神圣化；不仅是物可以被神圣化，连时间和空间也可以被神圣化，比如某种宗教仪式发生的时间和场合都是神圣的。因此，制香人与用香人对藏香的态度也反映出了藏香在藏传佛教中的重要地位。不管是制香人通过将藏香与寺院、僧人建立联系来增加竞争的筹码，还是用香人将燃香行为神圣化以及将寺院僧人制香视为更具神圣性的香品，都说明了宗教力量对藏地焚香行为的影响，体现了宗教神圣性在人们生活中的强化和重塑。虽然在学者们的讨论中，被现代化因子所冲击的藏传佛教开始出现世俗化倾向，但对于宗教和寺院的尊崇也始终嵌合在藏族的传统观念之中。

---

① ［美］约翰·麦奎利：《二十世纪宗教思想》，高师宁、何光沪译，上海人民出版社，1989，第261页。

结　语

　　藏香以及藏香文化的变化是西藏社会文化变迁的一个缩影，在现代化和全球化的背景之下，藏族传统文化的很多方面似乎都不可避免地发生了变化，人们日常生活中都浸染着现代性的因子：各类流行标识开始出现在藏族的传统服饰之上；"网红奶茶"出现在了拉萨的商业中心；居住环境和装饰风格也开始改变，家电、小家电如酥油茶机的出现既提高了人们生活的便利性，同时也使一些传统工艺面临消失的危险；公路和铁路的修建，交通方式的多元化为传统文化的传播和变化提供了更多渠道。

　　本研究在梳理了藏香社会文化嬗变历程的基础上，着力探讨了在"国家"与"市场"影响下，藏香是如何从一个地方性产物变为全球可见的商品，以及在这一变化过程中人们如何适应变化、重构自己的民族传统文化观念并对变化进行合理解释。通过前文的论述和分析，可以得出以下三个面向的结论。

一、藏香的时空流动

　　在经过了1300多年的生命历程之后，藏香从用于宗教活动的圣物变成流通于经济市场的商品，这并不意味着藏香已经失去了它的宗教属性。通过前一章的论述，我们可以知晓，藏香依然是藏族人心目中重要的圣物，但进入市场之后的藏香呈现出了跨区域、跨民族和跨国界的流动，藏香的时空变化与人们对其文化意义的塑造、藏族文化的传播相互牵连。

　　从诞生之初，藏族百姓就主观塑造并强化了藏香的神圣性。在吞弥·桑布扎造香的传说故事中，虽然藏香诞生的因缘是为了治疗瘟疫，但是当地人还是通过将制香人和制香材料神圣化而使藏香拥有了更多神秘的力量；在莲花生大师造香的故事中，更是将香塑造成了斗争吐蕃鬼神取胜的重要"武器"，人们通过传说故事将藏香合理塑造成为具有神性的宗教圣物，此为其一。第二，佛教用品因为用于佛事活动，有着重要的文化意义，因此，西藏地方政府往往会选择佛教用品作为赠送给中央王朝的重要贡品，这种礼物蕴含着权力的交换，是阎云翔所说的"非对称性馈赠"。从明朝开始，西藏的贡品单中就多次出现藏香的名字。藏香本已是藏族社会中的重要圣物，在贡品的光环下更是成为稀缺之物，随着清王朝的结束、封建制度的瓦解之后，藏香便不再扮演贡品的角色，而继续作为藏族知识体系中的圣物存在。第三，藏香具有了商品这一新的社会角色，这与西藏社会的政治、经济、文化因素密切相关。西藏民主改革后，西藏经济得到巨大发展，百姓获得人身自由，在这样的社会形势下，原是寺院、贵族和上层人士才可享用的藏香开始进入寻常百姓家，这一变化使得藏香的商品性开始萌芽；在改革开放和市场化大潮中，藏族人勇于尝试，努力接受变化，将具有西藏地方特色的物品打造成向全国各地和国际流动的商品。因此，研究物的社会生命变化时，不能脱离对变化背后社会文化动因的探讨，而人是文化意义的塑造者。在藏香社会角色的变化中，藏族人民用自己的主观能动性塑造了藏香知识体系和文化意义的变化。

从空间脉络上来看，藏香是融合了印度熏香技术、尼泊尔香料和藏地藏医药理论的物，它经历了将不同智慧相结合并在西藏"生根发芽"的"聚"的过程，以及由西藏开始走向世界的"散"的过程。藏香的空间流动告诉我们，在进行藏香研究时，不能将其局限于西藏和藏族地区，这样形成的关于藏香的知识体系很有可能是片面的。因为发展不是简单的地方能动性问题，而是全球定位（Global Positioning）的问题。[1]阿帕杜莱认为许多商品都正在世界范围内的许多社会内进行着循环[2]，这一论断的前提是某些具有特定文化意义和文化脉络的商品已经进入全球商品流通市场。像"麦当劳""阿迪达斯""苹果"等许多所谓的各类名牌产品，人们并非仅仅消费其使用价值，更是在消费它所具有的文化、身份和权力，人们通过消费这些商品将自己纳入某类人群之中，因此，丹尼尔·米勒（Daniel Miller）认为，对商品的消费其实也是一种文化建构和认同创造的过程。[3]藏香也是如此。诞生之初，它是重要的宗教圣物，因为具有神圣性，又被作为贡品开始了向中原地区的流动，而藏香流动至中原时首先进入的是皇宫，清朝皇帝通常将藏香作为重要的礼物赠送给

---

① ［美］乔纳森·弗里德曼：《文化认同与全球性过程》，郭健如译，商务印书馆，2004，第 8 页。

② Arjun Appadurai, ed.,*The Social Life of Things:Commodities in Cultural Perspective* (New York: Cambridge University Press,1986).

③ Daniel Miller, "Consumption as the Vanguard of History: A Polemic by Way of an Introduction", *Acknowledging Consumption* (London: Routledge,1995), p.31—34.

尊贵的大臣或外国客人，这时，藏香是象征着身份权力的物。随着贡品属性的消失，作为商品的藏香流动范围更加广泛，这种流动主要基于人们对藏香药用价值的认可，以及藏传佛教文化在更大范围内的发展与传播，并且呈现出跨区域、跨民族和跨国界的趋势。基于藏传佛教文化的传播，作为重要宗教物品的藏香以及藏香文化也开始向非藏地流动。虽然目前藏香的海外市场主要集中于东亚、东南亚和南亚的一些国家，但随着藏香国家标准的制定与实施，依托于藏传佛教文化在海外的生命力，藏香也会走向更大的舞台。

二、从藏香看宗教信仰观念的强化

在藏香成为全球可见的商品的今天，我们显见的可能是其作为商品所体现出来的经济生命力，但是从藏香的制作、使用，和人们对待它的态度来看，藏香依然体现出强大的宗教神圣性。通过对藏香的研究，我们似乎也可以窥探出当今社会中人们对宗教观念的秉持。

目前学术界在研究宗教信仰现状时，倾向于认为宗教开始呈现出世俗化倾向，即将世俗化等同于神圣性的对立面，并呈现出将宗教信仰中的现实需求以及应对现实而做出的改变认为是世俗化表现的理解偏差。在这一前提下，人们通常会产生的认识论上的逻辑谬误，是将"传统—现代""神圣—世俗"二分，即在传统社会中，人们对宗教的追求是出于神圣目的，如佛教徒追求的是终极解脱，而在现代社会、现代文明影响下的宗教信仰则浸染了许多现实和功利的目的，因此人们倾向于认为世俗化是与现代文明相牵连的，即现代世界的经济发展是导致世俗化的媒介，这种观点似乎也有将现代文明污名化的倾向。在对现代社会中的藏传佛教进行研究时，有些学者也持类似观点。如认为藏传佛教在信仰观念、价值取向等方面都发生了变化，藏族群众也逐渐改变了"重来世、轻现实"的传统观念，不再把有限的精力和资金放在宗教活动上[①]，这是信众在意识形态层面的"世俗化"；藏传佛教在具体社会功能方面的"世俗化"主要表现在寺院功能的减弱、寺院管理方式的变化、寺院对社会的约束力降低等。总之，人们认为藏传佛教"世俗化"的主要论据是藏传佛教以及信徒为应对现代化的发展做出的改变破坏了佛教的神圣性。而在调研中发现，从产生、发展直到今天，藏传佛教都深刻影响着信众以及藏族社会、经济和文化等各个方面，虽然信仰形式和内容发生了一定的变化，但宗教影响力却是有增无减，人们在宗教生活和日常生活中都始终秉持着对宗教的尊崇。

---

① 洲塔、陈列嘉措、杨文法：《论藏族社会转型过程中的宗教世俗化问题》，《中国藏学》2007 年第 2 期，第 61—67 页。

第一，寺院神圣性是藏香重要的附加价值，宗教权威并未下降，宗教对社会的影响力依然强大。不管是制香人还是用香人都十分认同藏香的神圣性，寺院制作、僧人加持的藏香也拥有着更多的顾客。除了藏香以外，人们生活之中的很多物品都会请僧人加持，大到置于佛堂之中的佛像、唐卡，小到随身携带的佛珠。人们从工艺品店购买的佛像要送到大昭寺请僧人念经之后才会放到家里的佛堂，佛珠手串也要请僧人念经加持之后才能从工艺品变成宗教用品。因此，在人们生活如此细微之处，依然渗透着宗教的影响力。作为宗教圣物的藏香也是如此，虽然在历史发展不同阶段，藏香被人们赋予了不同的文化内涵，但是藏香作为宗教物品的社会角色一直没有改变过，并且在出现了多种制香主体的现代社会中，人们愈加认可寺院藏香的神圣性。从这个现象来看，宗教的影响并未减弱。

第二，从供香行为来看，藏传佛教个体信仰行为也并未减少。藏传佛教信徒的宗教行为十分多样，如转山、转水、转寺院、燃灯、煨桑、燃香、念经、磕长头等，这些行为在现代生活中愈加频繁和常见。在问到为什么要这么做时，很多人会认为"没有为什么"，佛教徒就应该这么做。供香也是如此，人们在说到为什么供香时，通常会认为香是佛的饭，在家里供佛就一定要给佛供饭，他们的行为中似乎并没有传递出特别现实的目的。人们总是倾向于认为在宗教行为中一定会掺杂着很多现实的目的，比如祈求健康长寿、祈求多子多福等，但燃香行为更多表达的是对佛菩萨的礼敬。即便人们认为佛菩萨可以借由燃烧的香烟听见自己的心愿，我们也不能简单地认为燃香行为一定是具有功利性和世俗目的的。如果从"secularization"本义出发，燃香行为刚好是宗教对藏族社会生活影响力的体现，它已经嵌入到藏族社会之中，成为人们的行为习惯之一。

第三，寺院经营商业的行为自古有之。随着"以寺养寺"政策的普及和市场经济的迅速发展，很多寺庙积极参与市场，开办商店、饭店，积极参与养殖业、运输业和旅游业等。有些学者将这些现象归类于藏传佛教的世俗化，认为寺院不应该从事与佛法宣扬无关的活动，从事商业活动使寺院变得不够神圣了。事实上，佛教传入中国时就一直伴随着贸易，在中原地区，佛教甚至成为经济活动发展的起源。由于信众和道场的需要，寺院附近开始出现制造慈善用品的手工业及其交易场所，可以说佛教促进了贸易的发展。[①] 对于西藏寺院来说，从政教合一制度的建立开始，僧侣通过干预和控制政权使寺院获得各种经济利益，如拥有耕地、森林、草场等大

① ［法］谢和耐：《中国5—10世纪的寺院经济》，耿昇译，上海古籍出版社，2004，第169页。

量经济资源，并且还拥有征收苛捐杂税、发放高利贷等经济特权，直到西藏民主改革、政教分离之后，寺院才开始逐渐走上"以寺养寺"的道路，也就是说，藏传佛教寺院的商业性自古有之。人们认为"宗教开始世俗化"的主要原因是忽视了宗教经济与世俗经济的区别，二者的本质区别在于宗教经济具有神圣性。[①]因此，即使寺院参与了商业活动，而人们依然认为寺院制造的藏香比其他制香人制作的藏香要更具有神圣性。

三、嵌入"香"中的国家、市场与西藏社会

对于物的研究，不能脱离对物所处的社会文化环境的研究。藏香作为嵌入到西藏宗教生活中的重要物品，其生产、交换、消费都体现出了浓厚的地方特色，而围绕着藏香的系列活动也与藏族乡土社会的特性无法分离。藏香能够具有强烈的生命力是因为藏香文化是嵌入于西藏社会文化结构之内的，在面对"市场"和"国家"双重力量时，西藏社会所表现出的应对和改变也必须在藏族文化语境中进行理解，市场、国家、社会的相互嵌合共同构成了当今社会我们所认知到的藏香文化和藏地文化景观。

用嵌合理论来研究藏香从地方性产物到流通于全球的商品这一过程是比较新颖的尝试，而田野调查结果也验证了这样的理论假设：第一，从时间脉络来看，藏香的发展、变化，与国家、市场以及西藏传统社会自身的文化逻辑密不可分；第二，从空间来看，藏香的流动又将西藏地方社会与全球化图景紧密嵌合。

改革开放使中国社会发生了翻天覆地的变化，从计划经济向市场经济的转轨使越来越多的"物"开始进入商品市场。市场经济体制在某种程度上给予"物"以自由，让它们可以充分展示自身的价值与使用价值，西藏地区正是被这样的时代背景所召唤而开始了市场化道路，市场化为藏香成为一种全球流行的商品奠定了基础。民主改革和改革开放促成了藏香的商品化、市场化和产业化，而国家又影响了藏香的去商品化与再商品化。从藏香的变化历程中，我们可以看到市场、国家和藏族社会的共同影响力，这些力量的共同作用将藏香打造成了既具有宗教神圣性的圣物、又同时具有经济价值的商品。不仅是藏香，藏族社会中其他微小的物件比如藏药、唐卡，都是嵌入了国家、市场、社会等各方面力量的"物"。

另外，"从人类学的实践观点来看，全球视角产生于民族志行动的自我意识之中，即人类学家对主体与他或她的民族志客体的关系有了一定的意识，人类学家开

---

① ［罗马尼亚］米尔恰·伊利亚德：《神圣的存在：比较宗教的范型》，晏可佳、姚蓓琴译，广西师范大学出版社，2008，第 433 页。

始理解他或她在较大体系中的客观位置"①。也就是说,我们要用全球视角来看待地方社会之于全球的作用,以及地方与全球如何产生联系。西藏地区地处中国的西部边陲,是尚保有较为完整传统文化的藏族地方社会,在藏香开始向外流动的过程中,西藏地方社会也不可避免地与其他地区和国家产生了联系,这种联系表现为经济联系和文化联系两个方面。如拉萨街头商铺中经常出现的"Potala Incense",就是尼泊尔藏族人和印度藏族人所制作,它在博达哈大藏族人社区也非常常见。也就是说在更早之前,人们就已经将藏香文化带到了国外,因为一直保留有燃香供佛的习俗,所以他们依据藏香的基本配方,在尼泊尔和印度制作了"Potala Incense",而现在"Potala Incense"又通过吉隆和亚东流动到了西藏。因此,藏香文化不仅经历了由内向外的传播和生根,藏香由外向内流动的方式,也实现了藏香文化的回流与强化。

综上所述,从时间脉络来看,藏香作为藏传佛教和藏族群众生活中的重要物品和符号,它既呈现出作为宗教圣物的神圣性,又具有作为商品的经济性,在藏香从圣物到商品的变化过程中,看似是一种由圣到俗的变化,实际上宗教性又成了藏香的附加价值,增加了其竞争的筹码,因此,宗教力量在藏族的世俗生活中依旧发挥着很大作用。另外,从空间脉络来看,藏香从地方性产物变为流通于全球的商品,离不开国家、市场、社会各方力量的共同作用,它们成为藏香全球化的重要推手;藏香在世界范围内的流动不仅仅是物本身的流动,更代表着藏香文化在全世界的传播,而藏香的流动、藏香文化的传播又使藏族社会与世界各地发生了联系,并且将藏族社会的发展嵌合进现代化、全球化的整体潮流之中。

更为重要的是,面对全球化和现代化的冲击,西藏群众的反应并非逃避和拒绝,而是思考并实践现代元素与传统文化的有机整合,这是藏族文化在面对现代化过程中所展现出的文化自信心和顽强的生命力。因此,我们可以认为,从地方性产物到走向全球市场的商品,藏香的出生、传承和变化并非全部由外力推动,而是遵循了藏族自身生存和发展的内在文化逻辑,体现了一种与时代变迁、生活变化相契合的发展。对于传统文化事项来说,自由发展就意味着文化持有者要参与进社会发展之中;跟随主体社会发展的步伐;通过社会安排来扩展自身的自由。小传统跟随大传统的发展步伐、小传统按照大传统的话语体系延续和创新,才能实现罗伯

---

① [美]乔纳森·弗里德曼:《文化认同与全球性过程》,郭健如译,商务印书馆,2004,第6—9页。

特·芮德菲尔德（Robert Redfield）笔下的"美好的生活"[①]。因此,藏香不仅是嵌合了国家、市场、社会等各方面力量的"物",还是将藏族地方社会与全球区域、将传统文化与现代观念进行嵌合的有效工具和媒介。

---

① [美]罗伯特·芮德菲尔德:《农民社会与文化——人类学对文明的一种诠释》,王莹译,中国社会科学出版社,2013,第3页。

参考文献

中文文献

一、史料

拉萨市地方志编纂委员会编：《拉萨市志》，中国藏学出版社，2007。

李德龙主编：《西藏志考》，中央民族大学出版社，2010。

马揭、盛绳祖：《卫藏图识》，载《中国少数民族古籍集成》（汉文版第95册），四川民族出版社，2002。

孟保：《西藏奏疏》，中国藏学出版社，2006。

《明太祖实录》（影印版），"中研院"历史语言研究所校印，1962。

尼木县人民政府编：《尼木年鉴》（2016年），2016。

钱仲联主编：《清诗纪事》（卷十·乾隆朝），江苏古籍出版社，1989。

清方略馆编：《钦定廓尔喀纪略》，中国藏学出版社，2006。

清会典馆编：《钦定大清会典事例·理藩院》，中国藏学出版社，2006。

吴丰培：《川藏游踪汇编》，四川民族出版社，1985。

吴丰培等：《清代藏事奏牍》，中国藏学出版社，1994。

吴忠信：《西藏纪要》，载《西藏学汉文文献丛书》（第二辑），国家图书馆文献缩微复印中心，1991。

西藏研究编辑部编：《明实录藏族史料》，西藏人民出版社，1982。

西藏研究编辑部编：《清实录藏族史料》，西藏人民出版社，1982。

西藏研究编辑部编：《西藏志·卫藏通志》，西藏人民出版社，1982。

佚名：《西藏志·卫藏通志》（合刊），西藏人民出版社，1982。

佚名：《西藏记·丛书集成初编》，中华书局，1985。

[清]有泰：《有泰驻藏日记·卷五》（中国藏学史料丛刊第一辑）（影印版），吴丰培整理，中国藏学出版社，1998。

赵尔巽主编：《清史稿》（卷七十九），中华书局，1976。

中共拉萨市委党史工作领导小组编：《中共拉萨党史大事记（1951—2000）》，内部发行，2003。

中国藏学研究中心等编：《元以来西藏地方与中央政府关系档案史料汇编》，中国藏学出版社，1994。

中华人民共和国国内贸易部主编：《中国国内贸易年鉴（1998）》，1998。

二、译著

[墨]阿图洛·瓦尔曼：《玉米与资本主义》，谷晓静译，华东师范大学出版社，2005。

阿旺·洛桑嘉措：《西藏王臣记》，郭和卿译，民族出版社，1983。

[英]艾伦·麦克法伦、[英]格里·马丁：《玻璃的世界》，管可秾译，商务印书馆，2003。

[英]艾瑞丝·麦克法兰、[英]艾伦·麦克法兰：《绿色黄金：茶叶的故事》，杨淑玲、沈桂凤译，汕头大学出版社，2006。

[美]埃里克·沃尔夫：《欧洲与没有历史的人民》，赵丙祥、刘传珠、杨玉静译，上海人民出版社，2006。

[英]安东尼·吉登斯：《失控的世界——全球化如何重塑我们的生活》，周红云译，江西人民出版社，2001。

[美]拉比诺：《摩洛哥田野作业反思》，高丙中、康敏译，商务印书馆，2008。

[英]本·海默尔：《日常生活与文化理论导论》，王志宏译，商务印书馆，2008。

[美]彼得·贝格尔：《神圣的帷幕：宗教社会学理论之要素》，高师宁译，上海人民出版社，1991。

[美]彼得·贝格尔：《天使的传言：现代社会与超自然再发现》，高师宁译，中国人民大学出版社，2003。

[法]葛兰言：《古代中国的节庆与歌谣》，赵丙祥等译，广西师范大学出版社，2005。

[美]华莱士·马丁：《当代叙事学》，伍晓明译，北京大学出版社，2006。

［澳］杰克·特纳：《香料传奇：一部由诱惑衍生的历史》，周子平译，生活·读书·新知三联书店，2007。

［英］卡尔·波兰尼：《巨变》，黄树民译，社会科学文献出版社，2017。

［德］卡尔·马克思：《资本论》，中共中央马克思恩格斯列宁斯大林著作编译局译，经济科学出版社，1987。

［美］克利福德·格尔茨：《文化的解释》，韩莉译，译林出版社，1999。

［美］克利福德、［美］马库斯编：《写文化——民族志的诗学与政治学》，高丙中、吴晓黎、李霞等译，商务印书馆，2006。

［美］罗伯特·芮德菲尔德：《农民社会与文化——人类学对文明的一种诠释》，王莹译，中国社会科学出版社，2013。

［美］罗德尼·斯达克、［美］罗杰尔·芬克：《信仰的法则——解释宗教之人的方面》，杨凤岗译，中国人民大学出版社，2004。

［法］列维-斯特劳斯：《结构人类学：巫术·宗教·艺术·神话》，陆晓禾、黄锡光译，文化艺术出版社，1989。

［美］路易斯·亨利·摩尔根：《古代社会》，杨东莼、马雍、马巨译，商务印书馆，1981。

［美］马克·彭德格拉斯特：《左手咖啡，右手世界》，张瑞译，机械工业出版社，2013。

［法］马塞尔·莫斯：《礼物：古式社会中交换的形式与理由》，汲喆译，上海人民出版社，2005。

［美］马歇尔·萨林斯：《历史之岛》，蓝达居等译，上海人民出版社，2003。

［罗马尼亚］米尔恰·伊利亚德：《神圣与世俗》，王建光译，华夏出版社，2002。

［罗马尼亚］米尔恰·伊利亚德：《神圣的存在：比较宗教的范型》，晏可佳、姚蓓琴译，广西师范大学出版社，2008。

［英］姆赫瑞：《香料圣经》，张万伟译，北方文艺出版社，2009。

［美］帕特里夏·雷恩：《香草文化史：世人最喜爱的香味和香料》，侯开宗、李传家译，商务印书馆，2007。

［法］皮埃尔·布迪厄、［美］华康德：《实践与反思——反思社会学导引》，李猛、李康译，中央编译出版社，1998。

［美］乔纳森·弗里德曼：《文化认同与全球性过程》，郭健如译，商务印书馆，2004。

[美]乔治·E.马尔库斯、[美]米开尔·J.费彻尔:《作为文化批评的人类学:一个人文学科的实验时代》,王铭铭、蓝达居译,生活·读书·新知三联书店,1998。

[日]矢崎正见:《西藏佛教史考》,石硕、张建世译,西藏人民出版社,1990。

[俄]斯维什尼科夫:《玻璃的故事》,符其珣译,中国青年出版社,2012。

[加]谭·戈伦夫:《现代西藏的诞生》,伍昆明、王宝玉译,中国藏学出版社,1990。

[法]谢和耐:《中国5—10世纪的寺院经济》,耿昇译,上海古籍出版社,2004。

[美]西敏司:《甜与权力——糖在近代历史上的地位》,王超、朱健刚译,商务印书馆,2010。

[德]希维尔布希:《味觉乐园:看香料、咖啡、烟草、酒如何创造人间的私密天堂》,吴红光、李公军译,百花文艺出版社,2005。

[美]约翰·麦奎利:《二十世纪宗教思想》,高师宁、何光沪译,上海人民出版社,1989。

[美]詹姆斯·C.斯科特:《国家的视角:那些试图改善人类状况的项目是如何失败的》,王晓毅译,社会科学文献出版社,2011。

[英]詹姆斯·乔治·弗雷泽:《金枝——巫术与宗教之研究》,徐育新、汪培基、张泽石译,大众文艺出版社,1998。

三、专著
安平:《西藏经济发展研究》,中央民族大学出版社,2010。

富察敦崇:《燕京岁时记》,北京出版社,1961。

常霞青:《麝香之路上的西藏宗教文化》,浙江人民出版社,1988。

陈崇凯:《西藏地方经济史》,甘肃人民出版社,2008。

陈嘉明:《现代性与后现代性十五讲》,北京大学出版社,2006。

陈克绳:《西藏竹枝词》,载《中华竹枝词》,北京古籍出版社,1997。

陈默:《空间与西藏农村社会变迁——一个藏族村落的人类学考察》,中国藏学出版社,2013。

陈乃华:《无名的造神者——热贡唐卡艺人研究》,世界图书出版公司,2013。

传奇翰墨编委会:《丝绸之路:神秘古国》《黄金之路:殖民争霸》《香料之路:海上霸权》《琥珀之路:大国崛起》,北京理工大学出版社,2011。

次仁央宗：《西藏贵族世家（1900—1951）》，中国藏学出版社，2005。

达尔查·琼达：《藏传佛教宁玛派》，西藏人民出版社，2007。

多杰才旦、江村罗布：《西藏经济简史》（上），中国藏学出版社，2002。

杜薇：《火麻的种植与苗族文化》，载尹绍亭、[日]秋道智弥主编《人类学生态环境史研究》，中国社会科学出版社，2006。

冯骥才：《灵魂不能下跪》，宁夏人民出版社，2007。

傅京亮：《中国香文化》，齐鲁书社，2008。

黄应贵：《物与物质文化》，"中研院"民族学研究所，2004。

蒋竹山：《人参帝国：清代人参的生产、消费与医疗》，浙江大学出版社，2015。

李安宅、于式玉：《李安宅—于式玉藏学文论选》，中国藏学出版社，2002。

龙日江措：《西藏敏竹梅芭藏香密续宝典》，香港新华书店有限公司，2006。

李亦园：《信仰与文化》，巨流图书公司，1983。

刘志群：《西藏祭祀艺术》，河北教育出版社，2000。

刘志扬：《乡土西藏文化传统的选择与重构》，民族出版社，2006。

刘立千译：《格萨尔王传·天界篇》，西藏人民出版社，1985。

洛珠江措、俄东瓦拉：《莲花生大师本生传》，中国藏语系高级佛学研究室译，青海人民出版社，2007。

马莉：《非物质文化遗产与历史变迁中的地方社会——以歌谣为中心的解读》，人民出版社，2011。

马志飞：《石头记——宝石、金属和药物》，北京大学出版社，2016。

舒瑜：《微"盐"大义：云南诺邓盐业的历史人类学考察》，世界图书出版公司，2010。

索南坚赞：《西藏王统记·吐蕃王朝世系明鉴》，刘立千译注，西藏人民出版社，1985。

土观·罗桑却季尼玛：《土观宗派源流》，刘立千译注，西藏人民出版社，1984。

王铭铭：《心与物游》，广西师范大学出版社，2006。

王明珂：《女人、不洁与村寨认同：岷江上游的毒药猫故事》，载"中研院"历史语言研究所《"中研院"历史语言研究所集刊》，1999。

肖坤冰：《茶叶的流动：闽北山区的物质、空间与历史叙事（1644—1949）》，北京大学出版社，2013。

西藏自治区群众艺术馆、西藏自治区"非遗"保护中心编：《西藏自治区非物质文化遗产名录图典》，西藏人民出版社，2015。

西珠嘉措：《浅谈藏医疾病特征与亚健康》，载《世界中医药学会联合会亚健康专业委员会首届世界亚健康学术大会论文集》，2006。

应星、周飞舟、渠敬东主编：《中国社会学文选》，2011。

余振、郭正林主编：《中国藏区现代化：理论、实践与政策》，中央民族大学出版社，1999。

宇妥·云丹贡布：《四部医典》，李永年译，谢佐校，上海科学技术出版社，1983。

赵秉理：《格萨尔学集成》（第五卷），甘肃民族出版社，1998。

张传寿：《"非遗"视角下的传统手工艺人保护》，载陈华文主编《非物质文化遗产研究》（第六辑），学苑出版社，2013。

张羽新：《清政府与喇嘛教》，西藏人民出版社，1988。

赵宗福选注：《历代咏藏诗选》，西藏人民出版社，1987。

周霭联：《西藏纪游》，中国藏学出版社，2006。

周嘉胄：《香乘》，九州出版社，2014。

朱彧：《藏香文化》，班智达国际出版社，2010。

庄孔韶：《人类学通论》（第三版），中国人民大学出版社，2016。

四、报刊

陈国兴：《从朝贡制度到条约制度——费正清的中国世界秩序观》，《国际汉学》2016年第1期。

陈铃光：《现代宗教的世俗化趋势》，《漳州师范学院学报（哲学社会科学版）》2001年第4期。

陈勉：《宗教世俗化现象探析——以云南傣族村社佛教世俗化变迁为例》，《昆明冶金高等专科学校学报》2015年第2期。

曹群勇：《厚赏与羁縻：论明代藏族地方与中央王朝的贡赐关系》，《西北民族大学学报（哲学社会科学版）》2014年第1期。

窦开龙：《神圣帷幕的跌落：民族旅游与民族宗教文化的世俗化变迁——以甘南拉卜楞为个案》，《宁夏大学学报（人文社会科学版）》2009年第6期。

董建辉：《列维-斯特劳斯结构主义神话理论》，《厦门大学学报（哲学社会科学版）》1992年第1期。

冯丹：《当代世界宗教的世俗化倾向》，《国际关系学院学报》1999年第1期。

嘎·达哇才仁:《藏区现代化过程中宗教世俗化的趋势》,《中国藏学》2007 年第 1 期。

尕藏才旦:《藏区现代化进程中的障碍及其对策思考》,《西北民族学院学报（哲学社会科学版）》2000 年第 4 期。

尕藏加:《宗教世俗化和藏传佛教》,《青海社会科学》2001 年第 3 期。

高丙中:《民间的仪式与国家的在场》,《北京大学学报（哲学社会科学版）》2001 年第 1 期。

高丙中:《民族志发展的三个时代》,《广西民族学院学报（哲学社会科学版）》2006 年第 3 期。

高师宁:《世俗化与宗教的未来》,《中国人民大学学报》2002 年第 5 期。

龚锐:《神圣帷幕的跌落——云南德宏傣族宗教消费世俗化现象考察》,《贵州民族学院学报（哲学社会科学版）》2005 第 2 期。

郭小芳、赵晨龙、丁赞中:《藏香对空气微生物抑制作用初探》,《西藏大学学报（自然科学版）》2012 年第 2 期。

何明、陶琳:《国家在民族民间仪式中的"出场"及效力——基于僾尼人"嘎汤帕"节个案的民族志分析》,《开放时代》2007 年第 4 期。

何星亮:《非物质文化遗产的保护与民族文化现代化》,《中南民族大学学报（人文社会科学版）》2005 年第 3 期。

胡任胜:《尼泊尔民族宗教概况》,《国际资料信息》2009 年第 3 期。

华锐·东智:《祭祀神灵话桑烟》,《中国西藏（中文版）》2001 年第 5 期。

黄鑫宇、张婧:《藏香历史及藏香业发展探究》,《西部时报》2012 年 10 月 23 日,第 11 版。

黄应贵:《经济、社会与文化》,《中国人类学评论（第 8 辑）》2008 年 12 月。

拉巴朗杰:《关于西藏现代化建设的几点思考》,《西藏大学学报》1992 年第 2/3 期。

拉萨市政协文史编委会:《尼木县简志》,《西藏研究》1990 年第 1 期。

李凤娇:《浅谈市场经济条件下宗教世俗化的社会影响》,《改革与开放》2013 年第 17 期。

李媛、吴文超、杨豪中:《西藏杰德秀邦典传统技艺与传统村落共生关系研究》,《门窗》2013 年第 4 期。

林升得、张静恒:《6 种藏香和印度香挥发油成分的 GC-MS 比较分析》,《中国民族医药医学杂志》2011 年第 7 期。

　　刘义：《宗教走向全球政治的前台——全球化、公共宗教及世俗主义的争论》，《中国社会科学报》2012 年 4 月 25 日，第 B05 版。

　　刘永霞：《关于宗教世俗化的几点诠释》，《宗教学研究》2004 年第 2 期。

　　刘志扬：《神圣与内在：藏族农民洁净观念的文化诠释》，《广西民族学院学报（哲学社会科学版）》2006 年第 3 期。

　　洛桑才登、芶月婷、洛绒吉村：《浅谈藏族非物质手工艺品的标准化与保护传承——记国家地理产品尼木藏香》，《标准生活》2016 年 4 月。

　　吕品田：《重振手工与非物质文化遗产生产性方式保护》，《中南民族大学学报（人文社会学科版）》2009 年 4 月。

　　毛萌、李峰：《藏香治疗失眠的理论源流和依据探析》，《中医研究》2014 年第 11 期。

　　马晓军：《宗教世俗化的表现及其社会意义》，《前沿》2009 年第 3 期。

　　蒲文成：《莲花生大师其人其事》，《青海民族研究》2013 年第 4 期。

　　恰白·次旦平措：《论藏族的焚香祭神习俗》，达瓦次仁译，《中国藏学》1989 年第 4 期。

　　乔根锁：《论藏民族传统文化与西藏社会主义新文化的构建》，《西藏研究》1999 年第 2 期。

　　乔小河：《贡献和质疑：从内外向度评价玛丽·道格拉斯的分类思想》，《民族艺林》2017 年第 2 期。

　　仁青当知、陈玉德：《藏药矿物药的分类和炮制特点》，《卫生职业教育》2014 年第 16 期。

　　石德生：《世俗化与去世俗化的二元趋势——撒拉族民众的宗教信仰及其变迁研究》，《攀登》2013 年第 1 期。

　　苏发祥：《论民国时期西藏地方的社会与经济》，《中央民族大学学报（社会科学版）》1999 年第 5 期。

　　邵卉芳：《西藏尼木藏香制作技艺的变迁》，《民族艺林》2016 年第 3 期。

　　松桂花：《藏香在卫生防疫领域的应用初探》，《西藏科技》2006 年第 6 期。

　　孙浚铭：《宗教世俗化研究》，《河北青年管理干部学院学报》2017 年第 2 期。

　　舒瑜：《物的生命传记——读〈物的社会生命：文化视野中的商品〉》，《社会学研究》2007 年第 6 期。

邵泽江：《藏传佛教中的财神》，《艺术市场》2007 年第 6 期。

沈阳：《西部大开发中的西藏现代化发展》，《西藏民族学院学报（哲学社会科学版）》2002 年第 3 期。

索林：《西藏现代化与主体素质的提高》，《西藏研究》1996 年第 4 期。

宋志萍、曾慧华：《现代化背景下藏区宗教世俗化与社会发展》，《云南社会主义学院学报》2014 年第 2 期。

童莹：《时空脉络中的奇香——马鲁古丁香贸易的人类学研究》，《世界民族》2016 年第 2 期。

王宝红：《清代文献中的藏香》，《西藏民族大学学报（哲学社会科学版）》2016 年第 5 期。

巫达：《凉山彝族的宗教世俗化》，《北方民族大学学报（哲学社会科学版）》2016 年第 5 期。

危丁明：《香港地区传统信仰与宗教的世俗化：从庙宇开始》，《世界宗教研究》2013 年第 1 期。

魏乐博、宋寒昱，《全球宗教变迁与华人社会——世俗化、宗教化、理性化与躯体化》，《华东师范大学学报（哲学社会科学版）》2017 年第 2 期。

武沐：《论明朝与藏区朝贡贸易》，《青海民族研究》2013 年第 4 期。

王明珂：《青稞、荞麦、玉米——一个对羌族"物质文化"的文本与表征分析》，《西北民族研究》2009 年第 2 期。

王仕国：《全球化与宗教的世俗化》，《求实》2003 年第 12 期。

汪维钧：《论现代化条件下的宗教世俗化问题》，《南京政治学院学报》2004 年第 4 期。

王晓修、孙晓舒：《中药意义系统与现代建构——以"东北野山参"为例》，《思想战线》2015 年第 1 期。

吴兴帜：《"物的民族志"本土化书写——以傣族织锦手工艺品为例》，《云南师范大学学报（哲学社会科学版）》2017 年第 6 期。

王郢：《藏香，藏纸，藏文雕版——尼木三绝》，《旅游》2009 年第 9 期。

王云、洲塔：《对印度、尼泊尔藏人聚居区的人类学调查》，《南亚研究》2009 年第 2 期。

徐进亮、阮慧、胡淳：《关于藏香旅游资源保护性开发的探讨》，《中央民族大学学报（哲学社会科学版）》2012 年第 6 期。

西藏自治区文化厅：《西藏自治区级"非遗"代表性传承人传习补助标准位居全国前列》，《西藏艺术研究》2016 年第 4 期。

洋传粟：《试论如何提高藏香的市场竞争力》，《西藏发展论坛》2012 年第 2 期。

杨凤岗：《宗教世俗化的中国式解读》，《中国民族报（宗教周刊·理论）》2008 年 1 月 8 日，第 6 版。

杨圣敏：《民族学如何进步：对学科发展道路的几点看法》，《中央民族大学学报（哲学社会科学版）》2016 年第 6 期。

严小青、张涛：《话说藏香》，《中国民族》2009 年第 7 期。

张玲：《从印度电影看印度的宗教世俗化》，《现代语文（学术综合版）》2016 年第 9 期。

张珣：《非物质文化遗产：民间信仰的香火观念与进香仪式》，《民俗研究》2015 年第 6 期。

张云：《舅甥关系、贡赐关系、宗藩关系及"供施"关系——历代中原王朝与西藏地方关系的形态与实质》，《中国边疆史地研究》2007 年第 1 期。

张禹东：《华侨华人传统宗教的世俗化与非世俗化——以东南亚华侨华人为例的研究》，《宗教学研究》2004 年第 4 期。

洲塔、陈列嘉措、杨文法：《论藏族社会转型过程中的宗教世俗化问题》，《中国藏学》2007 年第 2 期。

周凡：《世俗化的信仰——我国民众宗教信仰世俗化研究》，《现代妇女（下旬）》2013 年第 8 期。

周海金：《论犹太文化中的人体观》，《学海》2007 年第 2 期。

周锡银、望潮：《〈格萨尔王传〉与藏族原始烟祭》，《青海社会科学》1998 年第 2 期。

《中国藏学》记者：《中国西部大开发与西藏及其他藏区现代化学术研讨会综述》，《中国藏学》2002 年第 1 期。

钟艳艳、路永照：《宗教世俗化背景下新兴宗教传播探析——以巴哈伊教为例》，《南昌航空大学学报（社会科学版）》2016 年第 4 期。

（五）学位论文

阿沙：《四川藏区农牧民生计变迁研究——以阿坝县索朗村为例》，硕士学位论文，华东理工大学社会学专业，2015。

陈聪:《西藏藏香业的传承与开发研究》,硕士学位论文,中央民族大学中国少数民族经济学专业,2015。

窦存芳:《宗教的神圣性与世俗化关系的人类学研究——以成都藏文化用品街为例》,博士学位论文,中央民族大学民族学专业,2012。

历承承:《当代中国宗教世俗化的探讨》,硕士学位论文,新疆师范大学宗教学专业,2010。

刘冬梅:《造像的法度与创造力——西藏昌都嘎玛乡唐卡画师的艺术实践》,博士学位论文,中央民族大学人类学专业,2011。

林清华:《基于分工理论的藏香产业研究》,硕士学位论文,北京工业大学产业经济学专业,2012。

敏俊卿:《中间人:流动与交换——临潭旧城回商群体研究》,博士学位论文,中央民族大学民族学专业,2009。

任艳:《名贵中药冬虫夏草品种及蛋白组分研究》,博士学位论文,成都中医药大学中药学专业,2013。

向丽:《冬虫夏草保护生物学研究》,博士学位论文,北京协和医学院研究生院生药学专业,2013。

袁峰:《冬虫夏草居群谱系地理与适生区分布研究》,博士学位论文,云南大学植物学专业,2015。

张飞:《当代中国宗教世俗化现象及现实思考》,硕士学位论文,延边大学马克思主义基本原理专业,2014。

周恩宇:《道路、发展与权力——中国西南的黔滇古驿道及其功能转变的人类学研究》,博士学位论文,中国农业大学农村发展与管理专业,2014。

周清华:《吞达村经济变迁发展研究》,硕士学位论文,中央民族大学中国少数民族经济学专业,2015。

英文文献

Arjun Appadurai, ed., *The Social Life of Things: Commodities in Cultural Perspective* (New York: Cambridge University Press,1986).

Franz Boas, *General Anthropology*. (N. Y.: D.C. Health Press, 1938).

Jose Casanova, *Public Religion in the Modern World* (University of Chicago Press, 1994).

Chen Hsinchih, "The Development of Taiwan residents Folk Religion,1683-1945", Ph.D.diss.,Department of Sociology, University of Washington,1995.

Daniel Miller, "Consumption as the Vanguard of History: A Polemic by Way of an Introduction", *Acknowledging Consumption* (London: Routledge,1995).

Mary Douglas, *Risk and Blame: Essays in Cultural Theory* (London: Routledge, 1992).

M. Granovetter, "Economic Action and Social Structure: the Problem of Embeddedness", *American Journal of Sociology* 91 (1985).

Malcolm B. Hamilton, *The Sociology of Religion: Theoretical and Comparative Perspective* (Routledge, 2001).

Judith Bather, Joan Wallach Scott, *Feminists Theorize the Political* (NY and London: Routledge,1992).

John King Fairbank, "Tributary Trade and China's Relations with the West," *Far Eastern Quarterly1* (1942).

Kristofer Schipper, *The Cult of Pao-sheng Ta-ti and its Spreading to Taiwan* (Leiden: E. J. Brill,1990).

Graeme Lang and Lars Ragvald, *The Rife of a Refugee God:Hong Kong's Wong Tai Sin* (Oxford:Oxford University Press, 1993).

P. Rabinow, *Reflections on Fieldwork in Morocco* (Berkeley: University of California Press,1997).

Peter Berger, *A Far Glory :The Quest for Faith in an Age of Credulity* (New York : Doubleday,1992).

Simon J. Bronner, Jules David Prown, (eds.) "Material Culture Studies: A Symposium Material Culture", *Material Culture17* (1985).

Stanley J. Tambiah, *The Buddhist Saints of the Forest and the Cult of Amulets: A*

Study in Charisma, Hagiography, Sectarianism and Millennial Buddhism (Cambridge: Cambridge University Press，1984).

Victor Turner, *The Anthropology of Experience* (Urbana: University of Illinois Press, 1986).

Bryan Wilson, "Secularization: the Inherited Model", in Phillip E. Hammond （ed.）, *The Sacred in a Secular Age: Toward Revision in the Scientific Study of Religion* (University of California Press, 1985).

后　记

　　着手写后记时，我的田野经历已经结束一年有余，可关于藏香的田野故事却一直没有终结。这一年里，我通过电话、微信、网络等多种途径了解到，西藏的制香人依旧没有停止步伐：梅朵姐姐家开始制作藏素香了；央珍卓嘎也做起了微商，通过微信帮助她叔叔售卖藏香；在前不久结束的（5 月 10 日—12 日）西藏品牌展上，甘露藏药、优格仓工贸、八思巴藏香、德勒藏香等藏香品牌，均进行了产品展示展销，希望通过这种方式，进一步提升自主品牌活力和西藏地产产品的影响力。而我也时不时地通过西藏的朋友购买藏香，用于家庭使用，以及作为礼品赠送给朋友。

　　科技、网络、交通、文化等方面的互动和交往，让我深深感受到了现代文明之于地方社会的影响，哪怕身在北京，我与田野点似乎也从未疏离。藏香的时空流动是持续的、有生命力的，小物件也具有牵连起大世界的力量，这是我想一直重申的观点。当然，藏香也一直在变化，这种变化是对藏香文化传播更有益处的变化，因而始终被合理化于藏族传统文化的认识体系之中。"变"与"不变"，都是藏香故事的主旋律，它们共同构成了现如今丰富多彩的藏香文化，我深知自己只是窥探到了藏香文化的一隅，但是，即便如此，我也希望这一点努力与收获可以在藏族文化璀璨的生命中，再多发出一道微光。

　　于我而言，藏学研究又何尝不是一束微光呢？自 2009 年 9 月进入中央民族大学民族学系攻读硕士学位起，我便师从苏发祥教授，开始藏族社会与文化的研究之路。跟随导师学习的这些年，我不仅领略到了高原圣地的自然风光，感受到了藏族文化的旖旎瑰丽，更是从藏学研究的门外汉，变成了一位能够扎根田野、勤于思考、接纳并认同多元文化的"小学生"。导师是严师，更似慈父，每当觉得研究艰难、快要坚持不下去时，老师鼓励的话语便会在耳畔回响，燃起我继续坚持的动力。

在中央民族大学学习的经历让我深刻认识到，世界上存在着诸多以不同方式生活着的人们，这些不同的价值观让整个世界纷繁而有趣，而民族学教会我理解他们并产生共鸣。感谢喜饶尼玛教授、罗桑开珠教授、黄维忠研究员、贾仲益教授、张亚辉教授在藏香文化研究课题论证中的批评与指正，他们的意见敦促我不断思考研究与写作的意义——既要有理性的反思，也要有具体的实践意义。感谢杨圣敏教授、李丽教授、祁进玉教授和巫达教授，十年前，他们便是我非常尊敬、爱戴的任课教师，是他们的课程将我领进民族学和人类学研究的大门，开启了我作为一个跨专业学生的多元研究视角。

感激田野中遇见的人和事对我的馈赠：难忘在吞巴与村民们一起过望果节、一起喝酒聊天说故事；难忘向导带着我寻找吞巴河和雅鲁藏布江交汇处时所经历的"丛林冒险"；难忘田野中的每一位村民、制香人和被访者，他们包容了我的无知，耐心回答我的每一个提问，并且对于我的研究报以理解和支持；难忘在尼泊尔蓝毗尼圣园的中华寺和藏传佛教寺院的经历——向汉传佛教僧人请教烧香仪轨时，因为无意聊到父母，而被触动到大哭不止；在噶举派寺院，顿珠看见我与听不懂英语的小僧人对话，着急到满头大汗时，将我领进会客室，打开电风扇、倒上一杯凉白开，告诉我，别着急、慢慢说。他们给予我的真诚、包容与善意，帮助我度过了田野过程中所有难熬的时光，研究的完成有着他们巨大的功劳。

感谢我最重要的朋友才旺贡布，虽然他已经永远地离开了我们，但我始终记得2016年的夏天，他在为我接风洗尘时说道："小河，村里住宿的地方已经帮你联系好了，被子褥子都已铺好了，你只要把自己带过去就可以了。"如果这世界上真的会有时光机，那么我会选择回到 2016 年 8 月 17 日的晚上，告诉他"工作重要，但身体更重要啊"！这位在我硕士论文和博士论文田野调研中，给予我极大帮助的藏族小伙儿，让我看到了藏族人民最大的热情与善良。

就像藏族习惯用身体去丈量朝圣的道路一样，我习惯用文字去描摹田野、记录故事、探究意义和抒发情感。二十余万字的书稿，当然不够完善和成熟，它无法穷尽藏香的故事和博大精深的藏族文化，却依然是我视若珍宝的作品和礼物，它让我与田野之间产生了千丝万缕的情感牵连，让我在千里之外也可以嗅到藏香醉人的芬芳。费孝通先生说过，"我们整天就是在田野里边，人文世界，到处都是田野"。无论行至何地，静安某处，那片高山净土都会一直浸染、滋养我的生活，它告诉我，生活即田野，我们要饱含深情，慢慢体悟。

乔小河

2019 年 5 月 20 日于北京